スケール対応図

1mを基準にした長さのスケール

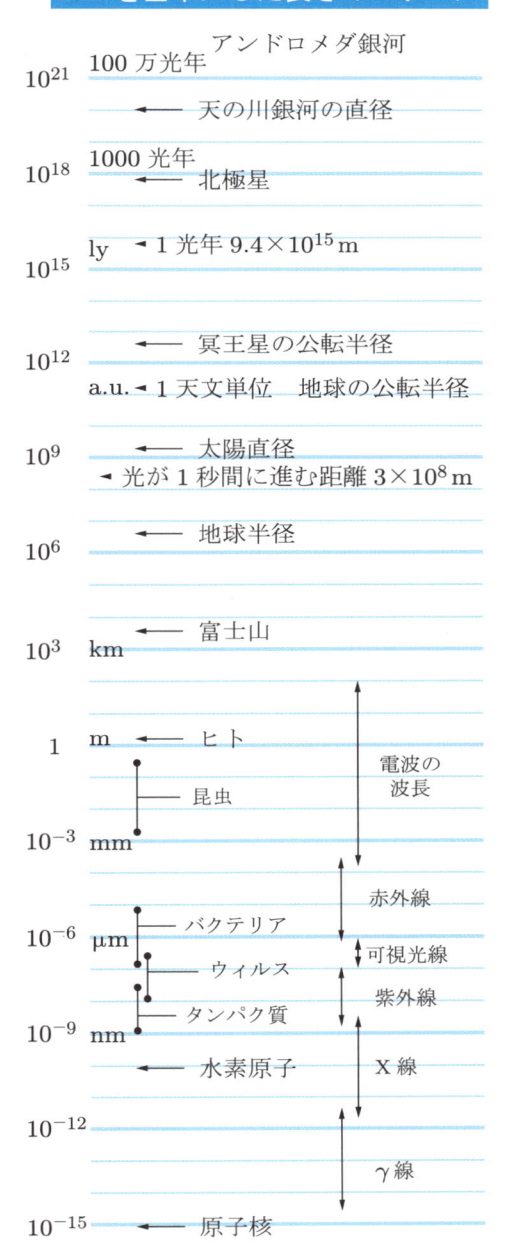

- 10^{21} ― 100万光年 アンドロメダ銀河
- ← 天の川銀河の直径
- 10^{18} ― 1000光年
- ← 北極星
- 10^{15} ― ly ◀ 1光年 9.4×10^{15} m
- 10^{12} ― ← 冥王星の公転半径
- a.u. ◀ 1天文単位 地球の公転半径
- 10^{9} ― ← 太陽直径
- ◀ 光が1秒間に進む距離 3×10^8 m
- 10^{6} ― ← 地球半径
- 10^{3} ― km ← 富士山
- 1 ― m ← ヒト
- 昆虫
- 10^{-3} ― mm
- 10^{-6} ― μm バクテリア
- ウィルス
- タンパク質
- 10^{-9} ― nm
- ← 水素原子
- 10^{-12}
- 10^{-15} ― ← 原子核

電波の波長 / 赤外線 / 可視光線 / 紫外線 / X線 / γ線

Kを用いた温度の対数スケール

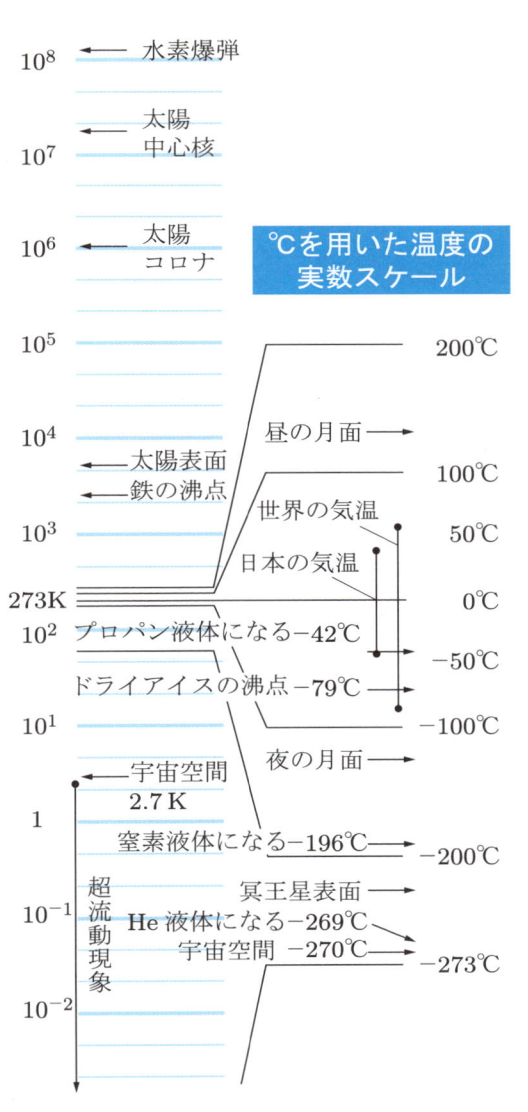

- 10^{8} ← 水素爆弾
- 10^{7} ← 太陽中心核
- 10^{6} ← 太陽コロナ
- 10^{5}
- 10^{4} ← 太陽表面
- ← 鉄の沸点
- 10^{3}
- 273 K
- 10^{2} プロパン液体になる −42℃
- ドライアイスの沸点 −79℃
- 10^{1}
- 1 ← 宇宙空間 2.7 K
- 窒素液体になる −196℃
- 10^{-1} 冥王星表面
- He液体になる −269℃
- 宇宙空間 −270℃
- 10^{-2}

超流動現象

℃を用いた温度の実数スケール

- 200℃
- 昼の月面 →
- 100℃
- 世界の気温
- 50℃
- 日本の気温
- 0℃
- −50℃
- −100℃
- 夜の月面
- −200℃
- −273℃

カラー図版（いずれも 5.3 節）

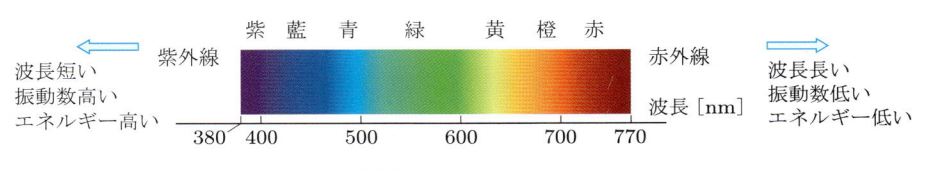

紫外線　紫　藍　青　緑　黄　橙　赤　赤外線

波長短い　　　　　　　　　　　　　　　　　波長長い
振動数高い　　　　　　　　　　　　　　　　振動数低い
エネルギー高い　　　　　　　　　　　　　　エネルギー低い

波長 [nm]

380　400　　500　　600　　700　770

図 5.49　可視光の範囲　（本文 165 ページ）

(a) 色相

(b) 明度

(c) 彩度

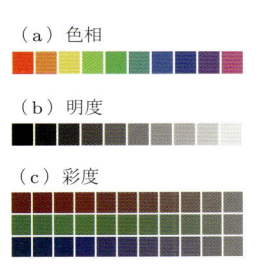

図 5.51　色相，明度，彩度
（本文 166 ページ）

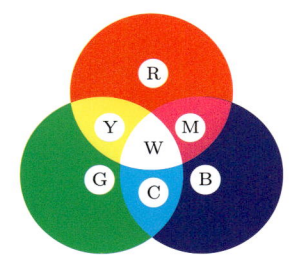

図 5.52　光の 3 原色（加法混色
（RGB/赤＋緑＋青））
（本文 166 ページ）

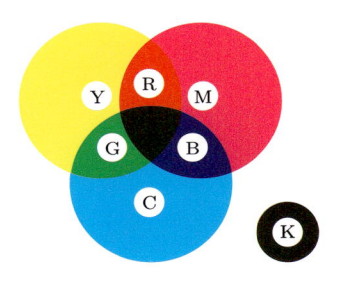

図 5.53　色彩の 3 原色（減法
混色（CMYK/シアン
＋マゼンタ＋黄＋黒））
（本文 166 ページ）

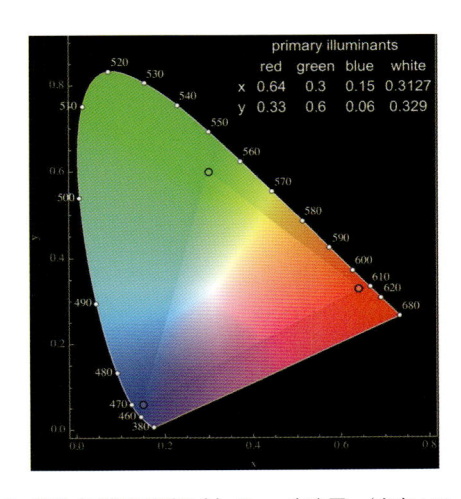

primary illuminants	red	green	blue	white
x	0.64	0.3	0.15	0.3127
y	0.33	0.6	0.06	0.329

図 5.54　CIE（国際照明委員会）の xy 色度図　（本文 167 ページ）

表 5.6　RGB 表色の代表的な色　（本文 167 ページ）

(R, G, B)	16 進数表示	色	(R, G, B)	16 進数表示	色
(255,0,0)	#ff0000	赤	(0,0,0)	#000000	黒
(0,255,0)	#00ff00	緑	(126,126,126)	#7e7e7e	
(0,0,255)	#0000ff	青	(255,255,255)	#ffffff	白
(255,255,0)	#ffff00		(126,126,0)	#7e7e00	
(255,0,255)	#ff00ff		(126,0,126)	#7e007e	
(0,255,255)	#00ffff		(0,126,126)	#007e7e	

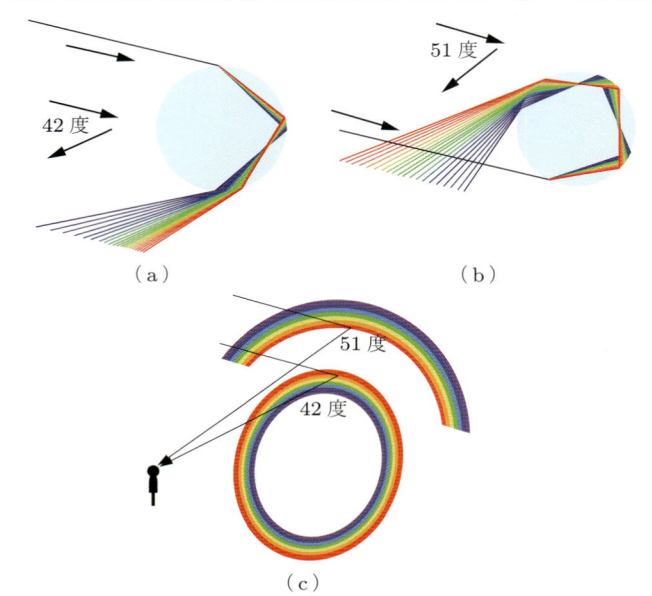

図 5.62　虹の原理　（a）主虹をつくる光の経路．太陽光線から 42 度の方向が最も強い反射光になる．（b）副虹をつくる光の経路．51 度の方向が最も強い．（c）条件がよければ，主虹の外側に色の順が逆転した副虹がみえるはず．山の上ならば，円形の虹がみえる可能性がある．（本文 170 ページ）

図 5.61　半円を描く主虹と副虹
　　　　（写真提供：長谷川能三）（本文 170 ページ）

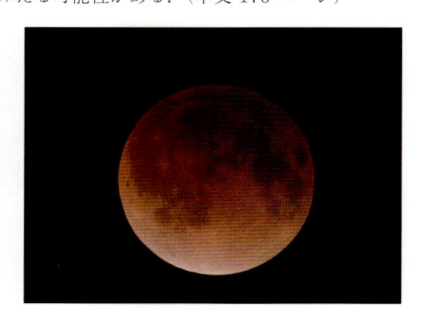

図 5.65　皆既月食で赤く光る月
　　　　（写真提供：槌谷則夫）（本文 172 ページ）

日常の「なぜ」に答える物理学

Physics answers to "why?" in your daily life

真貝寿明 著
Hisaaki Shinkai

森北出版株式会社

● 本書のサポート情報を当社Webサイトに掲載する場合があります．下記のURLにアクセスし，サポートの案内をご覧ください．

https://www.morikita.co.jp/support/

● 本書の内容に関するご質問は，森北出版 出版部「(書名を明記)」係宛に書面にて，もしくは下記のe-mailアドレスまでお願いします．なお，電話でのご質問には応じかねますので，あらかじめご了承ください．

editor@morikita.co.jp

● 本書により得られた情報の使用から生じるいかなる損害についても，当社および本書の著者は責任を負わないものとします．

■ 本書に記載している製品名，商標および登録商標は，各権利者に帰属します．

■ 本書を無断で複写複製（電子化を含む）することは，著作権法上での例外を除き，禁じられています．複写される場合は，そのつど事前に（一社）出版者著作権管理機構（電話03-5244-5088，FAX03-5244-5089，e-mail：info@jcopy.or.jp）の許諾を得てください．また本書を代行業者等の第三者に依頼してスキャンやデジタル化することは，たとえ個人や家庭内での利用であっても一切認められておりません．

まえがき

「私の専門は物理です」と自己紹介すると，「物理は難しいですよね」とか「物理は勉強したけれど，公式をあてはめているだけでつまらなかった」などのリアクションをされることがよくあります．どうやら，世間の人々は，物理という学問に対してあまりよい印象がもたれていないようです．

テレビドラマでは，格好いい俳優が演じる物理学者が理論を駆使して，颯爽と難事件を解決したり（あるいは，解決したふりをしたり），世の中にあるまやかしを暴いたりしているけれども，そこで描かれている学者は，どうも「変人」扱いされている感じもします．

この本を手にした方々は物理学に対してどんな印象をもたれていますか？

私が物理の道に進んだ理由は，物理学のもつシンプルで一貫した体系に惚れたからです．ニュートンの運動方程式という一つの式で，分子運動から天体の動きまで説明できてしまう，その壮大な理論に感服したからです．長い長い計算をしたとしても，結局のところ，自然現象は単純な式で表せることを幾度も目の当たりにしてきました．大学で物理や数学を教えるようになり，学生にも，式の裏に潜んだエッセンスや理論の美しさを伝えることができるように，いつも努力しています．

本書は，身のまわりに観られる現象を題材に多く取り入れながら，物理を説明してみようとする試みです．物理は決して公式だらけの味気ない科目ではなく，自然を語るために人類が解明してきた成果だということを，少しずつ伝えていきたいと思います．

皆さんも日々のできごとについて，「どうしてだろう」，「なぜだろう」とちょっと立ち止まって考えてみませんか．たとえば，「虹」(rainbow)．

雨上がりにみられる虹は，外側が赤色で，内側が紫色です．光が強いと，虹は，その外側にもうひとまわりあり（副虹といいます），こちらは外側が紫色となっています．

なぜ，虹はいつも雨上がりにみえて，色の順が決まっているのでしょうか．そもそも虹はどういうしくみでみえるのでしょうか．自然のしくみは，実は論理的に説明することができるのです（詳しくは，虹のしくみ（5.3.3項）をご覧下さい）．

● 本書について

この本は，私が週に一度，武庫川女子大学で担当する『生活の中の物理学』という共通教育科目のプリントから生まれました．この科目は，1年生から4年生まで，学科もさまざまな学生が聴きにきてくれます．文系の学生も理系の学生も混ざっています．担当した当初は，どのように話を進めていったらよいのか，ずいぶん悩みました．

そこで学生さんに，どんなことに興味をもっているのかなどをアンケートしながら講義を進めることにしました．そのスタイルは，いまでも続いています．

巷には，数式を使わずに物理現象をさまざまに紹介している一般向けの本がたくさんあります．物理に興味をもってもらうにはとてもよいことだと思います．しかし，教える立場としては，物理の「しくみ」を伝えるために，少しでも原理や法則を紹介して，そこから応用される現象を説明したいと思いました．数式アレルギーの人もいるかもしれませんが，少し式を使うだけでここまで自然が説明できてしまうのだ，という話を枕にして，生活の中にある物理現象を解説する講義を続けています．

本書は，これまで物理に触れたことのない人にも，高校で物理を習った人にも楽しんでもらえるように，少し欲張った内容になっています．

- 全体の章立ては，普通の教科書スタイルです．ですが，速度・加速度の話から始める前に，雑談風の第 1 章と，高校物理にはない「流体」の章を加えています．
- 「Topic」や「コラム」の欄は，直前に説明した原理や法則に関連した話ですが，そこだけ読んでも（つまり，数式の理解を飛ばしても）わかる話にしています．
- 「Advanced」の内容は，もう一歩踏み込んだ内容です．おもに数式に関する注記です．手強かったら飛ばしてもらって構いません．
- 「実験」は，あまりお金も準備もかけずにすぐにできそうなものを紹介しています．
- 「問題」は「Topic」の延長です．計算する問題・少し難しい問題には * 印をつけています．また，調べてもらいたいものは「調査課題」としています．
- なるべく見開きで話がまとまるように工夫しています．
- 紙面の都合で，各章末に分けましたが，「物理学史年表」をまとめました．

何か知りたいことがあったとき，本書が役に立つならば，とても嬉しく思います．

■ 謝 辞

本書の執筆をお勧めくださり，内容についても建設的なコメントをいただいた森北出版の太田陽喬さんに感謝いたします．本文中の挿絵のいくつかは，私の研究室の卒業生の大串美沙さん，川船美帆さん，高原夏海さんによるものです．あれこれ細かい注文に応えてくれて助かりました．本書の題材をいろいろ提供してくれた妻の理香と，私にとって想定外の質問や反応で鍛えてくれた学生諸君，校正で意見を下さった木村瞳さん，小林順子さんにも心からお礼を申し上げます．

2015 年 7 月

著者

目　次

○第1章　物理を学び始める方へ ——— 1
- 1.1　科学の方法—仮説から法則へ　　2
- 1.2　物理学—物理がカバーする分野　　5
- 1.3　「桁違い」の話—片手でいくつ数えられる？　　7
- 1.4　距離を測る—地平線までの距離は？　　10
- 1.5　時間を測る—カレンダーから地球の運動がわかる　　14
- 1.6　質量を測る—質量と重さの違い　　20

○第2章　力学—つりあいと運動 ——— 25
- 2.1　速度・加速度—「いつ・どこにある」：運動を決める基本ツール　　26
- 2.2　いろいろな運動・いろいろな力—名前を聞けば想像がつく運動状態　　33
- 2.3　運動の法則—力を加えると，生じるのは加速度だった　　48
- 2.4　重力による運動—リンゴの落下から惑星運動まで　　58
- 2.5　保存則という考え方—世の中には保存する量がある　　67
- 2.6　回転する運動—遠心力は見かけの力　　75

○第3章　流体—連続体の運動 ——— 91
- 3.1　圧力—流体がまわりに及ぼす力　　92
- 3.2　浮力—気球はなぜ飛ぶか，船はなぜ浮くか　　97
- 3.3　流体の動き—飛行機はなぜ飛ぶか　　100

○第4章　熱と気体—熱エネルギー ——— 109
- 4.1　温度は何で決まるのか—目にみえないが感じられる分子運動　　110
- 4.2　気体の法則・熱力学の法則—エネルギーの移動とうまくつきあう　　120
- 4.3　熱効率と不可逆変化—永久機関はなぜ不可能なのか　　128

○第5章　波—水・音・光 ——— 137
- 5.1　波の特徴—波は何をどう伝えるのか　　138
- 5.2　音—音楽は数学かも　　149
- 5.3　光—色の正体と虹のしくみ　　164

○第6章　電気と磁気—電磁誘導 ——— 183
- 6.1　電気の性質，静電気—静電気とうまくつきあう方法　　184
- 6.2　電気回路—回路は素子の組み合わせ　　197
- 6.3　電気と磁気—電磁誘導こそ電磁気学の本命　　209
- 6.4　家電製品いろいろ—最終進化形は何か　　223

○第 7 章　原子力―核エネルギー　――――――――――― 229
　　7.1　原子核と放射線―放射性崩壊と半減期　　　　　　　230
　　7.2　核反応―核分裂と核融合　　　　　　　　　　　　　235
　　7.3　人体に対する放射線の影響―未知な要素の多い現実　　240

問題の答え　――――――――――――――――――――― 245
読書ガイド　――――――――――――――――――――― 252
人名索引　　――――――――――――――――――――― 254
索　引　　　――――――――――――――――――――― 256

○物理学史年表
　　［1］　（〜1643）　⇒　viii ページ
　　［2］　（〜1799）　⇒　24 ページ
　　［3］　（〜1847）　⇒　90 ページ
　　［4］　（〜1902）　⇒　136 ページ
　　［5］　（〜1928）　⇒　182 ページ
　　［6］　（〜1987）　⇒　228 ページ

コラム一覧

#	タイトル	頁
1	学術論文が掲載されるまで	4
2	月の呼び名	16
3	アメリカの度量衡：マイルの単位はなくならない？	19
4	基本となる単位はいくつある？	22
5	光速の測定	23
6	チーターの狩猟能力の決め手は？	32
7	安定なやじろべえ	46
8	作用・反作用を考えるとロケットは飛ぶはずがない？	53
9	エジプト人が砂に水をまいたのはなぜ？	55
10	なぜ月は地球に落下してこないのか	59
11	ティコ・ブラーエとヨハネス・ケプラー	65
12	ジェットコースターはどこに座るのが一番怖い？	71
13	猫の落下問題	85
14	『吾輩は猫である』に登場する物理	88
15	最も短時間で転がり降りる曲線の形は？	89
16	ピッチドロップ実験	101
17	泳法よりも水着が決め手の時代	101
18	飛行機の翼を観察する	104
19	ヨットは風上へ進めるのか	104
20	バタフライ効果	107
21	温暖前線・寒冷前線	108
22	太陽の温度はどうやって測る？	115
23	鍋に適した金属は？	118
24	天気予報で出される「○○指数」	123
25	水飲み鳥は永久機関か？	134
26	エコロジカルに暮らすには	135
27	緊急地震速報のしくみ	141
28	共振によるつり橋の落下	157
29	聞くだけで太鼓の形がわかるか	157
30	紫外線対策	164
31	虹の色は何色？	171
32	皆既月食で食糧を得たコロンブス	173
33	ダイアモンドのブリリアントカット	180
34	フェルマーの原理	181
35	雷の正体	186
36	静電気と上手くつきあう方法	189
37	充電池と上手くつきあう方法	200
38	階段のスイッチ	205
39	電球の明るさの単位はワットからルーメンに	208
40	電流の正体はどうやって判明したのか	216
41	カーナビゲーション	227
42	酸素がない宇宙で太陽が燃えているのはなぜ？	239
43	鉄より原子番号の大きな元素はどこでできた？	244

実験一覧

#	タイトル	頁
1	神経の反応時間を測ろう	43
2	重心の位置をみつけよう	45
3	風船ホバークラフト	49
4	テーブルクロス引き	49
5	ガウスガン	74
6	遠心力を使う道具を探そう	79
7	回転する椅子で足をつけずに回転する	83
8	よく回り続けるコマ	84
9	ストローの高さで水の勢いが変わる	95
10	卵を浮かせる	98
11	木片の浮き方は？	99
12	風船を空中で留める	103
13	水道の蛇口で層流と乱流	106
14	ブラウン運動をみてみよう	111
15	雲をつくってみよう	123
16	振り回してお湯をつくろう	125
17	輪ゴムを伸ばすと温度が上がる	127
18	筒笛をつくろう	148
19	目でみるうなり	155
20	共振の実験	157
21	分光シートでLEDをみてみよう	175
22	指の間に暗線がみえる	177
23	静電気で蛍光灯をつける	190
24	静電気をライデン瓶でためよう	194
25	携帯電話をアルミホイルで包むと	195
26	家庭の消費電力を調べよう	203

周期表 (Periodic Table)

凡例:
- 原子番号 → 29 +2,1
- 元素記号 → Cu
- 元素名(日本語) → 銅
- 元素名(英語) → copper
- 原子量 → 63.55
- ← 通常できるイオンの価数
- ← 元素記号が灰色のものは人工合成された元素

- ↑非金属元素
- ↓金属元素

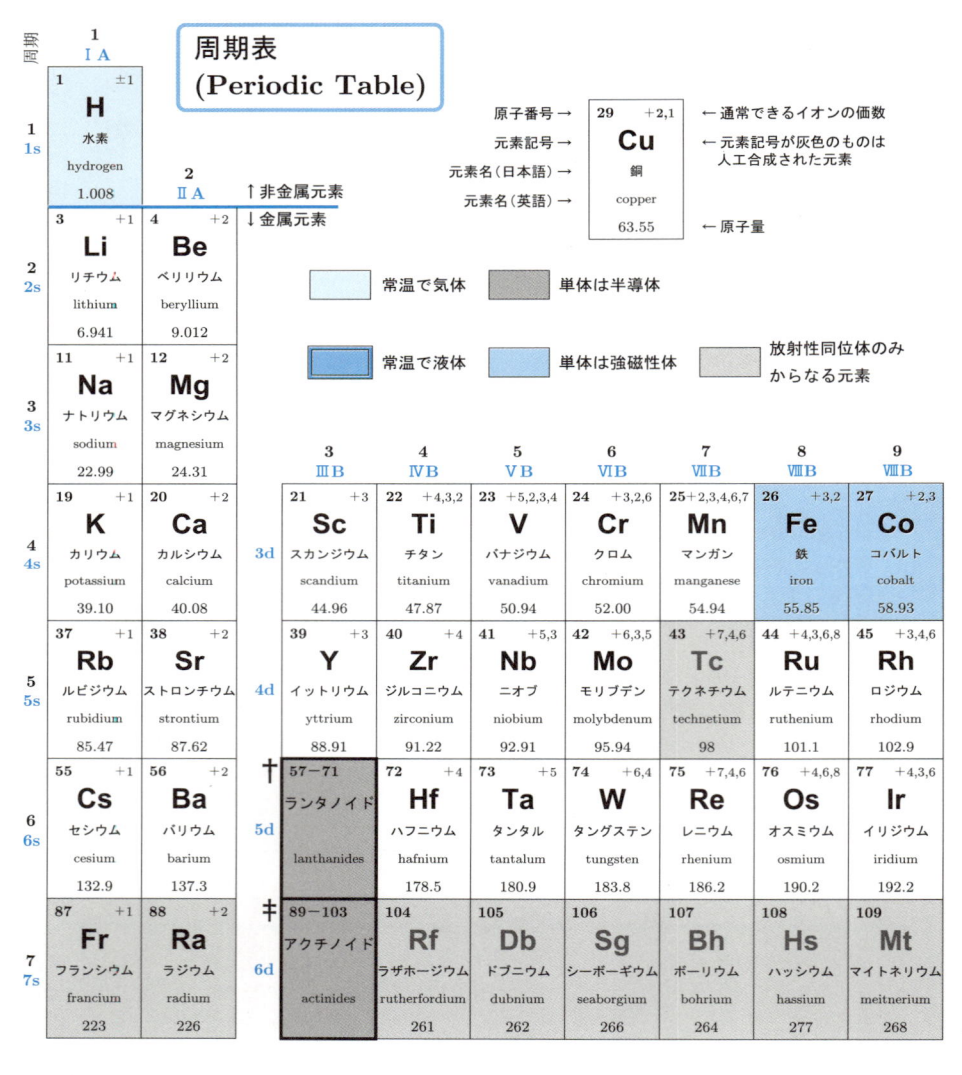

- 常温で気体
- 常温で液体
- 単体は半導体
- 単体は強磁性体
- 放射性同位体のみからなる元素

周期	1 IA	2 IIA	3 IIIB	4 IVB	5 VB	6 VIB	7 VIIB	8 VIIIB	9 VIIIB
1 (1s)	1 ±1 **H** 水素 hydrogen 1.008								
2 (2s)	3 +1 **Li** リチウム lithium 6.941	4 +2 **Be** ベリリウム beryllium 9.012							
3 (3s)	11 +1 **Na** ナトリウム sodium 22.99	12 +2 **Mg** マグネシウム magnesium 24.31							
4 (4s, 3d)	19 +1 **K** カリウム potassium 39.10	20 +2 **Ca** カルシウム calcium 40.08	21 +3 **Sc** スカンジウム scandium 44.96	22 +4,3,2 **Ti** チタン titanium 47.87	23 +5,2,3,4 **V** バナジウム vanadium 50.94	24 +3,2,6 **Cr** クロム chromium 52.00	25 +2,3,4,6,7 **Mn** マンガン manganese 54.94	26 +3,2 **Fe** 鉄 iron 55.85	27 +2,3 **Co** コバルト cobalt 58.93
5 (5s, 4d)	37 +1 **Rb** ルビジウム rubidium 85.47	38 +2 **Sr** ストロンチウム strontium 87.62	39 +3 **Y** イットリウム yttrium 88.91	40 +4 **Zr** ジルコニウム zirconium 91.22	41 +5,3 **Nb** ニオブ niobium 92.91	42 +6,3,5 **Mo** モリブデン molybdenum 95.94	43 +7,4,6 **Tc** テクネチウム technetium 98	44 +4,3,6,8 **Ru** ルテニウム ruthenium 101.1	45 +3,4,6 **Rh** ロジウム rhodium 102.9
6 (6s, 5d)	55 +1 **Cs** セシウム cesium 132.9	56 +2 **Ba** バリウム barium 137.3	† 57-71 ランタノイド lanthanides	72 +4 **Hf** ハフニウム hafnium 178.5	73 +5 **Ta** タンタル tantalum 180.9	74 +6,4 **W** タングステン tungsten 183.8	75 +7,4,6 **Re** レニウム rhenium 186.2	76 +4,6,8 **Os** オスミウム osmium 190.2	77 +4,3,6 **Ir** イリジウム iridium 192.2
7 (7s, 6d)	87 +1 **Fr** フランシウム francium 223	88 +2 **Ra** ラジウム radium 226	‡ 89-103 アクチノイド actinides	104 **Rf** ラザホージウム rutherfordium 261	105 **Db** ドブニウム dubnium 262	106 **Sg** シーボーギウム seaborgium 266	107 **Bh** ボーリウム bohrium 264	108 **Hs** ハッシウム hassium 277	109 **Mt** マイトネリウム meitnerium 268

† ランタノイド lanthanides (レアアース金属 rare earth metals) 4f:

| 57 +3 **La** ランタン lanthanum 138.9 | 58 +3,4 **Ce** セリウム cerium 140.1 | 59 +3,4 **Pr** プラセオジム praseodymium 140.9 | 60 +3 **Nd** ネオジム neodymium 144.2 | 61 +3 **Pm** プロメチウム promethium 145 | 62 +3,2 **Sm** サマリウム samarium 150.4 | 63 +3,2 **Eu** ユウロピウム europium 152.0 |

‡ アクチノイド actinides 5f:

| 89 +3 **Ac** アクチニウム actinium 227 | 90 +4 **Th** トリウム thorium 232.0 | 91 +5,4 **Pa** プロトアクチニウム protactinium 231.0 | 92 +6,3,4,5 **U** ウラン uranium 238.0 | 93 +5,3,4,6 **Np** ネプツニウム neptunium 237 | 94 +4,3,5,6 **Pu** プルトニウム plutonium 239 | 95 +3,4,5,6 **Am** アメリシウム americium 243 |

→非金属元素
↓金属元素

	13 ⅢA	14 ⅣA	15 ⅤA	16 ⅥA	17 ⅦA	18 ⅧA
						2 **He** ヘリウム helium 4.003
2p	5　+3 **B** ホウ素 boron 10.81	6　−4 **C** 炭素 carbon 12.01	7　−3 **N** 窒素 nitrogen 14.01	8　−2 **O** 酸素 oxygen 16.00	9　−1 **F** フッ素 fluorine 19.00	10 **Ne** ネオン neon 20.18
3p	13　+3 **Al** アルミニウム aluminum 26.98	14　−4 **Si** ケイ素 silicon 28.09	15　−3 **P** リン phosphorus 30.97	16　−2 **S** 硫黄 sulfur 32.07	17　−1 **Cl** 塩素 chlorine 35.45	18 **Ar** アルゴン argon 39.95

10 ⅧB	11 ⅠB	12 ⅡB						
28　+2,3 **Ni** ニッケル nickel 58.69	29　+2,1 **Cu** 銅 copper 63.55	30　+2 **Zn** 亜鉛 zinc 65.41	31　+3 **Ga** ガリウム gallium 69.72	32　+4,2 **Ge** ゲルマニウム germanium 72.64	33　−3 **As** ヒ素 arsenic 74.92	34　−2 **Se** セレン selenium 78.96	35　−1 **Br** 臭素 bromine 79.90	36 **Kr** クリプトン krypton 83.80
46　+2,4 **Pd** パラジウム palladium 106.4	47　+1 **Ag** 銀 silver 107.9	48　+2 **Cd** カドミウム cadmium 112.4	49　+3 **In** インジウム indium 114.8	50　+4,2 **Sn** スズ tin 118.7	51　+3,5 **Sb** アンチモン antimony 121.8	52　−2 **Te** テルル tellurium 127.6	53　−1 **I** ヨウ素 iodine 126.9	54 **Xe** キセノン xenon 131.3
78　+4,2 **Pt** 白金 platinum 195.1	79　+3,1 **Au** 金 gold 197.0	80　+2,1 **Hg** 水銀 mercury 200.6	81　+1,3 **Tl** タリウム thallium 204.4	82　+2,4 **Pb** 鉛 lead 207.2	83　+3,5 **Bi** ビスマス bismuth 209.0	84　+4,2 **Po** ポロニウム polonium 209	85 **At** アスタチン astatine 210	86 **Rn** ラドン radon 222
110 **Ds** ダームスタチウム darmstadtium 281	111 **Rg** レントゲニウム roentgenium 272	112 **Cn** コペルニシウム copernicium 285	113 **Nh** ニホニウム nihonium 284	114 **Fl** フレロビウム flerovium 289	115 **Mc** モスコニウム moscovium 288	116 **Lv** リバモリウム livermorium 292	117 **Ts** テネシン tennessine 293	118 **Og** オガネソン oganesson 294

64　+3 **Gd** ガドリニウム gadolinium 157.3	65　+3,4 **Tb** テルビウム terbium 158.9	66　+3 **Dy** ジスプロシウム dysprosium 162.5	67　+3 **Ho** ホルミウム holmium 164.9	69　+3 **Er** エルビウム erbium 167.3	69　+3,2 **Tm** ツリウム thulium 168.9	70　+3,2 **Yb** イッテルビウム ytterbium 173.0	71　+3 **Lu** ルテチウム lutetium 175.0
96　+3 **Cm** キュリウム curium 247	97　+3,4 **Bk** バークリウム berkelium 247	98　+3 **Cf** カリホルニウム californium 251	99　+3 **Es** アインスタイニウム einsteinium 252	100　+3 **Fm** フェルミウム fermium 257	101　+3,2 **Md** メンデレビウム mendelevium 258	102　+2,3 **No** ノーベリウム nobelium 259	103　+3 **Lr** ローレンシウム lawrencium 262

● 物理学史年表 [1] (年表 [2] は 24 ページ)

物理という学問名が一般的になるのは 19 世紀になってからである．それまでは，自然哲学とよばれていた．ギリシャの自然哲学が，ガリレオやニュートンによって科学的方法論として確立するまでのおもなできごとが，本年表である．

年代	人名	できごと	分野	ページ
B.C.4c	アリストテレス（ギ）	ギリシャ自然哲学を体系化，自然運動と強制運動の考え	力学	5
B.C.3c	ユークリッド（ギ）	幾何学と大成，光の直進・反射の法則	力学	
B.C.3c	アルキメデス（ギ）	重心の決定，浮力・てこの原理	力学	44, 91, 97
2c	プトレマイオス（ロ）	天動説を集大成	天文	
1015	アルハーゼン（ア）	光の反射・屈折の研究	光	
1470 頃	ダ・ヴィンチ（伊）	近代科学技術の先駆，湿度計・風力計の発明，力のモーメントを示唆	力学	105
1543	コペルニクス（波）	『天球の回転について』：地動説を提唱	天文	
1576	ティコ・ブラーエ（丁）	惑星運動の精密観測	天文	65
1583	ガリレイ（伊）	振り子の等時性	力学	57
1590	ヤンセン（蘭）	顕微鏡の発明		
1600	ギルバート（英）	『磁石論』：地球は磁石であると主張	磁力	
1609	ケプラー（独）	『新天文学』：惑星運動の第 1, 2 法則	天文	64, 65
1610	ガリレイ（伊）	『星界の報告』：望遠鏡による天体観測	光	
1619	ケプラー（独）	『世界の調和』：惑星運動の第 3 法則	天文	64, 65
1621	スネル（蘭）	光の屈折の法則	光	168
1632	ガリレイ（伊）	『天文対話』：地動説の擁護	天文	48
1637	デカルト（仏）	『屈折光学』：光の屈折の法則	光	168
1638	ガリレイ（伊）	『新科学対話』：落下の法則，放物運動	力学	
1643	トリチェリ（伊）ら	真空実験，水銀気圧計を発明	気体	92
1644	デカルト（仏）	『哲学原理』：慣性，保存量の概念	力学	
1648	パスカル（仏）	大気圧の概念	気体	93
1654	ゲーリケ（独）	マルデブルクの半球の公開実験	気体	92
1660	フック（英）	弾性に関するフックの法則	力学	56
1660	ボイル（英）	音は真空で伝わらないことの発見	音	59
1662	ボイル（英）	気体の膨張則	気体	120
1662	フェルマー（仏）	光の屈折に関する原理を発見	光	181
1663	パスカル（仏）	流体静力学のパスカルの原理	流体	94
1673	ホイヘンス（蘭）	『振り子時計』：振り子・遠心力の理論	力学	

ギ：ギリシャ，ロ：ローマ，ア：アラビア，伊：イタリア，波：ポーランド，丁：デンマーク，蘭：オランダ，英：イギリス，独：ドイツ，仏：フランス

第1章
物理を学び始める方へ

　本章では，まず「科学とは何か」，「物理学とはどんな学問か」を説明する．そして，身のまわりにある現象を扱う時に必要となる「長さの単位」，「時間の単位」，「質量の単位」を紹介しよう．

　自然科学の大きな目的は，いつ，誰が，どこで実験しても同じ結果になるような法則をみつけることだ．このような普遍性を突き詰めていくと，**自然界のコトバは数学になる**．曽呂利新左衛門のエピソードを紹介しておこう．

　御伽衆として豊臣秀吉 (1537–1598) に仕えていた人物に，曽呂利新左衛門（生没年不詳）がいた．落語家の始まりともいわれる新左衛門は，結構数学にも強かったようだ．あるとき，秀吉が褒美をあげようと新左衛門に何がほしいか尋ねると，彼は「今日は米1粒，翌日には倍の2粒，その翌日にはさらに倍の4粒…と，日ごとに倍の量の米を100日間もらいたい」と答えたそうだ．米粒ならたいしたことはないと思った秀吉は，それを簡単に引き受けたが，日ごとに倍にしていくと，実に膨大な量になる．途中で気づいた秀吉は新左衛門に頭を下げて，ほかの褒美に変えてもらうことにしたのだという．

　このような数の計算に便利なのが，**指数**である．$10^2 = 100, 10^3 = 1000, \cdots$など，肩に載せた「○乗」という指数の表現だ．曽呂利新左衛門の要求した米粒は，日ごとに，$1 = 2^0, 2^1 = 2, 2^2 = 4, 2^3 = 8, \cdots$ として表されるので，30日後には，2^{29} 粒になる．電卓をたたいてみると，$2^{29} = 5$ 億 3687 万 0912 粒になる（1粒 0.02 g として，およそ 10 t！）．

図 1.1　秀吉と曽呂利新左衛門（想像図）

1.1 科学の方法
仮説から法則へ

自然の真理を探究する学問が科学である．誰がどこで実験しても成り立つような普遍な法則を積み重ねていく学問である．どんなアプローチをすれば，科学になるのだろうか．

■ **仮説と理論**

あなたが数百年前の時代にいたとして，「虹」の現象に興味をもったとしよう．当時は，「虹は天使が空に描いた絵である」と考えるのが普通だったとしよう．

そんな世の中で，あなたは，虹は必ず雨上がりにみられることに気づく．みられる色の順番もいつも決まっていることに気づく．さらに，いつも太陽の反対側にみられることにも気づく．そこで，「虹は，天使が描くのではなく，雨粒を通過した光によるものではないか」と考え始めた．この**説明**を周囲の人に納得させるためには，どのような手段をとればよいだろうか．

説明 (explanation)

説明を思いついただけならば，まだ**経験則**あるいは**仮説**に過ぎない．その仮説が本当かどうかは，**実験**や**観察**を通じて，証明されなければならない．そこで，あなたは，太陽を背にして霧吹きで雨粒もどきをつくると，虹のような色がみられる実験をし，それを成功させる．さらに，ガラスを通過する光は曲がって進むという事実を発見する．このようにして，あなたは，仮説を論文や本にして，あるいは学会で発表することにする．

経験則 (empirical law)
仮説 (hypothesis)
実験 (experiment)
観察 (observation)

論文の読者や学会の聴衆は，絶賛するかもしれないし，批判するかもしれない．ガラスと水の関連性は不明だし，そもそもどうして曲がって進むのかという新たな疑問を提示する人もいるだろう．だが，第三者が，あなたと同じ実験を試み，同じ結果を得られれば，あなたの仮説を支持することになるだろう．仮説に**再現性**があり，結果に**普遍性**がみられれば，仮説は科学とみなされ，**理論**へと昇華していくのである．

再現性 (reproducibility)
普遍性 (generality)
理論 (theory)

理論として世間に認められると，あなたを含め，多くの人が独立に実験や考察を進める．『光が異なる媒質に進むと屈折現象を示すこと』，『屈折角は光の色によりわずかに異なること』，『太陽光は周波数の異なるさまざまな色の光の重ね合わせであること』などが判明し，虹の現象解明が進むことになる．

屈折の法則
⟹ 5.3.3 項

なぜ光は屈折するのかという疑問に対しては，やがて『光は最短時間で到達するような経路を選ぶから』とする**原理**（ここでは，フェルマーの原理）が提示され，私たちは，自然界はこのようになっているのだと納得することになる．そして，屈折は光が波として伝わるからだということも，いずれ示されていく．「波であること」が本質であれば，音も水も波であることが知られていれば，同じ現象がみられることが予想される．そして，音波も屈折するし，海岸に押し寄せる波も屈折することが，同じ原理で説明できることになる．

原理 (principle)
フェルマーの原理
$\Longrightarrow$ 5.3.5 項

音波 $\Longrightarrow$ 5.2 節

■ 科学的な方法とは

虹を例にしたこれらの一連のプロセスは，**科学的な方法**である．実験や観察などの事実に立脚していて，しかも，大勢の人々の合意の上で成立しているからである．このように，科学的な方法であるためには，重要な点がいくつかある．

一つは，論拠となる証拠があり，検証が可能であることである．虹が天使によるものだという説明は詩的で美しいが，検証できるものではない．虹が雨粒によるものだ，という説明は実験や観察が可能である．このように，「誰もが確認できる」ということが科学の対象となる．1回きりの現象は，科学になり得ない．また，一人だけ実験に成功したと主張しても，それも科学ではない．科学として成り立つためには，再現性と普遍性を備えていることが必要だ（ちなみに，流れ星は1回だけ生じる現象だが，類似の現象が多数発生するので，その統計から私たちは科学として扱うことができる）．

もう一つは，科学のもつ社会性である．科学的な事実として認められるためには，必ず批判的な第三者のチェックを経ることが重要である．人類の歴史上，自然のしくみを説明するための多くの仮説が出され，それらは多くの人の検証を経て淘汰されてきた．この過程で大事なのは，ノウハウをすべて公開し，世の中に問う，という姿勢である．必要で十分な情報が公開されていれば，科学者は，その事実を検証することができる．科学者は，専門学術誌や学会という場を設けて，得られた成果を公開し，相互の批判を受けながら正しいものを選択する，という

体制を築いてきている．

よく最新のニュースなどで，「〇〇発見」「〇〇の実験成功」などと大々的に報じられることがあったとしても，それらの評価は数年後には異なっていたということも多々ある．

> **コラム 1　学術論文が掲載されるまで**
>
> 現在の最先端の科学でも，多くの仮説が提案され，淘汰されていく．科学者の業績は，通常，論文として発表した内容で評価される．論文とはその専門分野の研究者が購読する**学術雑誌**に**掲載された論文**を意味している．つまり，単に「論文を書く」だけではダメで，「論文が掲載される」ことが重要なステップになる．
>
> 研究者が論文を仕上げ，専門誌に投稿すると，その編集者は，まずその内容がわかるであろう匿名の査読者にその論文を送付し，掲載に値するかどうかの判断を依頼する．これが，科学者が200年以上守り続けているピア・レビュー (peer review) 制度である．査読者は，内容の新規性（当然「世界で一番初めに」報告されていること），論拠となる事実（実験や観測やシミュレーションの方法，結果の収集過程）や論理的な整合性，結果の妥当性，その雑誌として掲載にふさわしいかどうか，などをチェックし，論文として掲載すべきかどうかを判定する．その判定レポートは，投稿した著者に示され，反論や論文修正の機会が与えられるが，掲載不可と最終的に判定されれば，そこで終了となる．
>
> もちろん，論文の内容が，本当に正しいかどうかは，後世の判断に委ねられることになる．明らかに間違った内容が査読で見過ごされることもあるし，論文出版時点では判定できないこともある．いずれも著者がその内容の責任をもつことになる．
>
> 査読でどの位の論文が選ばれるのかは，雑誌によって異なるが，科学全般を扱う『Nature』（イギリス）や『Science』（アメリカ）では，2割から3割程度となっているようだ．よく，大学や研究所が「Natureに論文が掲載された」というような記者発表をすることがあるが，掲載されること自体が学者にとっても研究機関にとっても名誉なことだからである．
>
> ちなみに，論文掲載料は著者の負担，査読者は無料奉仕が普通で，雑誌に論文が掲載されたとしてもまったく儲かるものではない．

問 1.1　占星術は科学とはいえない．その理由を説明せよ．

調 1.1　残念ながら，世の中には，科学的に示されたように装う**偽科学**・**疑似科学**が存在する．笑い飛ばせるものならそれでも構わないが，意図的に悪用されている場合もあり，注意が必要である．身のまわりにみられる疑似科学をみつけてみよう．

1.2 物理学
物理がカバーする分野

科学の中でも「物理学」は，数学を武器にして自然を解明しようと，人類が築き上げてきた学問である．数学を使う理由は，それ自体が普遍的なものであり，世界中の誰がいつどこで試みても同じ結果を導くことができるからだ．

■ 物理という言葉の由来

物理は英語で physics である．この語の語源は，古代ギリシャのアリストテレスにさかのぼる．アリストテレスは，あらゆる学問体系の基礎をつくったが，彼の著作『形而上学』では，人間の存在や物体の運動など，手に取って確かめることのできない「ものごとの根源」を考える哲学を述べている．その中の「第一哲学」は，存在を追求する学問 (philosophy) であり，「第二哲学」は自然現象を扱う自然哲学 (natural philosophy) であった．

古代ギリシャでは，ものごとは，魂と魂でないもの（形のないものとあるもの）に二分されており，phusika ($\phi\upsilon\sigma\iota\kappa\alpha$) は後者を表す言葉だった．魂が宿る肉体も後者に分類されていて，後年，病気を治す人の意味で，physician という言葉が生まれる．物理学者は physicist である．

古代ギリシャの学問は，イスラム文化圏を経由して，10世紀頃からヨーロッパのラテン文化圏に伝えられるようになる．ヨーロッパの知的基盤をつくったのは，13世紀のトマス・アクィナスとされる．彼は，キリスト教にアリストテレスの思想を取り入れた「スコラ哲学†」を完成する．16世紀の文芸復興（ルネッサンス）の勃興まで，キリスト教的世界観がヨーロッパの人々の考え方を支配した．

16世紀末，錬金術が化学に変わると，自然哲学の中で，運動学的なものを physics とよぶようになった．現在の物理学に対応する physics の語が確立したのは，19世紀のようだ．

中国では「物の道理」という意味で，物理という言葉があった．日本では，江戸時代末期には「窮理学」（物の道理を窮める学）とか「格物学」（物の本質を突き詰める学）などとよばれ始めたが，明治政府が明治5年に学制を整えたとき，数学や化学とともに物理学という言葉が制定されて定着した．

アリストテレス
Aristotle
(BC384–BC322)

形而上学
(metaphysics = beyond physics)

トマス・アクィナス
Thomas Aquinas
(1225–1274)

† スコラはラテン語で，英語の school（学校）の語源である．

■ 物理学の進展

本書が扱うのは，分子の運動から太陽系の惑星の動きまで，身のまわりにみられる物理現象である（表 1.1）．これらの物理学は，15 世紀後半の，ティコ・ブラーエの精密な天体観測，ケプラーによる惑星運動の法則の発見，ガリレイによる運動学，ニュートンによる運動法則の発見などが端緒となるもので，**近代物理学**ともよばれる．

物理学はその後めざましい進展を遂げ，19 世紀後半には，日常レベルの現象を物理法則でほとんど記述できるようになった．これで物理学は完成したとも考えられていた．しかし，1905 年のアインシュタインによる三つの論文が物理学に革命を起こす．20 世紀の物理学は，相対性理論と量子論を柱として，時間と空間の構造や，素粒子のふるまいに対して，それまでとはまったく異なる新しい物理学として進展した（表 1.2）．

1905 年のアインシュタインの論文 ⟹ 年表 [5]（182 ページ）

そのため，物理学史では，1905 年以前の物理を**古典物理学**，1905 年以降の物理を**現代物理学**とよんで区別している．最近では，物理的なアプローチを用いて，化学や生物，経済学などにも分野が広がっており，それぞれ物理化学，生物物理学，経済物理学などとよぶような学問に成長してきている．

古典物理学
(classical physics)
現代物理学
(modern physics)

表 1.1 身のまわりにみられる物理現象の分野

分野		内容	本書
力学	mechanics	力を加えるとどのような運動をするのか	第 2 章
流体力学	fluid dynamics	流体の運動	第 3 章
熱力学	thermodynamics	温度や熱の交換について	第 4 章
光学	optics	光はどのように進むのか	第 5 章
電磁気学	electromagnetism	電気や磁気の及ぼす力，電気回路について	第 6 章

表 1.2 現代物理が扱う分野

分野		内容
量子力学	quantum mechanics	電子，原子核などのミクロな物理学
原子核物理	nuclear physics	原子核，核反応（核分裂反応，核融合反応）
素粒子物理	particle physics	究極の素粒子や力の構造
統計物理	statistical physics	多数の物質のふるまい
物性物理	condenced-matter physics	液体や固体，プラズマ状態の物質
相対性理論	relativity	時間と空間，重力，宇宙

1.3 「桁違い」の話 ― 片手でいくつ数えられる？

物理の話に入る準備として，本章では数字を使うことに少し慣れてみよう．私たちは，10 数えるごとに一つ位があがる「10 進法」を使うことに慣れている．だが，コンピュータなど電子機器では「2 進法」が使われる．それぞれの特徴を詳しくみていこう．

■ 10 進法

10 ずつ桁が上がっていくしくみが 10 進法である．10 進法が誕生した理由は，おそらく指が 10 本だからだ．

桁に応じて，日本人は，「一，十，百，千，万，…」とよぶ．欧米では「キロ，メガ，ギガ，…」と，3 桁ごとに名前をつけている．最近では，ハードディスクやメモリの容量など，メガ，ギガ，テラなどの単位が日常聞かれるようになっている．大きさを表す接頭語を表紙見開きにまとめてある．

とても大きな数や小さな数，あるいは「桁違い」を表すのに便利な記法は，「10 の〇乗」という指数を使う方法だ．たとえば，

$$100 = 10 \times 10 = 10^2, \quad 1000 = 10 \times 10 \times 10 = 10^3$$
$$0.1 = \frac{1}{10} = 10^{-1}, \quad 0.01 = \frac{1}{100} = 10^{-2}$$

などとなる．4 桁の数 1234 は $1000 + 200 + 30 + 4$ であるから，

$$1234 = 1 \times 10^3 + 2 \times 10^2 + 3 \times 10^1 + 4 \times 10^0 \tag{1.1}$$

のように分解できる．

10 進法 (decimal numeral system)

表 1.3 大きさを表す接頭語

ギガ	10^9	10 億
メガ	10^6	100 万
キロ	10^3	千
	1	一
ミリ	10^{-3}	$1/10^3$
マイクロ	10^{-6}	$1/10^6$
ナノ	10^{-9}	$1/10^9$

⟹ 表紙見返し

指数（power）

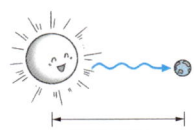

> **Topic　太陽までの距離**
>
> 地球は太陽の周りを 1 年かけて 1 周する．地球から太陽までの距離は，およそ 1 億 5000 万 km である．これをいちいち 150000000 km と表すと読みにくい．そこで指数を使って，ゼロが何個あるかを書き表すことにして，1.5×10^8 km ($= 1.5 \times 10^{11}$ m) と表す．

図 1.2 太陽と地球

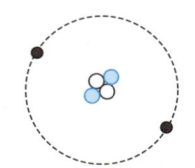

${}^4_2$He　●陽子 2個　○中性子 2個　●電子 2個

図 1.3　原子模型
⟹ 7.1 節

2 進法 (binary numeral system)

（a）バーコード

（b）QR コード

図 1.4　バーコードも QR コードも 2 進数

> **Topic　原子の大きさ・原子核の大きさ**
>
> 小さい数も指数で表すことができる．水素原子の大きさ（電子の軌道半径）は，1 cm の 1 億分の 1（1 m の 100 億分の 1）程度である．これを 0.0000000001 m と表すとたいへんなので，1.0×10^{-10} m と表そう．また，原子の中央には，原子核がある．原子核には陽子があるが，その大きさは原子の大きさの 10 万分の 1 程度である．

■**2 進法**

コンピュータ内部では，電気的な性質を利用して数を表現するために，**2 進法**を用いている．0 と 1 のみ用いて 2 ごとに 1 桁あがる記法である．「1234」を 2 進法を用いて表すと，

$$1234 = 1 \times 2^{10} + 1 \times 2^7 + 1 \times 2^6 + 1 \times 2^4 + 1 \times 2^1 \quad (1.2)$$

となるので，$1234 = 10011010010_{(2)}$ となる．

このように考えていくと，n の数ごとに一桁あがる「n 進法」が可能になる．実際のコンピュータの内部では，桁数を小さくするために，**16 進法**もよく用いられる．16 進法の場合，$10, 11, \ldots, 15$ に相当する文字として，$A, B, \ldots, F$ を用いる．16 進数は 2 進数で表された数を 4 桁ごとに区切って置き換えることと同じである．上の例（$1234 = 10011010010_{(2)}$）だと，$10011010010 = 100, 1101, 0010$ だから，$4D2_{(16)}$ になる．

> **Topic　片手でいくつまで数えられる？**
>
> 片手には指が 5 本あるから，指を折るか伸ばすかで，2 進法を使えば，$2^5 = 32$ の数を数えることができる．ちょっと練習しておくと，隠し芸によいかもしれない．

図 1.5　片手で 32 数える

■12進法

世界には，10進法ではなく，12進法を使う言語も多く存在している．英語では eleven, twelve と 12 までは特別な数え方をするし，1 ダース（= 12 個，dozen），1 グロス（= 12^2 = 144 個，gross）という単位も耳にする．

12 という数字は，2, 3, 4, 6 で割り切れるために，普段の生活では分割しやすい便利な数だ．

ヤード法とよばれる長さの単位では，

$$1\,\text{inch}\ (= 2.54\,\text{cm}),$$
$$12\,\text{inches} = 1\,\text{foot}\ (= 0.3048\,\text{m}),$$
$$3\,\text{feet} = 1\,\text{yard}\ (= 0.9144\,\text{m})$$

で定義されるインチ，フィート，ヤードを使う（$\Longrightarrow$ コラム 3）．

日本では，1959 年の計量法で，尺貫法とともにヤード・ポンド法の使用が原則禁止された．しかし，日本の住宅のサイズは基本的に尺貫法である．また，テレビ画面の大きさやタイヤ，パンなどの大きさは，インチでの表示方法が残っている．

表 1.4　n 進法表記の比較

10 進法	2 進法	16 進法
0	0	0
1	1	1
2	10	2
3	11	3
4	100	4
5	101	5
6	110	6
7	111	7
8	1000	8
9	1001	9
10	1010	A
11	1011	B
12	1100	C
13	1101	D
14	1110	E
15	1111	F
16	10000	10

問 1.2* 　両手でいくつまで数えることができるだろうか．また，両手に加え両足すべての指が自由に折れる猿は，いくつまで数えることができるだろうか．

問 1.3* 　原子核の大きさをリンゴ 1 個程度（10 cm）と考えると，電子の軌道はどのくらい先になるか．

問 1.4* 　地球の大きさをリンゴ 1 個程度と考えると，月の軌道はどのくらい先になるか．［ヒント：見返しの諸量参照］

調 1.2 　尺貫法，ヤード・ポンド法について調べてみよう．

1.4 距離を測る
地平線までの距離は？

なぜか砂漠に一人取り残され、見渡す限り何もない。もし、あなたがそんな状況に置かれたら（…！）、自分はどこまでみえているのか、地平線までの距離を計算してみよう。

1.4.1 地平線までの距離

図 1.6 は地球の断面である。地球（中心点 O）を半径 R の円としよう。自分の目線（点 A）が高さ h にあるとする。地平線の位置は、ぎりぎり遠くまでみえる場所だから、点 A から地球に接線を引いた点 H と考えられる。地平線までの距離を $AH = x$ とすれば、直角三角形 OAH に三平方の定理（ピタゴラスの関係）を用いて、

$$(R+h)^2 = R^2 + x^2$$

となる。これより、x は次式で得られる。

$$x = \sqrt{(R+h)^2 - R^2} = \sqrt{2Rh + h^2} \quad (1.3)$$

さて、あなたの目線の高さが $1.5\,\mathrm{m}$ であるとして、地平線（水平線）までの距離を計算しよう。地球半径は $R = 6380\,\mathrm{km}$ なので、式 (1.3) にあてはめると、

$$x = \sqrt{2 \times 6380000 \times 1.5 + 1.5^2} = \sqrt{19140002.25} \fallingdotseq 4375\,\mathrm{m}$$

$\fallingdotseq$ は、近似記号である。

すなわち、わずかに $4.3\,\mathrm{km}$ である。みえている範囲は、せいぜい徒歩 1 時間の距離なのだ。

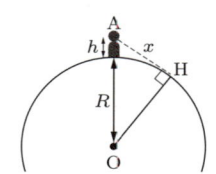

図 1.6 地球の断面
地平線までの距離を x とする。直角三角形 OAH を考える。地球半径は $R = 6380\,\mathrm{km}$。

問 1.5* 下の表 1.5 を完成させよ。地球半径を $R = 6380\,\mathrm{km}$ とする。

[補足] 世界で一番高いビルは、アラブ首長国連邦ドバイにあるブルジュ・ハリーファで、160 階建て、高さ（尖塔高）800 m である。サウジアラビアのジェッダでは、高さ 1000 m のビルの建設が始まった。

表 1.5

	高さ [m]	地平線までの距離 [km]
人の目線	1.5	
10 階建てビル	30	
あべのハルカス	300	
スカイツリー展望台	450	
生駒山山頂	631	
スカイツリー電波塔	634	
富士山山頂	3776	
エベレスト山頂	8848	

問 1.6 地平線までの距離を求める計算では，富士山からは 220 km 先まで見渡せることになった．しかし，実際に，富士山をみることができる最も遠い場所を調べてみると，この距離よりも長い．なぜ，地平線として計算された距離より遠方で富士山が観測できるのだろうか．

図 1.7 富士山を中心とした半径 220 km の円と，実際に富士山がみえたと報告されている地点

1.4.2　1メートルの定義

1 m の単位の制定は，フランス革命後に普遍的な物理量基準の必要性が提案されたのがきっかけである．フランス科学アカデミーが「地球の子午線全周長を4千万分の1にした長さ」を基準にすることを決めて測量が開始され，1795年には新しい単位のメートル法が公布された．国際1メートル基準原器を使う時代が長く続いたが，1960年の国際度量衡総会では，クリプトン原子を用いた定義に改められた．1983年の同総会では，光の速さを基準にした定義に変更されて，現在に至っている．

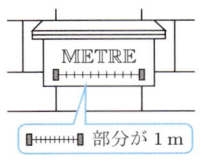

図 1.8 メートル原器 1796–97 年にかけて，啓蒙のためにパリの街中に 16 基設置された．

表 1.6　1メートルの定義

年代	定義
1795	北極点と赤道をつなぐ子午線長の 10^7 分の 1
1960	クリプトン 86 原子の 2 準位間の遷移に対応する光の真空中における波長の 1650763.73 倍に等しい長さ
1983	真空中で光が 1/299792458 秒に進む距離

Topic　光速を基準とする理由

光速を使って長さを定義するのは，「光速は，誰からみても（どんな運動をしている観測者からみても）一定である」という原理の上に，現代の物理学が成り立っているからである．この原理を見出したのはアインシュタインで，彼はこれから特殊相対性理論を構築した（1905年）．光の速さ c は，$c = 299792458$ m/s である．

光の速さは（constant の頭文字として）c で表す．
$c = 299792458$ [m/s]
（にくくなくふたりよればいつもハッピー）

天文単位 au
(astronomical unit)
$1\,\text{au} = 1.5 \times 10^8$ km

> **Topic　1 天文単位**
>
> 太陽系の大きさを表すときには，大きすぎて km の単位を使ってもピンとこない．そこで，地球と太陽の距離を「1 天文単位 [au]」とした長さで表す．この単位を使うと，惑星の軌道半径は表 1.7 のようになる．
>
> 表 1.7　惑星の軌道半径を天文単位 (au) で表した値
>
> | 惑星 | 水星 | 金星 | 地球 | 火星 | 木星 | 土星 | 天王星 | 海王星 |
> |---|---|---|---|---|---|---|---|---|
> | 軌道半径 [au] | 0.39 | 0.72 | 1.00 | 1.52 | 5.20 | 9.55 | 19.2 | 30.1 |

光年 l.y. (light year)
太陽系から一番近い恒星 (ケンタウルス α) までは 4.3 光年である．私たちの銀河系の直径は 10 万光年で，隣のアンドロメダ銀河系までは 250 万光年である．

> **Topic　1 光年**
>
> 宇宙での距離を表すときには，光が 1 年間かかって進む距離である「1 光年」を用いることが多い．光速は秒速約 30 万 km だから，次のようになる
>
> $$1\,光年 = (30\,万\,\text{km}) \times (60 \times 60 \times 24 \times 365\,秒)$$
> $$= 9.460 \times 10^{15}\,\text{m}$$

パーセク pc (parsec)

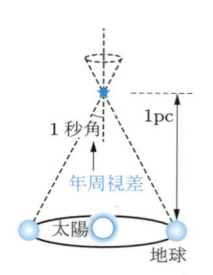

図 1.9　年周視差が 1 秒角のところにある星までの距離が 1 pc

> **Topic　1 パーセク**
>
> 星までの距離にはパーセク [pc] という単位を使うことも多い．地球は太陽の周りを公転するので，近くの星は見かけの位置がずれる．これを年周視差といい，年周視差が 1 秒角（1/3600 度角）ずれる距離を 1 パーセクとする．
>
> $$1\,パーセク = 3.26\,光年$$

† 半径 R の球の体積 V は，$V = \dfrac{4\pi R^3}{3}$．
「身 (3) の上に心配 (4π) ある (R) から参上 (3 乗) する」と覚えよう．球の表面積は，$V(R)$ を R で微分すればよい．

■ 光は球面状に広がる

夜空に輝く星の一つひとつは，（月と惑星を除き）太陽のように燃える恒星である．星の明るさを，私たちは明るい順に 1 等星，2 等星，…とよぶ（**見かけの等級**という）．普通の人が肉眼でみえるのは 6 等星までである．1 等星と 6 等星の明るさの差は約 100 倍違う．1 等級の違いは 2.5 倍の明るさの違いになる．

しかし，星までの距離はさまざまに違うので，この等級は，星そのものの明るさではない．光のエネルギーは，星からあらゆる方向に飛んでいくので，球面状に広がると考えよう．半径 R の球の面積は $4\pi R^2$ なので†，同じ表面積あたりに受け取る光のエネルギーは，距離の 2 乗で減っていく．

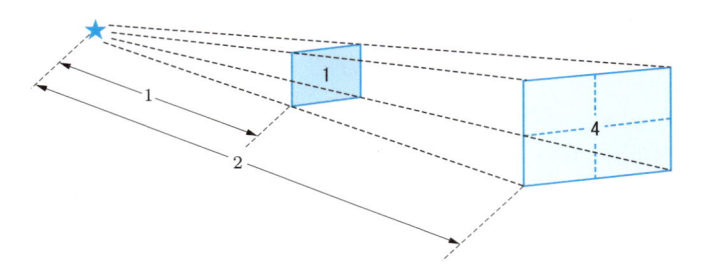

図 1.10 遠くの星は暗くみえる 距離が倍になると，光の照射面積は 4 倍になるので，光量は 1/4 になる．すなわち，明るさは距離の 2 乗に比例して小さくなる．

> **Topic　星の絶対等級**
>
> 恒星そのものの明るさを比較するため，すべての星が 10 pc 先にあった場合にどれだけの明るさになるのかを示す指標が**星の絶対等級**である．
>
> 全天で一番明るいのは，おおいぬ座のシリウスである．シリウスは，オリオン座のベテルギウス，こいぬ座のプロキオンとともに**冬の大三角**を形成する星である．シリウスとベテルギウスの見かけの明るさは約 5.6 倍違うが，距離はベテルギウスのほうが相当遠い．絶対等級で比較すると，ベテルギウスはシリウスの 600 倍も明るい．

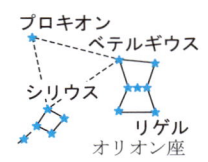

図 1.11 冬の大三角とオリオン座

表 1.8　恒星の見かけの等級と絶対等級の例[†]

星	星座	距離（光年）	見かけの等級	絶対等級
シリウス	おおいぬ	8.60 ± 0.04	−1.47	1.42
ベテルギウス	オリオン	642 ± 147	0.42	−5.50
プロキオン	こいぬ	11.46 ± 0.05	0.34	2.61
アンタレス	さそり	553.48 ± 113.19	1.09	−5.06
ベガ（織女）	こと	25.03 ± 0.07	0.03	0.60
アルタイル（牽牛）	わし	16.72 ± 0.05	0.77	2.22
デネブ	はくちょう	1411.26 ± 226.94	1.25	−6.93
北極星	こぐま	432.36 ± 6.4	2.00	−3.61
太陽	—	1 天文単位	−26.7	4.82

[†] 星の等級は，1 等級から 6 等級まで歴史的に決められた．このスケールをそのまま延長して，さらに明るい星はマイナス〇等級となる．

1.5 時間を測る
カレンダーから地球の運動がわかる

1年365日，1日24時間．これらのもとは，天体の動きである．季節があるのは，地球の自転軸が太陽をまわる公転軌道面と傾いていることが原因である．1年のうち，太陽高度が高くなったり低くなったり変化するために，地表の暖められる度合いが変化して季節が生じることになる．

1.5.1 天体の動きから生まれた時間

地球や太陽の動きがわかる以前から，自然現象を次のように利用して人々はカレンダーをつくってきた．

- 昼と夜が交互にくる（地球が自転しているからである）．この単位を1日とした．
- 夜空に輝く月は，見かけの形を一巡させる（月が地球のまわりを公転しているからである）．この単位を1ヶ月とした．
- 春夏秋冬の季節が巡る（地球が太陽のまわりを公転しているからである）．この単位を1年とした．

■ うるう年（閏年）

1年は365日である．4年に一度，閏年があり，366日になる．これは，太陽の見かけの位置が，正確にもとの位置に戻るまでが，約365.2422日だからである．

現在，世界で使われているグレゴリオ暦（ローマ教皇グレゴリウス13世が，1582年に制定）では，400年間に97回の閏年を入れて，1年の平均的な長さを365.2425日となるようにしている．そのために，

- 4年に一度，西暦年が4で割り切れる年は閏年とする．
- ただし，西暦年が100で割り切れる年は平年とする．
- ただし，西暦年が400で割り切れる年は閏年とする．

としている．西暦2000年は閏年だったが，これは，グレゴリオ暦制定以来2回目の特別な年だった．

うるう年（閏年，leap year）
英語で leap（飛ぶ）という語が使われているのは，平年なら翌年の曜日は1日ずれるだけだが，閏年だと2日ずれるからだ．

1.5 時間を測る―カレンダーから地球の運動がわかる　**15**

■1年＝12ヶ月

　1ヶ月を約30日とするのは，月の満ち欠けが由来である．新月から次の新月までの周期（1朔望月）は約29.53日である．月の満ち欠けに基づくカレンダーを**太陰暦**という．太陰暦では1ヶ月を29日か30日とする．12倍すると太陰年＝約354.36日になるので，1年には11日ほど足りなくなる．そこで，19年間に7度の閏月を入れる．日本では，明治の初めまで太陰暦が使われていた．

　しかし，太陰暦では季節とのずれが激しい．毎年，一定の期間ナイル川の洪水に見舞われていた古代エジプトでは，**太陽暦**が発達した．当初は月の動きに基づいた太陰暦であったが，紀元前2700年頃に，1ヶ月を30日とし別に5日の祭日を設けた，1年＝365日のシリウス歴に改めたという†．どうやら，このあたりが，1年＝12ヶ月の由来といえるだろう．

太陰暦 (lunar calendar)

太陽暦 (solar calendar)

† 古代エジプトでは，当時すでに1年が約365.25日であるという値を得ていた．

■1日＝24時間

　1年を12等分することに決めた古代エジプト人は，1日の昼と夜も12等分することにした．これが，1日を24時間で考えることになった由来とされている．

　時計は右回りにまわる．この理由は，時計が日時計に由来するからだといわれている．日時計をつくると，影は右回りにまわる．東から昇って西に沈む太陽が，天頂より南側を通るからである．（こういえるのは，北半球に住んでいるからだ．南半球では，東から昇って西に沈む太陽が，天頂より北側を通る．日時計の影は左回りに動くことになる．現在の時計が右回りなのは，北半球で文明が発達した証拠である．）

　太陽が動くのは，地球が自転しているからである．1日に1周するから，1時間に15度回転する．だから，太陽や星は1時間に15度移動するようにみえる．

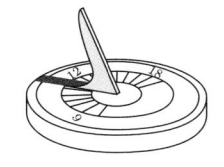

図 1.12　日時計 (sundial)

1 度　　　度 ⎫
 ‖　　　　 ⎬ 1/60
60 分　　 分 ⎭
 ‖　　　　　 ⎫
　　　　　　 ⎬ 1/60
3600 秒　 秒 ⎭

図 1.13　角度の単位

現在の角度の単位
　円 1 周 = 360 度
　1 度 = 60 分
　1 分 = 60 秒

■1 時間 = 60 分

　古代メソポタミアの地で生まれた幾何学では，円を 1/60 にした角度（6 度）を「第一の小さな角度 (minuta)」とよび，それをさらに 1/60 にした角度（0.1 度）を「第二の小さな角度」とよんだそうだ．これが，分と秒の語源とされている．つまり，1 周の 1/60 の角度を分 (minute) として，さらにその 1/60 を秒 (second minute の second) とした．

　現在では，円弧の 1/360 を表す角度を「1 度」角，その 1/60 を「1 分」角，さらにその 1/60 を「1 秒」角とする．

　角度で使われた「分と秒」が，時間にも使われるようになったのは，14 世紀に歯車を用いた時計が開発されてからだといわれる．1 時間で 1 周する時計を設計し，その 1/60 を「1 分」，さらにその 1/60 を「1 秒」としたのだ．

コラム 2　月の呼び名

　日本人は昔から月を愛でていた．だから，粋な名前がたくさんある．太陰暦では，新月を 1 日とし，満月を 15 日としていた．このため，満月の夜を十五夜（じゅうごや）とよぶ．

　月は毎日約 50 分遅れて昇ってくる．翌日の 16 日（十六夜）を「いざよい」とよぶのは，月が出てくるのをためらっている（躊躇している＝いざよう）と考えるのが語源である．十七夜以降の月には，日ごとに，立待月（たちまちづき），居待月（いまちづき），寝待月（ねまちづき），更待月（ふけまちづき）という名前がついている．満月の月の出時刻を 18 時とすれば，5 日も経つと月を待つ間に夜も更けている．

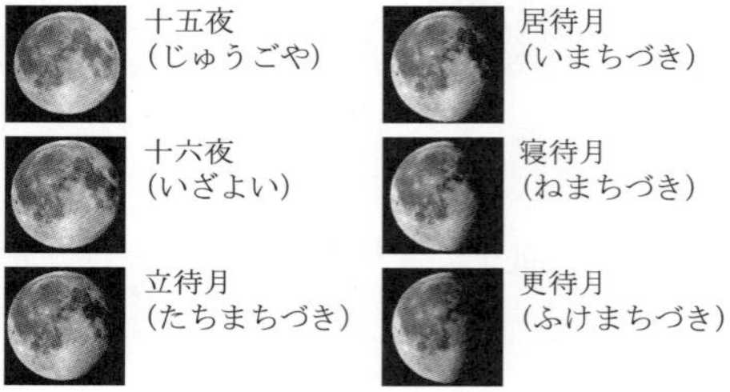

　このほかによく知られた月の呼び名には，三日月（旧暦 3 日），上弦の月（7 日），十三夜月（13 日），小望月（14 日），下弦の月（23 日），有明月（下旬），三十日月（みそかづき，30 日）がある．

十五夜（じゅうごや）
十六夜（いざよい）
立待月（たちまちづき）
居待月（いまちづき）
寝待月（ねまちづき）
更待月（ふけまちづき）

図 1.14　月の呼び名

問 1.7* 視力検査では，小さな「C」の文字を離れたところからみて，見分けることができるかどうかを測る．視力 1.0 とは，1 分角（1 度の 1/60）を見分けることができる分解能である．視力は逆比で決め，分解能が 2 分角なら視力 0.5，0.1 分角なら視力 10.0 である．すばる望遠鏡の解像度は 0.2 秒角である．すばる望遠鏡の視力はいくつか．

1.5.2　1秒の精密な定義

1956年以前には，地球の自転をもとにして1秒の長さを決めていた．しかし，地球の自転速度は潮汐摩擦などの影響によって一定ではないことが判明し，1956年には地球の公転をもとにするように改められた．より正確な定義とするために，現在では，セシウム原子が放つ放射光の周期を使う．

図1.15　セシウムの原子模型　⇒7.1節

$^{133}_{55}$Cs　○陽子 55個　○中性子 78個　●電子 55個

表 1.9　時間 1 秒の定義

年代	定義
〜1956 年	平均太陽日の 86400 分の 1
1956 年	1900 年 1 月 0 日に対する太陽年の 1/31556925.9747 倍
1967 年	セシウム 133 原子の基底状態の二つの準位間の遷移に対応する放射の 9192631770 周期

■うるう秒

実は，上記のように定められたセシウム原子を用いた1秒の定義は，1750年から1892年に行われた天文観測で得られた秒の長さを用いていて，現在の地球の自転の長さとは若干合わなくなっている．そこで，半年に一度，追加で1秒を入れるかどうかの調整が続いている．1972年以来，25回のうるう秒が挿入されていて，直近では，2015年7月1日に実施された．

うるう秒（閏秒，leap second）

1.5.3　地球の軌道は円ではなく，楕円である

カレンダーをよく調べてみると，2016年の場合†，春分の日から秋分の日までは186日，秋分の日から春分の日までは179日で，半年ではない．これは，地球の軌道は円ではなく，楕円であることの結果である．夏至の日付近は地球は太陽から最も遠く，冬至の日付近は最も近いところを通過する．

† 春分の日・秋分の日は毎年変動する．天文学的には3月20または21日，9月22または23日であるが，祝日として正式に定まるのは，前年の2月である．

惑星の運動法則
⇒2.4.4 項

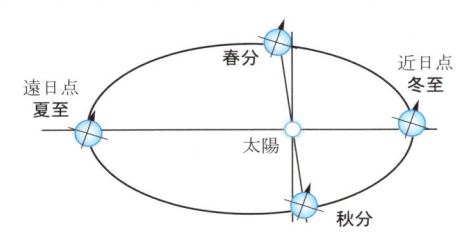

図 1.16　地球の軌道　地球の公転軌道は楕円であり，北半球が冬のときのほうが太陽に近い．この図は楕円を極端に描いている．地球太陽間の平均距離で1億5000万 km だが，太陽は楕円の中心からわずかに 250 万 km 離れた場所にある．

自転 (rotation)
公転 (revolution)

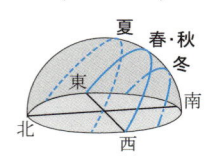

図 1.17 北半球での太陽の動き

1.5.4 季節が生じるのは地球の自転軸の傾き

地球は南極と北極を結ぶ軸を中心に 1 日 1 回自転している．そして，太陽の周りを 1 年で 1 周公転する．地球の自転軸は公転面に対して 23.4 度傾いている．この傾きが原因で，太陽が南中したときの高さ（南中高度）が変わることになる（図 1.18）．

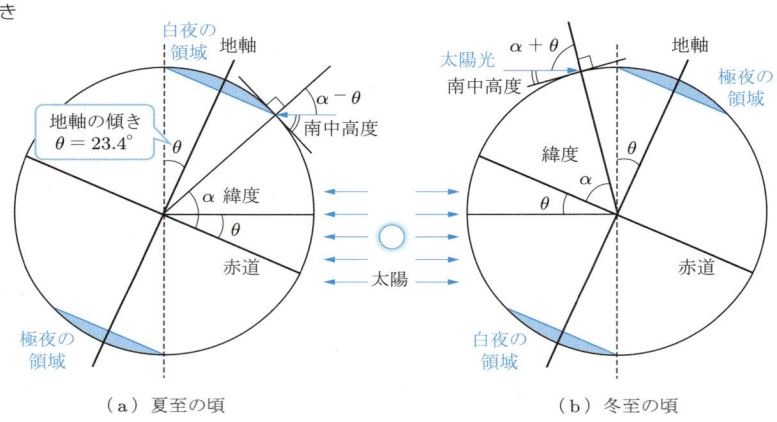

（a）夏至の頃　　　　　（b）冬至の頃

図 1.18 地球の自転軸の傾きと南中高度　(a) は夏至（6 月 22 日頃）の頃，(b) は冬至（12 月 22 日頃）の頃の太陽光の当たり方を示す．太陽が最も高い位置にくるのは夏至の日で，北緯 35 度での南中高度は $90 - (35 - 23.4) = 78.4$ 度，太陽が最も低い位置にくるのは冬至の日で，南中高度は $90 - (35 + 23.4) = 31.6$ 度となる．

白夜 (midnight sun)
極夜 (polar night)

太陽高度がちょうど 90 度の真上になることがあり得るのは，緯度が 23.4 度より低い地域（南回帰線と北回帰線で挟まれた地域）である．また，高緯度地帯では，一日中太陽が沈まない白夜になったり，一日中太陽が昇らない極夜になることもわかる（⟹ 問 1.8）．

■ 時差ボケはなぜおきる？

時差ボケ (jet lag)

ジェット機で海外に行くと，約半日で，アメリカやヨーロッパに着いてしまう．現地に着くと，それまでの日本で生活していた体内時計と合わず，数日の間は，昼間なのに眠かったり，夜なのに眠れなかったりしてしまう．このような「時差ボケ」は，東へ移動したときと西へ移動したときとで，苦しさが違うようだ（⟹ 問 1.9）．

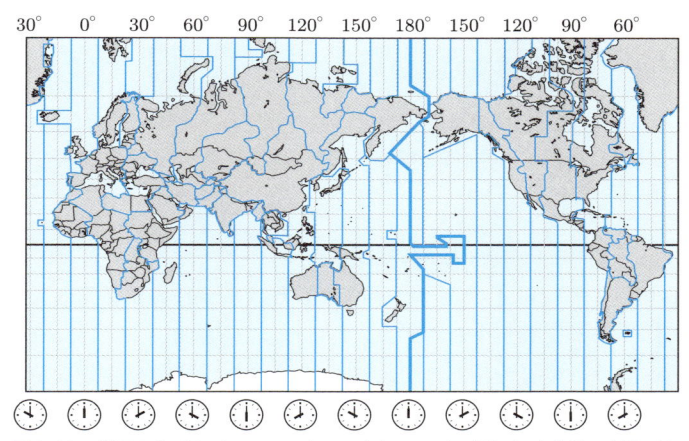

図 1.19 世界のタイムゾーン　日本は，東経 135 度（明石）を基準に標準時が決められていて，グリニッジとの時差は +9 時間である（夏時間などを採用している国では時期によって時差はずれる）．

コラム 3　アメリカの度量衡：マイルの単位はなくならない？

アメリカで暮らし始めると，日本で普通に使っている単位が通じないことに戸惑う．

- 長さの単位は，インチ (1 inch = 2.54 cm)・フィート (1 foot = 12 inch = 30.48 cm)・ヤード (1 yard = 3 feet = 0.9144 m) のほかに，マイル (1 mile = 1760 yard = 1609.344 m) を使う．靴のサイズも隣町までの距離もこれらの単位を使う．
- 重さの単位は，オンス (1 ounce = 28.35 g) とパウンド (1 pound = 16 ounce = 453.6 g) を使う．肉や小麦の量はこれらの単位だ．
- 体積の単位には，パイント (1 pint = 473 mL) とガロン (1 gallon = 3.78 L) の単位を使う．ビールの注文にはパイントを，牛乳やガソリンの量にはガロンを，という具合である．
- 温度は，摂氏 (Celsius, ℃) ではなく華氏 (Fahrenheit, F) であり，「摂氏 = (華氏 − 32) × 5/9」で換算される．
- 用紙サイズは，レターサイズ (8.5" × 11" (21.6 cm × 28 cm)) が主流である．

いずれも物理で使われている国際単位系（長さは m，重さは kg）とは異なって，われわれには不便極まりない．

しかし，「マイル」の単位は，車社会であるアメリカでは実に便利な単位である．高速道路を時速約 100 km の速さで走る自動車は，時速約 60 マイルに相当する．「あと 30 マイル」の表示があれば，約 30 分で着くことになる．シカゴからセントルイスまでは「500 マイル」なので，8 時間位かなといった時間の目安が簡単にわかるのだ．

問 1.8　白夜が生じるのは，緯度で何度以上の地域か．
問 1.9　時差ボケに苦しむのは東へ移動したときか，西へ移動したときか．
調 1.3　夏至の日，春分/秋分の日，冬至の日のそれぞれについて，日時計の影の先端がどう動いていくか描いてみよう．

1.6 質量を測る
質量と重さの違い

物理では，質量と重さの二つの言葉を厳密に使い分ける．地球と月では重力が違うので体重計は違う値（重さ）を指す．「物体を構成する物質の量」としてどこでも同じ値とするのが質量だ．

1.6.1　1 kg の定義

1 kg の基準は，もともとは水 1 L の質量だった．より正確な定義とするために，120 年以上「国際キログラム原器」が使われてきた．日本に原器は四つあり，産業技術総合研究所に保管されている．しかし，人工物に頼る定義では保存方法や比較方法などでさまざまな問題があるため，2011 年 10 月 21 日に国際度量衡総会にて原器による定義が廃止された．2019 年 5 月からは，キログラムはプランク定数の値を正確に $6.62607015 \times 10^{-34}$ ジュール・秒（Js）と定めることによって設定されている．

図 1.20　国際キログラム原器のイラスト
直径・高さともに約 39 mm の円柱形の合金で，130 年間利用された．

プランク定数 (planck constant)
エネルギーの最小単位と結びついた基礎物理定数．質量とエネルギーの等価性 $E = mc^2$（⟹ 7.2 節）を用いて，m の単位が定義された．

表 1.10　1 kg の定義

年代	定義
〜1799 年	水 1 L の質量
1799 年	白金（プラチナ）製の原器が制作された
1889 年	白金 90%イリジウム 10%製の原器が制作された
2011 年	国際キログラム原器による基準が廃止された
2019 年	プランク定数を基準にして定義された

1.6.2　質量と重さの違い

質量と重さの定義は次のようになる．

質量 (mass)
物質の量．単位は [kg]．

重さ (weight)
物体に加わる重力の大きさ．単位は [N]（ニュートン）または [kgw]（kg 重）．
1 kg の質量の物体に地表ではたらく重力の大きさを 1 kgw とする．

重力加速度
⟹ 2.1.2 項

- **質量**とは，その物体を構成する物質の量である．単位は [kg] で表す．物理の式では，よく m や M の文字が使われる．質量は通常は消えることはない（**質量保存の法則**という）．
- **重さ（重量）**とは，物体に加わる重力の大きさのことである．単位は [N]（ニュートン）あるいは [kgw]（kg 重）で表す．重力の大きさ W は，重力加速度 g で決まり，

$$W = mg$$

重力 [N] ＝質量 [kg] × 重力加速度 [m/s^2]

で与えられる（⟹ 41 ページ）．

地球表面では，重力加速度が $g = 9.8\,\mathrm{m/s^2}$ であるため，$m = 10\,\mathrm{kg}$ の質量があると，$mg = 10 \times 9.8 = 98\,\mathrm{N}$ の重力がはたらく（$10\,\mathrm{kgw}$ がはたらく）．ところが，月で重さを量ると，月の重力は地球の約 6 分の 1 なので，重さも 6 分の 1 になる．重さは測定する場所によって違ってくるのだ．

（a）地球の重力での体重測定

（b）月の重力での体重測定

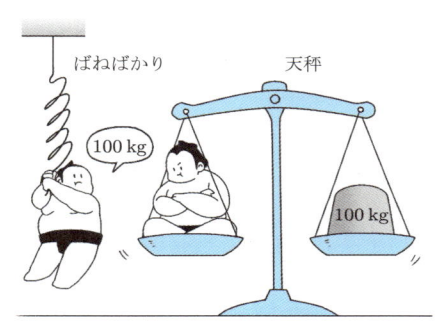

図 1.21　**質量と重さの違い**　ばねばかりを用いて重さを測るとき，測定しているのは重力の大きさである．地球と月とでは，ばねばかりは違う値を指すことになる．ところが，天秤を使うと，測ろうとしている物体も，「◯ kg」とある分銅も，月面では同じだけ重力の変化を受けるので，測定値はどこにいっても同じになる．つまり，天秤は質量を測定することになる．

ちなみに，宇宙ステーション内では，重力と遠心力がつりあって宇宙飛行士は浮遊するが，この状態は「無重量状態」であって，「無重力状態」というのは間違いである．重さはゼロでも質量は存在し，重力はきちんとはたらいているからだ．

無重量状態
$\Longrightarrow 81$ ページ

1.6.3　質量保存の法則

ラボアジェは，化学反応の前後では質量が変化しないという「質量保存の法則」を発見した．物体を燃やすと灰になって質量が減少するように思えるが，それは燃焼による化学反応によって物体を構成していた元素が空気中に拡散したからである．元素のレベルまで考えると，すべての物質量は変わらない．したがって，すべてを閉じ込めた箱の中では質量が保存していることになる（そのため，どんなに地球上の人口が増えたとしても，地球全体の質量は変わらない）．

ラボアジェ
Antoine-Laurent de Lavoisier
(1743–94)

質量とエネルギーの等価性 ⟹ 7.2節

アインシュタイン
Albert Einstein
(1879–1955)

ただし，この法則は，近似的なものであることがわかっていて，現在では自然の基本法則には入らない．正確には，アインシュタインが相対性理論で示した**質量とエネルギーの等価性**とよばれる法則

$$E = mc^2$$

エネルギー ＝ 質量 × (光速)^2

が根本的である．この式は，質量が少しでも消滅すると莫大なエネルギーに変換されることを示している．原子核反応を説明する基本法則であり，太陽が燃え続ける原理であり，原子爆弾や原子力発電の原理でもある．

実は，化学反応で熱が発生する場合も，質量がわずかに消滅する．しかし，たとえ爆発的な化学反応であっても，その減少量は測定器の限界値をはるかに下回るようなわずかな値でしかない．そのため，ラボアジェの質量保存の法則は，身のまわりの反応では十分に成り立っていると考えてよい．

コラム4　基本となる単位はいくつある？

速度や力，エネルギーなど，すべての力学的な物理量は，長さ・質量・時間の三つの単位を用いて表すことができる．基本となる単位は，メートル [m]，キログラム [kg]，秒 [s] の三つである（**MKS単位系**という）．その他の物理量も，これら三つに，温度（ケルビン [K]）と電気量（クーロン [C]）を加えれば，組み合わせで書くことができる．たとえば，速度は [m/s]，力の単位ニュートン [N] は，[N] = [kg·m/s^2] という具合である．これらの**基本単位** (fundamental unit) と**組立単位**（基本単位から導かれる単位）を，表 1.11 と見返しにまとめておく．

表 1.11　基本単位

物理量	（記号）	標準で使われる単位	その他の単位の例	本書で説明している箇所
長さ	l	メートル [m]	天文単位，光年，…	1.4.2 項
質量	m	キログラム [kg]	グラム [g]，太陽質量，…	1.6.1 項
時間	t	秒 [s], 時間 [hr]	分 [min]，日 [d]，年 [yr]，…	1.5.2 項
温度	T	絶対温度 [K]	摂氏 [℃]，華氏 [F]	4.1.1 項
電流	I	アンペア [A]		6.1.3 項
物質量	n	モル [mol]		4.2.1 項
光度	I	カンデラ [cd]		コラム 39

コラム5　光速の測定

　光の速さは，1.4.2項で紹介したように，秒速29万9792.458 kmである．普段の生活では光は「一瞬」で伝わり，無限大の速さをもつように感じる．光の速さが有限ではないかと考え始めたのは，ガリレオ・ガリレイ (Galilei, 1564–1642) のようだ．彼は稲妻が光るとき，先端と終点を確認できることから，光は無限の速さではないと考えた．稲妻の光は放電現象なのでこの考えは誤りなのだが，彼は光速を測定する方法を考えた．

　ガリレイの方法は，二つの山にそれぞれ人が立ち，一人が光で合図したときにもう一人がそれに光で答え，その時間差を測るというものだった．しかし，この方法では，光があまりにも速すぎて光速測定は無理だった．

　レーマー (Rømer, 1644–1710) は，木星の衛星イオを観測して，イオの食（イオが木星の裏側に隠れる現象）が周期的に発生しないことから，光の速さは有限で，地球が太陽の周りを公転運動することで，木星との距離が変わるからだ，と考えた．

　実験で初めて光速を求めたのは，フィゾー (Fizeau, 1819–96) である．1849年，彼は光を鏡で往復させた経路上に歯車を置いた図 1.24 の装置を用いた．歯車を高速で回転させると歯車がシャッターとなり，往復する光がさえぎられる短い時間を計測することができる．フィゾーが得た光速は，秒速31万5千kmだった．

　フーコー (Foucault, 1819–68) は回転鏡を使って光速を測定した(図 1.25)．高速のシャッターをつくる工夫の一つだが，この装置により室内でも測定が可能になる．フーコーは，1862年に光速は秒速29万8千kmである，と結論している．後に彼は，水中での光速が遅くなることも確かめ，光が波であるという証拠の一つを得ている．

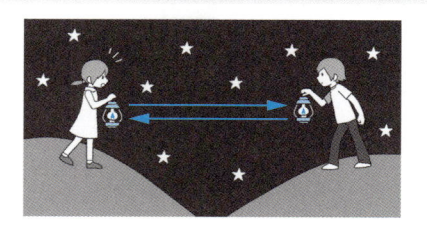

図 1.22　ガリレイの試みた光速測定

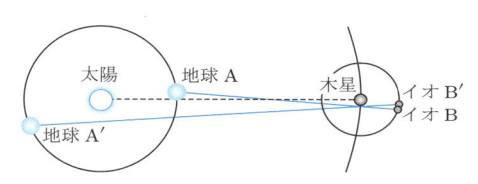

図 1.23　木星の衛星イオの食の時間差　イオから地球に光がやってくる時間は AB より A′B′ のほうが長くなる．AA′ の距離の分だけ時刻がずれる．

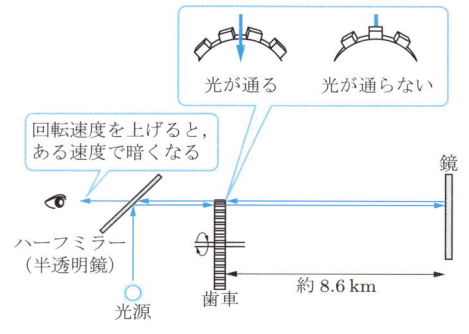

図 1.24　フィゾーの歯車回転装置

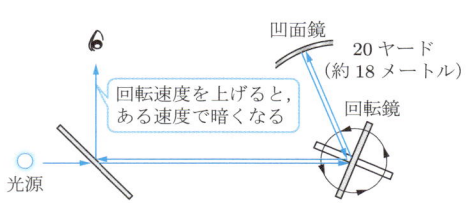

図 1.25　フーコーの回転鏡装置　回転速度を上げるとある速度で暗くなる．

物理学史年表 [2] (年表 [1] は viii ページ. [3] は 90 ページ.)

近代物理学を確立させたのは、いうまでもなくニュートンである。数学を用いて自然現象を説明する手法は、科学を宗教から完全に独立させた。18世紀になって蒸気機関が発明されると、熱や化学の研究が盛んになり、電気化学の研究は電磁気学の発展へとつながる。

年代	人名	できごと	分野	ページ
1676	レーマー（丁）	木星の観測から光速の測定	光	23
1678	ホイヘンス（蘭）	光の波動説を確立	光	146
1686	ライプニッツ（独）	活力（運動エネルギーの前身）の概念	力学	
1687	ニュートン（英）	『自然哲学の数学的諸原理（プリンキピア）』：運動の3法則，万有引力	力学	50, 58
1696	ベルヌーイ（瑞西）	最速降下線問題	力学	89
1704	ニュートン（英）	『光学』：プリズムによる光と色の合成・分解，虹の現象，回折現象	光	164
1711	ニューコメン（英）	大気圧式蒸気機関の発明	熱	128
1724	ファーレンハイト（独）	温度 F 目盛を提唱	熱	19
1733	デュ・フェイ（仏）	2種類の静電気（正負）を発見	電気	
1738	ベルヌーイ（瑞西）	『流体力学』：ベルヌーイの定理	流体	102
1742	セルシウス（瑞典）	温度 ℃ 目盛を提唱	熱	19
1744	モーペルテュイ（仏）	最小作用の原理	力学	181
1746	ミュッセンブルーク（蘭）	ライデン瓶の発明	電気	184
1750	オイラー（瑞西）	運動方程式を力学の一般原理としてニュートン力学を確立	力学	
1751	フランクリン（米）	2種類の静電気を電気の過不足で説明	電気	184
1760	ランベルト（独）	光の照度に関する法則を発見	光	
1761	ブラック（英）	比熱（熱容量）・潜熱の概念を導入	熱	117
1765	ワット（英）	復水器を用いた蒸気機関の発明	熱	128
1772	ラボアジエ（仏）	質量保存の法則	熱	
1772	キャベンディッシュ（英）	静電気力の逆2乗則（未出版）	電気	192
1778	ボルタ（伊）	コンデンサと静電容量の概念	電気	193
1784	アトウッド（英）	重力加速度の精密測定	力学	
1785	ダランベール（仏）	エネルギーの概念を導入	力学	
1785	クーロン（仏）	電気力・磁気力に関する法則	電気	192, 210
1787	シャルル（仏）	気体の熱膨張に関するシャルルの法則	熱	120
1788	ラグランジュ（仏）	『解析力学』	力学	181
1798	キャベンディッシュ（英）	万有引力定数測定	力学	
1799	ボルタ（伊）	電池の発明	電気	191

丁：デンマーク，蘭：オランダ，独：ドイツ，英：イギリス，瑞西：スイス，仏：フランス，瑞典：スウェーデン，米：アメリカ，伊：イタリア

第2章
力学　つりあいと運動

　本章では，物体の運動を考えることから始めよう．運動がどうなるかを数学を使って記述し，その背景にある法則を探るのが力学であり，物理学のスタート地点だからだ．

　運動が発生する原因は「力」である．リンゴが木から落ちるのは「重力」が原因である．重力の源は，すべてのものが互いに引力を及ぼしあう「万有引力」の性質があるからだ．

　では，なぜ重力が存在するのかと問いただしたくなる．しかし，これ以上原因を追求すると，どうしても神がかり的になってしまう．「万有引力を仮定すれば惑星運動の説明ができる．しかし，なぜ万有引力が存在するのかは考えないことにする」——これが，ニュートンが始めた「近代物理学」の立場である．神様からの独立によって，物理学は大きく飛躍を始めることになった．

　イギリスにペストが流行した1665年から2年間，ケンブリッジ大学を離れて故郷の隔離された村で過ごしたニュートンは，天啓を受けたように物理学の基礎を築き上げた．

　「力」がはたらくと，物体は動き出す．素人は，物体が「速度を得た」と考えてしまうが，そうではない．**力がはたらくと，物体には加速度が生じる**と見抜いたのもニュートンである．

図2.1　リンゴが落ちるのをみて，ニュートンが万有引力の法則をひらめいた話は本当らしいが，頭に直撃したかどうかは確認されていない．（想像図）

2.1 速度・加速度
「いつ・どこにある」：運動を決める基本ツール

物体の運動を表すということは，時間とともに位置がどれだけ変わっていくかを表すことである．つまり，「いつ・どこに」あるのかを表すことだ．

2.1.1 速さ・速度

■ 速さ（平均的速さ）

速さ (speed)

「速い」「遅い」を区別する言葉は，**速さ**（スピード）である．速さは次の定義のように決める．

単位
速さ・速度は [m/s]（メートル毎秒）．

> **定義 速さ (1)**
>
> $$\text{速さ [m/s]} = \frac{\text{移動した距離 [m]}}{\text{かかった時間 [s]}} \tag{2.1}$$

国際単位系では，速さの単位は，[m/s]（メートル毎秒）を使うのが基本である．

物理では，時間の単位は [s]（秒）を使うのが普通である．[m/s] と書いて，「メートル毎秒」と読む．日常生活では，秒速のほか，分速や時速もよく使う．

- 距離をメートル [m]，時間を秒 [s] で表せば，メートル毎秒 [m/s] である．1 秒あたり何メートル進むかを表すことになる．「秒速○メートル」という言い方でもよい．
- 距離をキロメートル [km]，時間を 1 時間 [h] を単位にして表せば，キロメートル毎時 [km/h] である．1 時間あたり何キロメートル進むかを表すことになる．「時速○キロメートル」という言い方でもよい．車のスピードは，この単位で測ることが多い．

知っておくと便利な速さを表 2.1 にまとめた．

表 2.1 知っておくと便利な速さ

人の歩く速さ	分速 80 m（不動産広告で徒歩○分というときの基準） 時速 4 km（江戸時代の距離の単位＝ 1 里）
マラソン選手の走る速さ	分速 280 m（＝ 42.195 km / 150 分）
新幹線の速さ	時速 180 km ＝ 3000 m/分 ＝ 50 m/s
旅客機の速さ	時速 900 km
音速	340 m/s（温度 T によって若干変化する）
光速	30 万 km/s（1 秒間で地球を 7.5 周する）

2.1 速度・加速度—「いつ・どこにある」：運動を決める基本ツール　**27**

> **Topic　稲妻までの距離**
>
> 稲妻がピカッと光ってから，ゴロゴロと音が届くまでの時間差は，光と音の伝わる速度の違いである．表 2.1 にあるように，光は一瞬で伝わるが，音速は約 340 m/s である．稲妻が光ってから 10 秒後に音が聞こえたら，稲妻は自分の位置から
>
> $$距離 = 速度 \times 時間 = 340\,\mathrm{m/s} \times 10\,\mathrm{s} = 3400\,\mathrm{m}$$
>
> 先にいることになる．

図 2.2　光速と音速

> **Topic　太陽が消えても…**
>
> 地球上では，光速は無限に速く感じられるが，宇宙空間では，光でさえも伝わるのには時間がかかる．太陽から出た光が地球に届くまでには，
>
> $$時間 = \frac{距離}{速度} = \frac{1億5千万\,\mathrm{km}}{30万\,\mathrm{km/s}} = 500\,\mathrm{s} = 8分20秒$$
>
> 経過する．つまり，地球に届いている光は 8 分 20 秒前に太陽を出た光だ．いまこの瞬間に太陽が消失しても，地球では 8 分 20 秒の間，その事実が伝わらない．
>
> 夜空に輝く星も，地球に到達するまでには時間がかかっている．642±147 光年先にあるオリオン座のベテルギウス（図 1.11）は，もうすぐ超新星爆発で消失すると考えられているが，現実にはこの瞬間にはもう存在していないかもしれない．

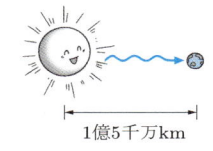

図 2.3　太陽と地球

アインシュタインの相対性理論により，最も速い速度は光の速度で，約 30 万 km/s である．⟹11 ページ

■ 位置と距離

距離を表すためには，座標軸を設定するとよい．物体の**位置**を x で表そう．時刻 t によって変化するから，x は t の関数として，$x(t)$ としよう．$t=0$ のときは $x(0)$，$t=1$ のときは $x(1)$ となる．

物体の動いた距離を Δx と表す（デルタエックスと読む）．「Δ○○」と書いたら「幅をもった○○の量」という意味である．$t=0$ から $t=1$ までの間に動いた距離は，$\Delta x = x(1) - x(0)$ である．このように，

$$変化量 = 最後の値 - 最初の値 \tag{2.2}$$

として計算する．

位置 x (position)
[単位]
単位は [m]

時刻 t (time)
[単位]
単位は [s]（秒）

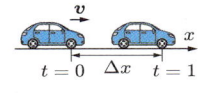

図 2.4　位置と距離，時刻と時間

同様に，二つの**時刻** (t_0, t_1) に挟まれた**時間**は，$\Delta t = t_1 - t_0$ である．これらの記号を使って，式 (2.1) を書き直しておこう．

> **定義　速さ (2)**
>
> 速さ v を，次式で定義する．
> $$v = \frac{\Delta x}{\Delta t} \qquad 速さ = \frac{移動した距離}{かかった時間} \qquad (2.3)$$

■ **速　度**

運動を考えるときは，どちら向きに動いているのかという，方向も重要である．プールで泳ぐ二人の人の速さがともに 2 [m/s] であっても，往路か復路かを区別したい．そこで，**向きも含めて速さを定義**することにして，**速度 v** とよぶことにしよう．向きは「上向き」や「東向き」と表現してもよいが，座標軸の向きを決め，プラスやマイナスを用いて表すのでもよい．

速度 v (velocity)

単位
単位は [m/s]
（メートル毎秒）

大きさと方向をもつベクトル量は，本書では**太文字**で表す．

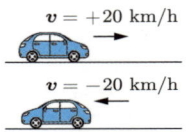

$v = +20$ km/h

$v = -20$ km/h

図 2.5 ＋ と － は向きを表す　向きを含めた量が「速度」である．

> **定義　速度**
>
> 向きも含めて速さを定義したものが，**速度**である．
> - 速度は，「○○方向に速さ○○」と向きを含めて表す．
> - 直線方向で向きを指定するには，座標軸を使って，正（＋）の向きか負（－）の向きかを付けて表してもよい．
> - 平面上や空間内で向きを指定するには，ベクトルとよばれる矢印（大きさと方向をもつ量）で表すことになる．ベクトルを太文字で表すことにすれば，次が成り立つ．
> $$\boldsymbol{v} = \frac{\Delta \boldsymbol{x}}{\Delta t} = \frac{移動した位置 [m]}{かかった時間 [s]} \qquad (単位は [m/s]) \quad (2.4)$$

$\Delta \boldsymbol{x} = \boldsymbol{v} \Delta t$

$\boldsymbol{x}(t=0)$
$\boldsymbol{x}(t=1)$

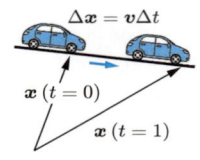

図 2.6　速度はベクトル量

平面上での運動を表すには，縦方向と横方向に二つの座標軸があればよい．空間での運動ではさらに上下方向にもう一つ軸があればよい．このように，位置や運動を表すために用意された座標軸の組を**座標系**という．

2.1 速度・加速度—「いつ・どこにある」：運動を決める基本ツール

■ 速度の足し算（合成速度）

川を下る船の速度は，船の速度 v_1 と川の流れの速度 v_2 の和で進む．このように速度は足し算ができて，止まっている人からみる船の速度（合成速度）$V_{合成}$ は，

$$V_{合成} = v_1 + v_2 \tag{2.5}$$

である（図 2.7）．川上に向かって進むときには，v_2 は負の向きとすれば，この合成速度の式はそのまま当てはまる（図 2.8）．

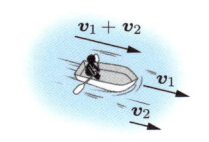

図 2.7 合成速度（川下り）

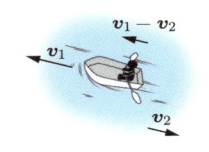

図 2.8 合成速度（川上り）

相対速度
(relative velocity)

■ 速度の引き算（相対速度）

高速道路で，同じ方向に同じ速度（たとえば，時速 80 km）で 2 台の車が並走しているとしよう．互いに相手との距離は変わらないから，運転手どうしは相手の速度を感じない．このような状態を **相対速度** ゼロという．

一般に，自分の速度が $v_{自分}$，相手の速度が $v_{相手}$ のとき，自分からみた相手の速度（相対速度）$V_{相対}$ は，

$$V_{相対} = v_{相手} - v_{自分} \tag{2.6}$$

で定義される．

自分が 80 km/h のとき，追い越していく車の速度が 100 km/h ならば，相手の車は相対速度 20 km/h にみえる．対向車が時速 80 km/h で向かってくるのなら，相対速度は，160 km/h となる．これを式で表すと，自分と逆向きをマイナスとして，次のようになる．

相対速度 ＝ $-80 \,\text{km/h}$ $-$ $80 \,\text{km/h}$ ＝ $-160 \,\text{km/h}$
　　　　　相手の速度　　自分の速度　　相対速度は
　　　　（自分と反対向き）　　　　　自分と反対向き

Topic　偏西風を利用する航路

地球の中緯度地帯には偏西風が吹いている．日本から東へ飛行する飛行機はこの偏西風にうまく乗れば，飛行機の速度と偏西風の速度の合成速度で飛行することができるので，燃料も時間も節約できる．成田からニューヨークへ行く便と帰る便では，飛行時間に 1 時間以上の違いが出ている．

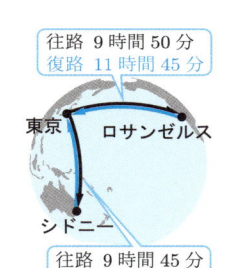

往路 9 時間 50 分
復路 11 時間 45 分
東京　ロサンゼルス
シドニー
往路 9 時間 45 分
復路 9 時間 50 分

図 2.9 東行きと西行きで飛行時間が異なる

スカラー
　＝大きさだけの量
例：長さ，時間，速さ，質量，温度

ベクトル
　＝向きと大きさをもつ量
例：変位，速度，加速度，力

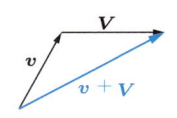

図 2.10　ベクトルの和

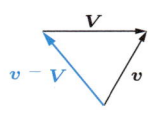

図 2.11　ベクトルの差

| Advanced | ベクトルの和と差 |

向きと大きさをもつ量をベクトルという（向きをもたず，大きさだけをもつ量は**スカラー**という）．ここでは，ベクトルの計算のしかたをみていこう．

ベクトルを図示するときには矢印で表す．矢印の向きがベクトルの向き，矢印の長さがベクトルの大きさである．

速度ベクトルを v としよう．ベクトルを (x, y) 座標で表すなら，各方向の成分 (v_x, v_y) をもつと考えて，$v = \begin{pmatrix} v_x \\ v_y \end{pmatrix}$ となる．

ベクトルの和（足し算）は，各成分の和である．すなわち，

$$v + V = \begin{pmatrix} v_x \\ v_y \end{pmatrix} + \begin{pmatrix} V_x \\ V_y \end{pmatrix} = \begin{pmatrix} v_x + V_x \\ v_y + V_y \end{pmatrix} \tag{2.7}$$

である．これを図で表すと，v の始点と V の終点を結んだベクトル（v と V でつくる平行四辺形の対角線方向）になる．

ベクトルの差（引き算）は，各成分の差である．すなわち，

$$v - V = \begin{pmatrix} v_x \\ v_y \end{pmatrix} - \begin{pmatrix} V_x \\ V_y \end{pmatrix} = \begin{pmatrix} v_x - V_x \\ v_y - V_y \end{pmatrix} \tag{2.8}$$

である．これは，$v + (-V)$ と考えてもよい．

式 (2.5) も式 (2.6) もベクトルの和と差として成り立つ式なので，考える速度が一直線上になくても，そのまま成り立つ．

問 2.1* 国際宇宙ステーション (ISS) は約 90 分で地球を 1 周する．地球の半径は 6380 km，ISS の高度は地表から約 370 km である．ISS の速度はどのくらいか．

問 2.2* 地球は自転により，24 時間で 1 周する．地球が半径 6380 km の球であるとして，赤道上での自転の速さはいくらか．

問 2.3* 地球は公転により，太陽のまわりを 1 年間で 1 周する．軌道が半径 1 億 5000 万 km の円であるとして，公転速度はいくらか．

問 2.4* 流れる速さが 2 m/s の川がある．上流から下流まで 1 km の距離を秒速 5 m/s の速さを出せるエンジンをつけた船で往復した．経過した時間はどのくらいか．

問 2.5 雨の日，車の窓を流れ落ちていく雨は，後方に角度をもって流れていく（図 2.12）．この理由を説明せよ．

調 2.1 傘がないのに雨が降っているとき，走るべきか歩くべきか．風の向きで場合分けして考察せよ．

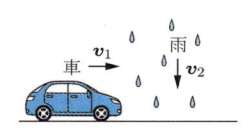

図 2.12　車と雨

2.1.2 加速度
■ 加速度＝速度の変化の割合

> **定義　加速度**
> 速度の増減の具合を加速度として定義する.
> $$a = \frac{\Delta v}{\Delta t} = \frac{速度の変化\,[\text{m/s}]}{かかった時間\,[\text{s}]} \qquad 単位は\,[\text{m/s}^2] \qquad (2.9)$$

加速度 a (acceleration)
加速度が生じているということは，力を受けていることである（⟹ 運動方程式 2.3.2 項）．

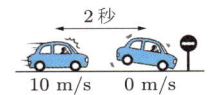

図 2.13 速度差と経過時間から加速度が求められる．

加速度が正ならば，速度は増加する．加速度が負ならば，速度は減少する．等速運動ならば，加速度はゼロである．

たとえば，時速 36 km (= 秒速 10 m) の車が急ブレーキを踏んで 2 秒後に停止したとしよう．このときの加速度は，

$$a = \frac{0\,\text{m/s} - 10\,\text{m/s}}{2\,\text{s}} = -5\,\text{m/s}^2$$

となる（図 2.13）．

単位
加速度は $[\text{m/s}^2]$
（メートル毎秒毎秒）．

■ 重力加速度 g

物体を投げると，地球から重力を受けて落下するが，これは地球から「下向きに加速度を受ける」ことでもある．地球上で重力によって生じる加速度を**重力加速度**といい，値を g の文字で表したり，この大きさを 1 G として，ほかと比較したりする．g の大きさは，およそ $9.8\,\text{m/s}^2$ である．

重力 (gravity)
重力加速度 (gravitational acceleration)
$g = 9.8\,\text{m/s}^2$

表 2.2　おもな加速度の大きさ

乗り物	加速度 $[\text{m/s}^2]$	加速度 $[\text{G}]$
通勤電車（発進時）	0.071～0.15	0.71～0.15
エレベータ	< 1.0	< 0.10
乗用車（発進時）	1.5～2.0	0.15～0.20
旅客機（離陸時）	2.0	0.20
ジェットコースター	< 60	< 6.12
スペースシャトル（打ち上げ時）	30～40	3.06～4.08

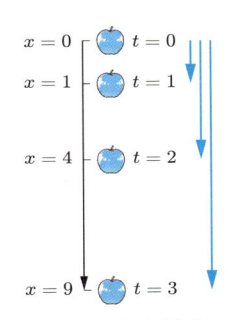

図 2.14　自由落下は等加速度運動
⟹ 38 ページ

問 2.6* 1 G の加速度を保ってずっと速度を上げていくことができるロケットがあったとしよう．1 年後の速度はいくらか．

■円運動も加速度運動

円運動 ⟹ 75 ページ

式 (2.9) は，ベクトルで定義された式である．同じ速さであっても，向きが変わるときには，加速度が生じていることになる．そのため，等速で円運動していても，中心方向に加速度を得ていることになる．円運動の場合には，とくに**向心加速度**とよぶ．

図 2.15 円運動は加速度運動

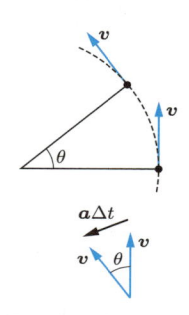

図 2.16 速度が変化すれば加速度あり　円運動の加速度は常に中心向き．

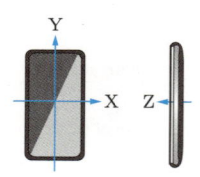

図 2.17 加速度センサーをもつスマートフォン

> **Topic　恐怖を感じるのは加速度ゼロのとき？**
>
> 遊園地の乗り物で，人々が悲鳴を上げている箇所を冷静に調べてみると，どうも重力加速度がなくなる場所のようだ．突然落下を始めたり，空中に放り出されそうになると，それまでどこかで地面とつながっていた安心感がなくなるからだろうか．ジェットコースターで，どの場所に乗るのが一番怖いのかを，コラム 12 で考察しよう．

> **Topic　加速度センサー**
>
> スマートフォンの向きを変えると画面の向きが変わったり，ゲーム機のコントローラを振ると画面を操作できるのは，機械に「加速度センサー」が組み込まれているからである．センサーが加速度を検出すれば，その経過時間から速度や位置（向き）が計算できるのだ．
>
> 自動車には衝突による事故から運転手を守るために，エアバッグの装着が義務づけられている．エアバッグも急な減速を加速度センサーが検出することで作動する．
>
> 最近のパソコンにも加速度センサーが組み込まれているものがある．机や手元から落としたときに，ハードディスクの損傷を防ぐため，床に落ちる直前にハードディスクへの読み取り装置を OFF にするしくみである．

> **コラム 6　チーターの狩猟能力の決め手は？**
>
> チーターは地球上で最速の短距離走者といわれ，時速 100 キロ超の速度で走る運動能力をもつことが知られている．最近，チーターの首輪に加速度センサーを取り付けて詳細に運動を調べた論文が発表された．それによると，チーターには，急加速・急減速できる能力（急ターンして別の方向へダッシュできる能力）も，ほかの動物にないほど優れており，優れた狩猟能力の秘訣はスピードがすべてではないことがわかった．
>
> 参考：A. M. Wilson, et al., Nature, 498, 185 (13 June 2013)

2.2 いろいろな運動・いろいろな力
名前を聞けば想像がつく運動状態

基本的な運動状態と力をまとめておこう．

2.2.1 いろいろな運動

運動している様子には，いろいろな命名の仕方がある．まず，速度・加速度に注目して，

- 速さが一定ならば，**等速運動** 運動 1
- 加速度が一定ならば，**等加速度運動** 運動 2

運動して描く軌跡に注目すれば，

- 軌跡が直線ならば，**直線運動** 運動 1, 2, 3
- 軌跡が放物線ならば，**放物運動** 運動 4, 5
- 軌跡が螺旋（らせん）ならば，**螺旋運動**
- 振り子のように往復する運動を**単振動** 運動 7
- 往復しながら静止する運動を**減衰振動** 運動 8
- 軌跡が円ならば，**円運動** 運動 9

運動を引き起こす力に注目すれば，

- 重力による落下運動を**自由落下運動** 運動 3〜6
- 万有引力による運動を**万有引力による運動**
- 抵抗力のある運動を**抵抗力のある運動**（ソノママでした）

となる．

また，これらの言葉を組み合わせて表現することもある．たとえば，「ボールを斜めに投げ上げると，水平方向には**等速度運動**をするが，鉛直方向には**等加速度運動**となって，結果として**放物運動**になる」という具合だ．

運動の様子を知るために，グラフを使うと便利である．時刻 t を横軸にして，位置 $x(t)$ を示したものを x–t グラフという．同様に，時刻 t を横軸にして，速度 $v(t)$ を示したものを v–t グラフ，加速度 $a(t)$ を示したものを a–t グラフという．

運動を調べる
= 位置はどこか
　（$x(t)$ はどうか）
　速度はいくらか
　（$v(t)$ はどうか）

本書での解説
運動 1 ⟹ p.34
等速直線運動
運動 2 ⟹ p.35
等加速度直線運動
運動 3 ⟹ p.38
鉛直方向の自由落下
運動 4 ⟹ p.39
放物運動（水平投射）
運動 5 ⟹ p.57
単振動
運動 6 ⟹ p.60
放物運動（斜め投射）
運動 7 ⟹ p.62
放物運動（空気抵抗）
運動 8 ⟹ p.63
減衰振動
運動 9 ⟹ p.75
円運動

x–t グラフ
v–t グラフ
a–t グラフ

Topic 「ダイヤの乱れ」のダイヤとは

列車の時刻表を x–t グラフで一覧できるように表したものをダイヤグラムという．上下の列車をすべて書いていくと，図面がダイヤモンド型にみえるからである．荒天や事故などで列車の運行が乱れるときには「ダイヤの乱れ」が生じた，という言葉がよく使われる．

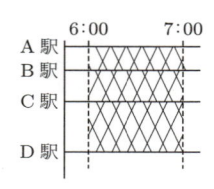

図 2.18 ダイヤグラム

2.2.2 直線運動

■等速直線運動 運動 1

物体が等速で一直線上を運動するとき，文字どおり，**等速直線運動**という．速さも向きも変化しない一番単純な運動だ．氷の上でのカーリング競技や，下から空気が吹き出す机でのエア・ホッケーなど，摩擦が小さい場所では，一度力を加えると，その後物体が長く等速直線運動することを観察できる．

物体が一定速度 v で動く場合，加速度 $a(t)$ はゼロだから，a–t グラフはずっとゼロの値，v–t グラフは（当然ながら）ずっと v の一定値である．時間が Δt だけ経てば，物体は Δt に比例した距離 $v\Delta t$ だけ移動するから，x–t グラフは直線になる．

運動 1 等速直線運動
静止している状態も，速度ゼロとみなすことができるから，等速直線「運動」である．

図 2.19 カーリング競技　氷上で 18 kg 前後のストーンをすべらせる．

† 右の公式は，微分・積分を用いると簡単に関係付けられる（⇒37ページ）．v–t グラフは x–t グラフの傾き（微分）であり，a–t グラフは v–t グラフの傾き（微分）という関係があるからだ．

公式　等速運動する物体の位置

物体のスタート時 $(t=0)$ の位置を $x(0) = x_0$ とする．一定の速度 v で運動すると，時刻 t では次のようになる†．

$$\text{加速度} \quad a(t) = 0 \tag{2.10}$$

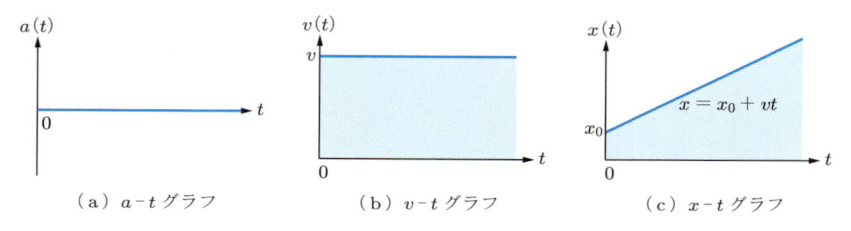

$$\text{速度} \quad v(t) = v \quad （一定値） \tag{2.11}$$

$$\text{位置} \quad x(t) = x_0 + vt \quad （直線の式） \tag{2.12}$$

(a) a–t グラフ　　(b) v–t グラフ　　(c) x–t グラフ

図 2.20 等速運動のグラフ

● 等加速度直線運動 運動2

一定の加速度が加わる運動を等加速度直線運動という．坂道でボールを転がすと，ボールは，だんだんと速度を上げていく．これは重力に引かれて等加速度運動をする様子である．加速度が常に一定である，ということは，速度が毎秒同じ大きさだけ変化するということだ．速度が増加するときも，速度が減少するときも，加速度運動である．

加速度の値が一定値 $a(t) = a$ の場合，a–t グラフは（当然ながら）ずっと一定値となる．v–t グラフは傾き a の直線となり，x–t グラフは放物線になる．

運動2
等加速度直線運動
(linear motion of uniform acceleration)

> **公式 等加速度運動する物体の位置と速度**
>
> 物体のスタート時（$t = 0$）の位置が $x(0) = x_0$，速度が $v(0) = v_0$ とする．一定の加速度 a で運動すると，時刻 t での加速度，速度，位置は次の式で表される‡．
>
> $$a(t) = a \qquad (一定値) \qquad (2.13)$$
> $$v(t) = v_0 + at \qquad (直線の式) \qquad (2.14)$$
> $$x(t) = x_0 + v_0 t + \frac{1}{2}at^2 \qquad (放物線の式) \qquad (2.15)$$

‡ これらの式も微分・積分で関係付けられる（次ページ参照）．高校の物理では，公式として「暗記しなさい」といわれる式かもしれないが，加速度 $a(t) = a$（一定）という式を順に積分して出てくるしくみを理解していれば，楽しい式になるだろう．

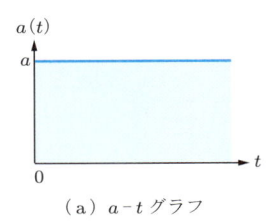

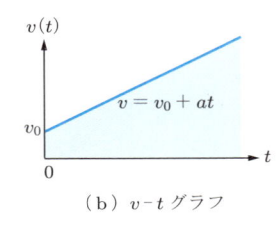

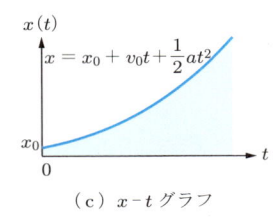

(a) a–t グラフ
(b) v–t グラフ
(c) x–t グラフ

図 2.21　等加速度運動のグラフ

式 (2.14) と式 (2.15) の 2 式から t を消去すると，

$$v^2 - v_0^2 = 2a(x - x_0) \qquad (2.16)$$

という式が得られる．この式は，加速度 a で距離 $(x - x_0)$ 運動したとき，速度の差がどの位生じたかを表す式である．

微分と積分の計算を知っていると，式 (2.10)〜(2.15) の各式は無理に覚えようとしなくても済む．

この見開きは，初読の際は飛ばしてよい．

微分 (derivative)
グラフの傾きを求める演算．
$$v(t) \longrightarrow \frac{dv}{dt}$$

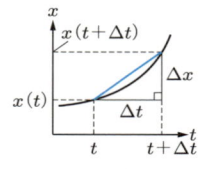

図 2.22 微分 関数 $v(t)$ の傾きは，$(\Delta v)/(\Delta t)$ で与えられる．$\Delta t \to 0$ とすれば，各点での傾きになる．

積分 (integral)
微分の逆演算．
$$v(t) \longrightarrow$$
$$V(t) = \int v(t) dt$$
$V(t)$ に二つの値を入れて差をとると，もとの関数 $v(t)$ の面積 S になる．
$S = V(t_2) - V(t_1)$

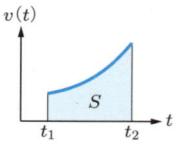

図 2.23 積分 関数 $v(t)$ の面積 S とは，関数と横軸とが挟む部分のことである．

Advanced 微分

微分とは，グラフの傾きを求める演算のことである．傾きを知ることができれば，グラフが増加しているのか（傾きが正），あるいは減少しているのか（傾きが負）を判定することができるので便利である．x が時間 t を変数として変化しているとき，関数として，$x(t)$ と書く．$x(t)$ の各 t での傾きを表す関数を**導関数**といい，$x'(t)$ あるいは $\frac{dx}{dt}$ と書いて，

$$x'(t) = \frac{dx}{dt} = \lim_{\Delta t \to 0} \frac{\Delta x}{\Delta t} = \lim_{\Delta t \to 0} \frac{x(t+\Delta t) - x(t)}{\Delta t} \tag{2.17}$$

として定義する．導関数を求めることを「微分する」という．

たとえば，$x(t)$ が 2 次関数の場合，c_0, c_1, c_2 を定数として，

$$x(t) = c_0 + c_1 t + c_2 t^2 \longrightarrow \frac{dx}{dt} = c_1 + 2c_2 t \tag{2.18}$$

となる．定数を微分すると，ゼロである．

Advanced 積分

積分（正確には不定積分）とは，**微分の逆演算**である．つまり，関数 $v(t)$ が与えられたとき，どのような関数（**原始関数**という）を微分したら $v(t)$ になるのかを求める計算である．$v(t)$ に対する原始関数を $V(t)$ とすると，$v(t) = \frac{dV}{dt}$ という関係になるが，これを

$$V(t) = \int v(t)\,dt \tag{2.19}$$

として表す．$v(t)$ が 1 次関数の場合，c_0, c_1 を定数として，

$$V(t) = \int (c_0 + c_1 t)\,dt = C + c_0 t + \frac{1}{2} c_1 t^2 \tag{2.20}$$

となる．C は任意定数である（**積分定数**という）．

関数 $v(t)$ のグラフの $t_1 \leq t \leq t_2$ の部分の面積（関数と t 軸とが囲む部分の面積）S は，原始関数を用いて $S = V(t_2) - V(t_1)$ となることを示すことができる．この計算を**定積分**といい，

$$S = V(t_2) - V(t_1) = \int_{t_1}^{t_2} v(t)\,dt \tag{2.21}$$

のように書ける．積分する計算は，**関数の面積を求める計算と同じだった**ことになる．

2.2 いろいろな運動・いろいろな力—名前を聞けば想像がつく運動状態 37

| Advanced | 速度・加速度の定義と微分・積分

微分・積分を用いて，改めて速度・加速度の定義をしよう．

> **定義　速度（微分で定義する方法）**
>
> 瞬間の速度は，$\Delta t \to 0$ の極限である．つまり，速度 $\boldsymbol{v}(t)$ は位置 $\boldsymbol{x}(t)$ の時間微分として定義される．
>
> $$\boldsymbol{v}(t) = \frac{d\boldsymbol{x}}{dt} = \lim_{\Delta t \to 0} \frac{\Delta \boldsymbol{x}}{\Delta t} \tag{2.22}$$

微分は，グラフの傾きを求める操作だったから，
- 速さ v は，x–t グラフの傾きである．

といえる．微分の逆演算は積分である．だから，$v(t)$ から $x(t)$ を求める操作は積分であり，
- 移動距離 x は，v–t グラフの面積で与えられる．

> **定義　加速度（微分で定義する方法）**
>
> 加速度 $\boldsymbol{a}(t)$ は速度 $\boldsymbol{v}(t)$ の時間微分として定義する．
>
> $$\boldsymbol{a}(t) = \frac{d\boldsymbol{v}}{dt} = \lim_{\Delta t \to 0} \frac{\Delta \boldsymbol{v}}{\Delta t} \tag{2.23}$$

したがって，同様に，以下がいえる．
- 加速度の大きさ a は，v–t グラフの傾きを求めることである．
- 速さ v は，a–t グラフの面積を求めることである．

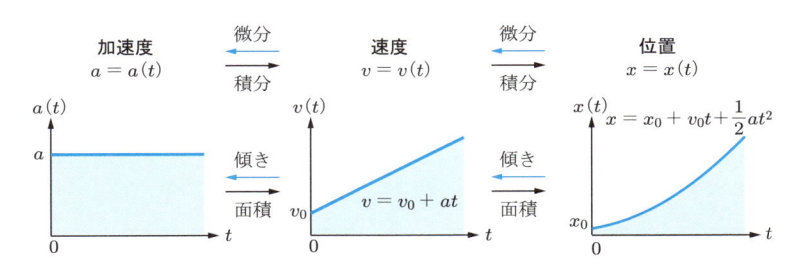

図 2.24　速度・加速度の関係　速度・加速度の定義は，x–t グラフ・v–t グラフの傾きを求めることになる．逆に，速度・加速度は，v–t グラフ・a–t グラフの面積を求めることにも相当する．

2.2.3 自由落下運動

■ 鉛直方向への自由落下運動 運動3

運動3
鉛直方向への自由落下

重力による自由落下は，加速度の大きさ $g = 9.8\,\mathrm{m/s^2}$ の等加速度運動である．等加速度運動では，式 (2.14), (2.15) の関係が成り立つ．したがって，地面の高さをゼロとして，上向きを y 軸とした式にすると，時刻 t での速さ v_y と位置 y は，時刻 $t = 0$ での初速度を v_0，位置を y_0 とすると，次の式が成り立つ．

$$v_y(t) = v_0 - gt \tag{2.24}$$

$$y(t) = y_0 + v_0 t - \frac{1}{2}g t^2 \tag{2.25}$$

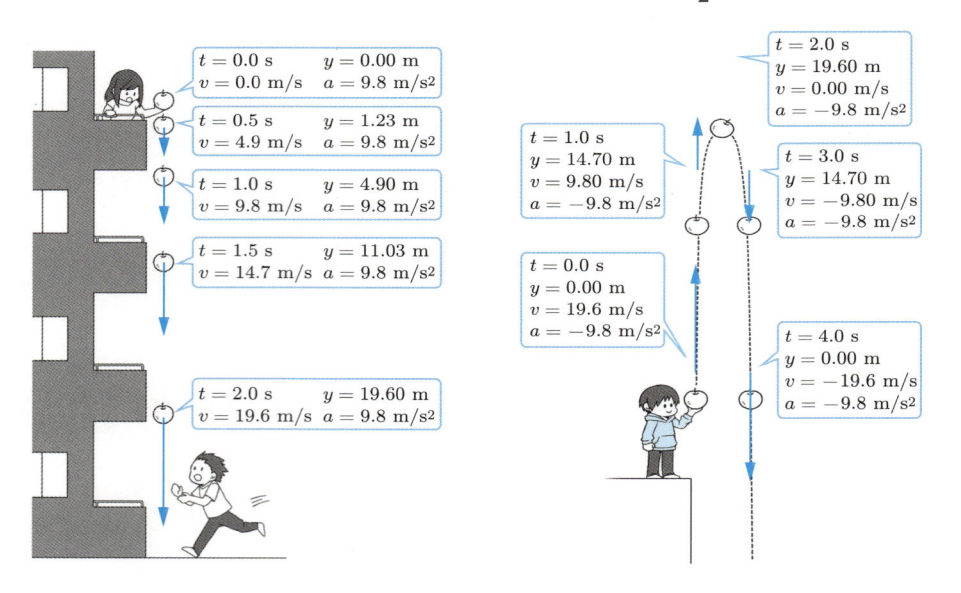

図 2.25　自由落下運動は等加速度運動　左図では y 軸を下向きに，右図では y 軸を上向きにとって，位置・速度・加速度を表している．座標軸の向きは考えやすい方向にとればよい．

問 2.7* 高さ 10 m の位置からリンゴを静かに落とした．何秒後に地面に届くか．また，地面に届いたときの速度はいくらか．

問 2.8* 地面から，上向きに初速度 20 m/s でボールを打ち上げた．落下してくるまでに何秒かかるか．

問 2.9* 高さ 2000 m の位置から雨滴が静かに落ち始めた．何秒後に地面に届くか．また，地面に届いたときの速度はいくらか．空気抵抗がないものとして計算せよ．

問 2.10* 深さのわからない井戸に石を投げたところ，3 秒後にポチャンという音が聞こえた．深さはどれだけか．音速を 340 m/s とする．〈やや難〉

2.2 いろいろな運動・いろいろな力—名前を聞けば想像がつく運動状態　　**39**

■ 放物運動（水平方向への投射）運動 4

今度は，ボールを水平に打ち出すことを考えよう．空気抵抗がなければ，鉛直下向きには重力加速度 g が加わるが，水平方向には何も力は加わらない．つまり，ボールは，鉛直方向には等加速度運動を行い，水平方向には等速運動をする．この二つの運動を組み合わせると，**放物線**を描く．

当然ながら，水平方向に飛び出す初速度が大きければ，遠くまで到達する．

運動 4
放物運動（水平投射）

放物運動（斜め方向への投射）⟹60ページ

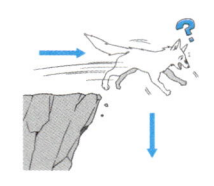

図 2.26 気がつかなくても落下はする　よくアニメで，崖から飛び出したキャラクターが地面のないのに気がついた後で真下に落下するが，間違いである．

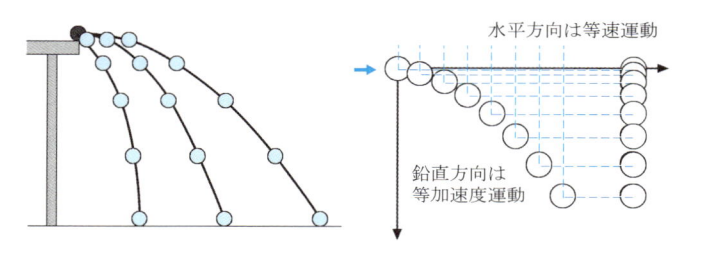

図 2.27 放物運動は，等速運動と等加速度運動の組み合わせ

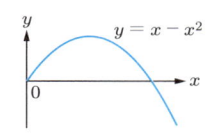

図 2.28 放物線の例

| Advanced | 放物線の軌道方程式 |

ボールを投げる時刻を $t=0$，ボールを投げる位置を $(x,y)=(0,0)$ とすれば，軌道は次のようになる．

- 水平方向（x 方向）は，等速運動である．初速度を v_{0x} とすれば，t 秒後の位置 $x(t)$ は次式になる．

$$x(t) = v_{0x} t \tag{2.26}$$

- 鉛直方向（y 方向）は，等加速度運動である．初速度を v_{0y} とすれば，t 秒後の位置 $y(t)$ は次式になる．

$$y(t) = v_{0y} t - \frac{1}{2} g t^2 \tag{2.27}$$

この二つの式から，t を消去すると，

$$y = \frac{v_{0y}}{v_{0x}} x - \frac{g}{2 v_{0x}^2} x^2 \tag{2.28}$$

となって，2 次曲線（放物線）になる[†]．

[†] この結果から，$y = x^2$ のような 2 次曲線のことを放物線というようになった．

2.2.4　いろいろな力 (1)

■ **力とは何か**

力 (force)
一般に F として表す．

まず，ボールでもロケットでもよいので，何かの物体に注目しよう．その物体の速度が変化したり（加速度が生じたり），物体が変形したりするとき，そのようなはたらきを**力**という．力はベクトルであり，大きさだけではなく，向きも含めて考える量である．

■ **いろいろな力**

本書での解説
力1 ⟹ p.41
　重力
力2 ⟹ p.41
　張力
力3 ⟹ p.53
　抗力
力4 ⟹ p.53
　摩擦力
力5 ⟹ p.56
　弾性力
力6 ⟹ p.58
　万有引力
力7 ⟹ p.78
　慣性力
力8 ⟹ p.86
　コリオリ力
力9 ⟹ p.93
　圧力
力10 ⟹ p.96
　表面張力
力11 ⟹ p.97
　浮力
力12 ⟹ p.102
　揚力

私たちの身のまわりの物体は，いろいろな力を受ける．まず，本質的な力として，物体に質量や電気（電荷），磁気があれば，まわりの空間から，それに応じた力を受ける．

- **万有引力**：質量をもつ物体どうしが引きあう力．地球から受ける万有引力のことをとくに**重力**とよぶ．
- **静電気力**：正や負の電気が及ぼす力．正と正なら斥力，負と負なら斥力，正と負なら引力となる．
- **磁力**：磁石のN極やS極が及ぼす力．N極とN極なら斥力，S極とS極なら斥力，N極とS極なら引力となる．

物体は，まわりを取り囲む床や空気など，直接接触しているものからも力を受ける．

- **張力**：ひもが物体を引く力．
- **垂直抗力**：面が物体を押す力．
- **弾性力**：ばねが物体を押したり引いたりする力．
- **摩擦力**：面が物体の運動を妨げる力．
- **空気抵抗**：空気が物体の運動を妨げる力．
- **浮力**：水や空気が物体を鉛直上向きに押す力．
- **圧力**：大気や水などの流体が，$1\,\mathrm{m}^2$ あたりの面積を押す力．

さらに，その物体を観測する人の立場によって，加えなければならない力がある．

- **慣性力**：加速度運動している人から物体の運動を考えるとき，その加速度による作用を打ち消すように考えなければいけないために付加する．**遠心力**はこの力の一つの例である．
- **コリオリの力（転向力）**：慣性力の一種．回転している台の上で動く物体に対して生じる力．

■ 重力 力1

リンゴが落ちるのは，地球が**重力**を及ぼすからだ．リンゴの運動を詳しく観察すると，加速度がおよそ $9.8\,\mathrm{m/s^2}$ で，加速していくことがわかる．この値を，**重力加速度**とよび，g として表すことにする．重力がはたらく方向をとくに**鉛直方向**とよぶ．地表付近では，重力の大きさはほぼ一定である．

> **法則　地球表面での重力の大きさ**
>
> 質量 $m\,[\mathrm{kg}]$ の物体には，重力加速度 $g = 9.8\,\mathrm{m/s^2}$ がはたらく．重力の大きさ W は，次のようになる．
>
> $$W = mg \qquad (2.29)$$
>
> 重力 [N] = 質量 [kg] × 重力加速度 [m/s²]

力1
重力 (gravity)
万有引力 ⟹ 2.4.1 項
鉛直方向
(vertical direction)

■ 力の単位はニュートン

力の単位は [N]（ニュートン）である．$1\,\mathrm{kg}$ の物体に $9.8\,\mathrm{m/s^2}$ の加速度が生じるとき，物体に加えられている力は $9.8\,\mathrm{N}$ である．力の単位として，$1\,\mathrm{kg}$ の物体にはたらく重力の大きさを $1\,\mathrm{kgw}$ あるいは $1\,\mathrm{kg}$ 重とする単位もある．重力加速度は $9.8\,\mathrm{m/s^2}$ なので，$9.8\,\mathrm{N} = 1\,\mathrm{kg}$ 重である．

単位
力は [N]（ニュートン）．
重力には [kg 重]（キログラム重）も使う．
$1\,\mathrm{kg}$ 重 $= 9.8\,\mathrm{N}$

■ ひもの張力 力2

物体にひもがつながっていて，ひもがピンと張っていれば，物体はひもから力を受ける．この力を**張力**という．T で表すことが多い．

力2
張力 (tension)

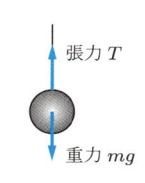

張力 T
重力 mg

図 2.29　重力と張力

2.2.5 力の合成と分解

■力の合成

普通，物体にはいくつもの力が加わる．それらを $F_1, F_2, \ldots$ などとしよう．それぞれの力は，大きさと向きをもつベクトルと考えられるので，二つ以上の力が加わった場合は，図 2.30 のような，ベクトルとしての足し算を行う（力の合成を行う）計算をすればよい．つまり，合力 F として，

$$F_1 + F_2 = F \tag{2.30}$$

とする．具体的には，二つのベクトルの足し算は，二つの矢印を平行四辺形の 2 辺として足し合わせ，その対角線を和とすることに相当する（⟹30 ページ）．

力の合成
(composition of forces)
合力
(resultant force)

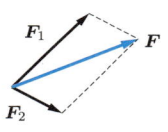

図 2.30 合力 二つの力 F_1, F_2 の和は，このように，ベクトル合成された F の大きさと向きになる．

■力のつりあい

物体に複数の力が加わって，その合力がゼロになるとき，**力がつりあう**という．物体にはたらく力がつりあっていると，物体には加速度が生じない．すなわち，

物体にはたらく力がつりあう
⟹ 静止しているものは静止し続け，
等速直線運動しているものは等速直線運動を続ける．

となる．ひもでつり下げたコインが止まっているのは，コインに加わる鉛直下向きの重力とひもの張力の二つがつりあって**合力がゼロ**になっているからである．

力のつりあい
(equilibrium of forces)
力がつりあっていたら動かないわけではない．等速直線運動が保たれることになる．

■力の分解

力の合成は，平行四辺形の規則に従ってベクトルの和をとった．逆に，同じ規則を使って，力を分解することができる．水平成分と垂直成分に分解したり，斜面に平行な成分と垂直な成分に分解したりすることで，運動を理解しやすく考えることができる．分解された力を**分力**ともいう．

力の分解
(decomposition of forces)
分力
(component of force)

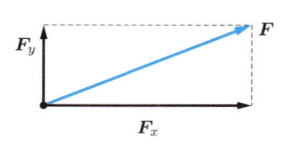

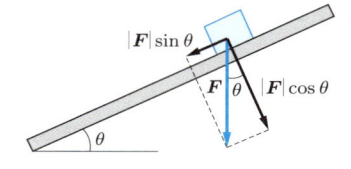

(a) ベクトルの分解　　(b) 斜面上にある物体の場合

図 2.31　力の分解　(a) F ベクトルは，平行四辺形の和の規則を逆に使って，二つのベクトルに分解できる．図は横軸と縦軸の成分に分解した例．
(b) 斜面上を動く物体を理解するときには，鉛直方向にかかる重力を，斜面に平行な成分と斜面に垂直な成分とに分解して考えるとよい．

| Advanced | 三角関数の使い方 |

三角関数の定義は，図 2.32 のような三角形をもとに，

$$\sin\theta = \frac{y}{r}, \qquad \cos\theta = \frac{x}{r} \tag{2.31}$$

である．実際に力や速度・加速度を分解して表すときには，

$$x = r\cos\theta, \qquad y = r\sin\theta \tag{2.32}$$

として使うことが多い．

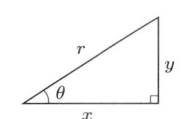

図 2.32　三角関数
$x = r\cos\theta$,
$y = r\sin\theta$

| Topic | 針金をピンと伸ばす方法 |

ぐにゃぐにゃの針金の両端を手で引っ張っても，なかなかピンと伸びない．そんなときは，針金の両端を固定し，中央を引っ張るとよい．中央を力 F_1 で引っ張ると，その何倍もの力 F_2 が針金にかかり，針金を楽に伸ばすことができる．

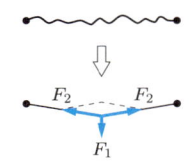

図 2.33　針金をピンと伸ばす

実験 1　神経の反応時間を測ろう

友達に鉛筆の上端を持ってもらい，自分はその鉛筆の下の端を，人差し指と親指で挟めるように待つ状態にする．友達が鉛筆を落下させてから，何 cm のところで指を挟んで止められるだろうか．目でみてから指先までに命令が伝わる神経の反応時間 t を測る実験だ．

x [cm] でつかめたら，自由落下する長さは $x = \frac{1}{2}gt^2$ なのだから，$t = \sqrt{2x/g}$ である．$x = 10\,\mathrm{cm}$ なら $t = \sqrt{2\cdot 0.1/9.8} = 0.143\,\mathrm{s}$, $x = 15\,\mathrm{cm}$ なら $t = \sqrt{2\cdot 0.15/9.8} = 0.175\,\mathrm{s}$ となる．

2.2.6 力のモーメント・重心

■力のモーメント（トルク）

やじろべえや天秤ばかりのつりあいを考えよう．つりあうためには，右回りと左回りの**回転させようとする力**が同じであればよい．このバランスを得るためには，「力のモーメント（ねじりモーメント）」が同じであればよいことが知られている．

力のモーメント
(moment of force)
後でトルクとして再定義する ⟹ 2.6.3 項

†厳密にはモーメントは「力×長さ」で与えられる量なので，「力」ではない．

> **法則　回転させようとする力（モーメント）**
>
> 回転させようとする力（モーメント）†は，支点からの「長さ×力」の大きさで比べられる．左回りと右回りでモーメントが等しければつりあう．左回りと右回りでモーメントが大きい方に回転する．

たとえば，図 2.34 のような天秤であれば，
　　右回りのモーメント＝（長さ）4 ×（おもり）2 ＝ 8
　　左回りのモーメント＝（長さ）2 ×（おもり）4 ＝ 8
となり，どちらも等しい値になるので，つりあうことになる．子供たちは，シーソーで遊ぶときに，この原理を学ぶことになる．

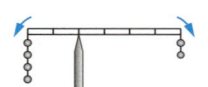

図 2.34 モーメントのつりあい

> **Topic　サーカスの綱渡りは，なぜ長い棒を持つのか**
>
> 綱渡りの芸を披露する人は，長い棒を横にして持っている．同じ質量の棒であれば，長い棒ほど回転させるのに大きなモーメントを必要とする．綱渡りの際に長い棒を持っていれば，自分自身が回転しにくくなって姿勢を制御しやすくなる．つまり，長い棒を持つほうが安定するのだ．

図 2.35 綱渡りの棒は，何のため？

■てこの原理

てこは，力点で加える小さな力を作用点での大きな力にする．てこの原理もモーメントを使って説明できる．支点と作用点の距離を短くし，支点と力点の距離を長くとれば，小さな力を加えるだけで，大きな力を作用点に加えることができる．

はさみやペンチのように「作用点，支点，力点」の順になる道具，爪切りや栓抜き，空き缶つぶし器のように「力点，作用点，支点」の順になる道具，箸・ピンセットやホチキスなど「作用点，力点，支点」の順になる道具など身近なもので，てこの

てこ (lever)
支点 (fulcrum)
力点 (effort)
作用点 (resistance)

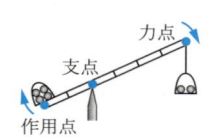

図 2.36 てこ

2.2 いろいろな運動・いろいろな力—名前を聞けば想像がつく運動状態　　45

原理はたくさんみつけられる．地面を掘るときには大きなシャベルを使う．缶ジュースの蓋を開けるしくみも，てこの原理である．

> **Topic　てこで地球を動かせるか**
>
> アルキメデスは，「支点さえあれば，私は長い棒を使って地球を動かすことができる」と豪語したという．さて，どれだけの長さの棒があれば，可能だろうか．
>
> 地球の質量は 6×10^{24} kg で，アルキメデスが 100 kgw の力を出せるとする．支点を 1 m の位置におくと，支点から力点までの距離は 6×10^{22} m となる．これは光の速さで約 600 万年かかる距離である（しかも，てこの棒の質量は考えていない）．ちょっと，豪語しすぎだったのでは？

図 2.37 てこで地球を動かす？

■ 重　心

物体の重さの中心となる点を **重心** という．全体の重さが，その 1 点にあると考えてよい場所であり，指 1 本で支えられる（はず）の点である．

二つの物体があるとき，質量 m_1 が位置 x_1，質量 m_2 が位置 x_2 にあるとすれば，重心の位置 x_C は，

$$x_C = \frac{m_1 x_1 + m_2 x_2}{m_1 + m_2} \tag{2.33}$$

となる．

重心
(center of mass)

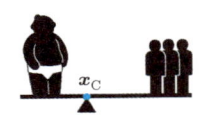

図 2.38 重心　この図の場合，重心はシーソーの支点の上にある．

> **実験 2　重心の位置をみつけよう**
>
> 三角形の重心は，3 本の中線の交点になるが，これを簡単にみつける方法がある．まず，一つの端（点 A とする）をもち，ぶら下げる．下がった真下の方向へ点 A から線を引く．次に，別の端（点 B）を持ち，同じように線を引く．線が交わった所が重心である．重心の位置で全体を支えることができる．
>
> この方法は，厚さが均等な板ならばどんな形でも使えるので，重心をみつける方法として便利である．ただし，三日月型のような板だと，重心となる位置が空中になって，線を引けないこともある．

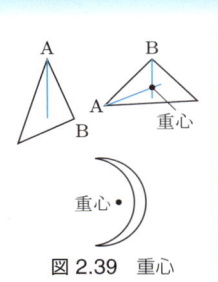

図 2.39 重心

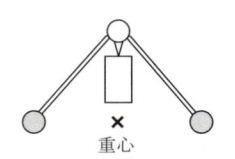

図 2.40 やじろべえの重心

安定性
(stability)

> **Topic　やじろべえの重心**
> どんぐりの左右に竹串の「腕」をさすと，やじろべえができる．両端におもりをつければ安定になる．2 本の腕が下に伸びているやじろべえの重心は，左右のバランスがとれていれば，中心付近で，図 2.40 の×印が重心になる（⟹ コラム 7）．

■ 安定・不安定

ちょっとのずれに対して，もとに戻るような状態を**安定な状態**，もとに戻らずにずれが拡大するような状態を**不安定な状態**という．山の上に置いたおむすびは転がり落ちやすい（不安定）し，谷底にあるおむすびは転がってももとに戻る（安定）．したがって「つりあい」の状態であっても，安定か不安定かによって，その後の運動が大きく変わる．

自然界ではさまざまな力がはたらくので，不安定なつりあい状態は，ほぼ実現しないと考えてよい．

コラム 7　安定なやじろべえ

やじろべえが傾くと，重心が少し上に移動する（図 2.41）．そうすると，重力に引っ張られて，重心が下へ動こうとする．行き過ぎて反対側に移動しても，逆向きの力がはたらく．重心の運動として考えると，これは振り子と同じである（図 2.42）．振り子は同じ場所を行ったり来たりするが，空気抵抗や摩擦によって，しだいに止まる．やじろべえが安定に止まるのも同じしくみだ．

ところで，やじろべえの両腕が上向きだったらどうなるだろうか（図 2.43）．今度は重心が支えている点よりも上になる．少しでもやじろべえが傾くと，重心は下がるので，戻る力がなくなってしまう．だからやじろべえは不安定で崩れてしまう．頑張って立たせられたとしても，不安定なつりあい状態である．

安定にするためには，重心は支点より下になければいけない．また，腕を 3 本にすれば，より安定なやじろべえになる（図 2.44）．

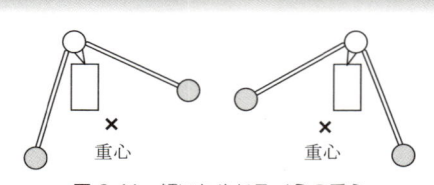

図 2.41　傾いたやじろべえの重心

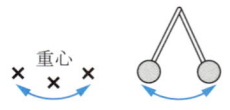

図 2.42　重心の動きは振り子と同じ

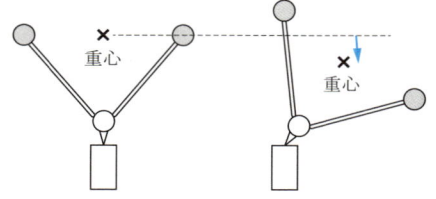

図 2.43　支える点より上に重心があると，不安定になる

2.2 いろいろな運動・いろいろな力—名前を聞けば想像がつく運動状態　47

　図 2.45 は，やじろべえを三つ上下に重ねたものである．やじろべえを重ねるときは，腕の先のおもりを下段ほど重く，腕の角度を下段ほど鋭角にするのがコツだとか．（重心を下げることによって揺れにくくして，安定性を増す工夫である．）

　ちなみに，やじろべえの語源は，東海道中膝栗毛の「やじさん」こと，弥次郎兵衛「振分け荷物姿」だそうだ．

参考：真貝理香，科学工作『バランス遊び』，理科の探検 2011 年 11 月号（文一総合出版）

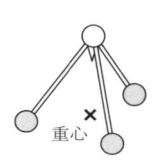

図 2.44　三つ腕やじろべえ　　　　図 2.45　やじろべえ 3 兄弟

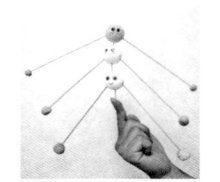

問 2.11　ギア・チェンジできる自転車では，上り坂がきついとき，ギアを変えると押す力が小さくて済む（その代わりに多い回数ペダルを回さなければならないが）．この理由を説明せよ．
問 2.12　おきあがりこぼしのしくみを説明してみよう．
問 2.13　妊婦の方，重いリュックを背負う人の歩き方の特徴を，重心という言葉を使って説明してみよう．
調 2.2　はさみ・爪切り・ホチキスそれぞれの支点・力点・作用点はどこか調べ，なぜそのような構造になっているのかを考えよう．
調 2.3　やじろべえや，バランスとんぼのつりあいを観察しよう．

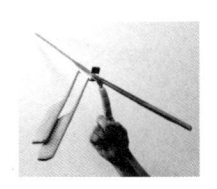

図 2.46　バランスとんぼ

2.3 運動の法則
力を加えると，生じるのは加速度だった

普通の人なら，「力を加えたら，物体は動く」とか「力を加えたら，物体には速度が生じる」と考えてしまうかもしれない．ニュートンが偉かったのは，力を加えたときに，**物体には速度が生じるのではなく，加速度が生じる**と見抜いたことだ．

2.3.1 運動の第1法則：慣性の法則

力がはたらかないときは，物体はどのような運動をするだろうか．答えは，いつまでもどこまでもそのままである．それをきちんと述べたのが，慣性の法則だ．

慣性 (inertia)
慣性の法則
(law of inertia)

> **法則** ニュートンの運動法則（第1法則）：慣性の法則
>
> 物体は慣性をもつ（そのままの運動状態を保とうとする）．力を加えなければ，物体は等速直線運動を行う．

図 2.47 ガリレイ
Galileo Galilei
(1564–1642)

日常では，摩擦や空気抵抗のため，水平面上でボールを転がしたとしても，ボールはいずれ静止してしまう．慣性の法則が成り立つことを示すのは実際にはとても難しい．慣性の法則に初めて気づいたのは，ガリレオ・ガリレイである．彼は，次のような論法でこの法則を導いた．

　　斜面に球を置いて手をはなすと，球は加速しながら転がり落ちる．斜面の角度を急にすれば加速は一層速くなる．一方で斜面の上向きにボールを放つとボールは減速してゆく．この場合も減速は斜面の角度に依存する．それでは，水平面ならば，ボールはどのように動くだろうか．——加速も減速もせず，そのままの運動を保ち続けると考えるのが自然である．（『天文対話』1632 年）

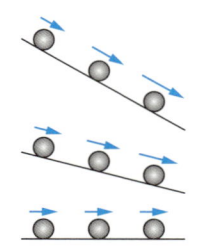

図 2.48 斜面を転がる球　斜面の角度を小さくすれば，加速が少なくなる．傾きゼロでは等速運動となるはずだ．

走っている電車の中で物体を落としても，足下に落下する（後方には落下しない）．また，地球は自転し，太陽のまわりを公転しているが，地球上に住んでいる私たちはそのことに気がつかない．どちらも，「運動状態を保とうとする」慣性が原因である．

Topic　シートベルトやエアバッグはなぜ必要？

『車は急に止まれない』という交通安全標語があるが，車が急に止まったとすれば，中に乗っている人はそのまま飛び出さざるを得ない．シートベルトやエアバッグが装備されているのは，そのような事態になったときに人を守るためである．

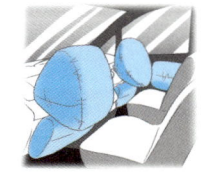

図 2.49　エアバッグ

実験 3　風船ホバークラフト

ホバークラフトとは，空気を下に送り込んで本体を少し浮かせて進む船のことである．CD や DVD のメディアに風船をとりつけて，ホバークラフトをつくってみよう．ペットボトルの蓋に釘で穴をあけて空気が通るようにしておき，CD の中心部に接着する．そして風船に空気をいれてペットボトルの蓋にとりつける．こうすると，少しずつ風船から出た空気が CD を浮き上がらせる．摩擦のない状態になるので，少し押せばそのまま直進し，少し回転させればそのまま回転し続ける．

図 2.50　風船のホバークラフト

実験 4　テーブルクロス引き

だるま落としでは，一番下のブロックを勢いよくたたいても上のブロックが慣性の法則により留まり，そのまま下に落下する．テーブルクロス引きの芸も同様である．勢いよく引いたクロスの上の皿やコップがそのまま残るのは慣性の法則である．被害を最小にするため，慣れるまでは皿やコップを使う代わりに，机の上でペンなどを載せた紙を引っ張って確かめよう．

図 2.51　テーブルクロス引き

問 2.14　エレベータが動き始めるときに，ふわっと感じた．昇りと下りのどちら向きの話か．

問 2.15　濡れた雨傘の先を地面にたたくと，水滴が落ちる．この理由を説明せよ．

問 2.16　車の中で浮いている風船がある．車が急ブレーキをかけると風船は前後どちらに倒れるか．

問 2.17　ペットボトルに水を入れ，ひもをつけたピンポン球を水中に浮かばせる．ペットボトルを動かしていきなり止めると，ピンポン球はどう動くか．

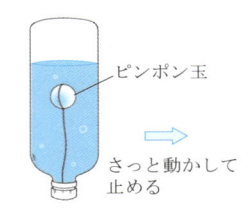

図 2.52　水中のピンポン玉

2.3.2 運動の第2法則：運動方程式

■ 力を加えると，物体には加速度が生じる：$F=ma$

物体に力を加えると動くことは誰でもわかる．「動く＝速度がある」ことだ．しかし，ニュートンは，

- 力を加えると，物体には「加速度」が生じる．
- 生じる加速度の大きさは，物体の質量に反比例する．

という二つの事実を見抜いた．同じ力を加えたとしても，重い扉を押すときと，軽い扉を押すときでは，扉の動き方が違う．違いは，速度ではなくて，加速度であるという発見である．

> **法則　ニュートンの運動法則（第2法則）：運動方程式**
>
> 物体に力 F を及ぼすと，物体の質量 m に反比例した加速度 a が生じる．
>
> $$F = ma \qquad (2.34)$$

図 2.53 ニュートン
Isaac Newton
(1642–1727)

運動方程式
(equation of motion)

力 F (force)
単位
力の単位は [N]
（ニュートン）

質量 m
単位
質量の単位は [kg]

加速度 a
単位
加速度の単位は
[m/s^2]

式 (2.34) は，物理学で一番重要な式である．方程式とよんでいるのは，どのような加速度が生じるかを解く式になるからである．質量が 1 kg の物体に，加速度 1 m/s^2 を発生させる力の大きさの単位を 1 N（ニュートン）とよぶ．力の単位は [N]（ニュートン）である

二つ以上の力が加わったときには，その合力 $F_1 + F_2 + \cdots$ で加速度が決まる．

太陽系の惑星の運動も，蹴り上げたサッカーボールの運動も，私たちが普段目にする物体の運動は，この**運動方程式**で説明することができる．

■ 運動方程式を解くということ

運動方程式を使うと，原因（力 F）と結果（加速度 a）を結びつけることができる．つまり，運動方程式は因果関係を表している式ともいえる．

物理の問題を解くということは，力が加わったときに，物体はどのように動くのかを明らかにすることだ．つまり，私たちは，運動方程式を用いて，次の手続きを行うことになる．これにより，物体の運動が予測できることになるのだ．

> **手続き** 物体の運動がわかる
> - 物体にはたらいている力 $F_1, F_2, \ldots$ をすべて考える（向きも大きさもすべて列挙する）．
> - 物体にはたらいている力の合力 $F\ (= F_1 + F_2 + \cdots)$ を求める．
> - 運動方程式 $F = ma$ を用いて，物体に生じる加速度 a を求める（$\Longrightarrow$ 式 (2.34)）．
> - 加速度 a から，次の瞬間の速度 v を求める（$\Longrightarrow$ 2.1.2 項）．
> - 速度 v から，次の瞬間の位置 x を求める（$\Longrightarrow$ 2.1.1 項）．

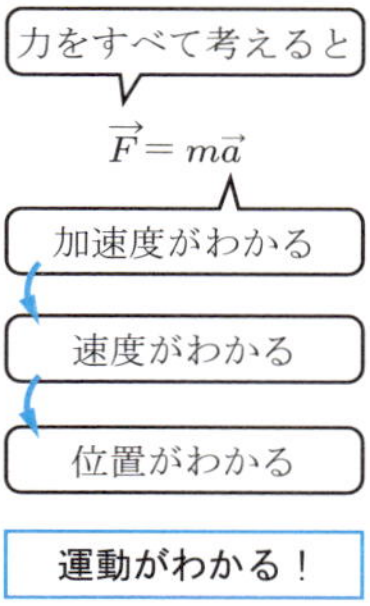

図 2.54 運動がわかるということ

| Advanced | 第 1 法則は不要か？

力がつりあって，合力がゼロであるときを考えよう．

$$\sum_i F_i = 0$$

この式は，$a = 0$ となり，加速度がゼロであることを意味する．積分すると，この場合の物体の速度は，$v = $ 一定 となり，等速直線運動をすることになる．

聡明な読者は，「それでは，ニュートンの運動方程式は，慣性の法則も含んでいるので，慣性の法則は不要ではないか」と心配されるかもしれない．だが，慣性の法則が第 1 法則として君臨しているのには，相応の理由がある．ニュートンは，まず慣性の法則を宣言して，「力がはたらかない場合には，等速直線運動をする座標系（**慣性座標系**）を考えましょう」と密かにメッセージを送っているのだ．実際には地球は自転しているし，太陽のまわりを公転している．太陽も銀河系を周回しているし，銀河系も銀河団として運動している．私たちが実験しても，本当に正確に「力がはたらかない」世界はありえない．しかし，まず，理想的な座標系を一つ宣言してしまえば，後は自由に数学を使って議論することが可能になる．慣性座標系を定義することが，第 1 法則の本当の意味だったのである．

2.3.3 運動の第3法則：作用・反作用の法則
■ 力は作用と反作用のペアで現れる

私たちが立ち止まっているとき，重力を受けていても静止しているのは，地面が逆に私たちを押し返しているからである．私たちが走るとき，地面を大きく後ろに蹴る．後ろ向きの力を加えることで，同じ大きさの前向きの力を地面から受けるからである．

このように，二つの物体AとBがあり，AがBに力を及ぼせば，同じ大きさで逆向きの力がBからAに及ぼされる．このような関係を**作用・反作用の法則**という．

作用 (action)
反作用 (reaction)
作用・反作用の法則
(law of action-reaction)

> **法則　ニュートンの運動法則（第3法則）：作用・反作用の法則**
> 物体に力 F を及ぼすと，同じ大きさで逆向きの反作用 $-F$ が，その物体から及ぼされる．

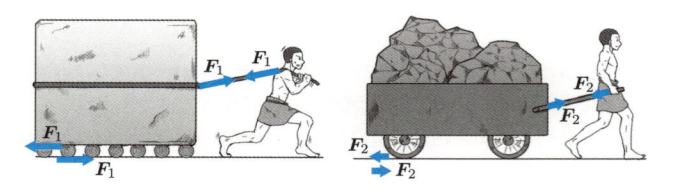

図 2.55　作用・反作用の法則　力は必ず二つの物体間で生じていて，お互いが力を介して運動する．

> **Topic　無重量状態で頬をひっぱたく**
> 宇宙ステーション内部では無重量状態となっていて（⟹ 81ページ），作用・反作用の結果が簡単に理解できる．無重量状態で浮いた状態の二人の宇宙飛行士AとBが喧嘩を始めて，AがBの頬をひっぱたいたとしよう．Bは頬に力を受けて回転を始めるが，Aも反作用で同じ力をBから受けるので，Aも逆に回転を始めることになる．

コラム 8　作用・反作用を考えるとロケットは飛ぶはずがない?

ロケット開発研究が進む 1920 年 1 月 23 日, ニューヨーク・タイムズ紙は, ゴダード博士 (Robert H. Goddard, 1882–1945) の研究に対して, 社説で次のように批判した.「真空の宇宙では, 後ろへ押すものがないために, ロケットは前に進むことができない. ゴダード博士たちは, 高校で習う作用・反作用の法則すら理解していないようだ.」

しかし, いまではわれわれは, ロケットは宇宙で飛行できることを十分に知っている. 作用・反作用の法則を拡張すると運動量保存則 ($\Longrightarrow$ 2.5.2 項) になるが, 運動量保存則によれば, ガスを後方に噴射すれば, ロケットは逆に前方への推進力を得られる. そして, 一度速度をもてば慣性の法則によってロケットはその速度で飛行を続ける.

ニューヨーク・タイムズ紙は, 人類が初めて月面に立つ 3 日前 (アポロ 11 号が打ち上げられた翌日) の 1969 年 7 月 17 日, この社説の誤りを認め謝罪文を掲載した. ゴダード博士の死から 24 年が経っていた.

2.3.4　いろいろな力 (2)

■抗力　力 3

物体が床の上に置かれて静止しているときを考えよう (図 2.56). 物体には重力がはたらいているが, 止まっているのは, 床から上向きに反作用を受けていて, 二つの力のつりあい状態であると理解することができる. 床から受ける力を**抗力** N (とくに, 面から垂直方向に受ける力のときは**垂直抗力**) という. 抗力の大きさは N (単位は [N]) で表すのが普通である.

■摩擦力　力 4

物体どうしが接すると, 接触面の凸凹や接触した 2 物体の原子のもつ電気的引力などによって**摩擦力**が生じる. 摩擦力の大きさ F は, 垂直抗力の大きさ N に比例する. 比例係数は摩擦係数とよばれ, これを μ とすると,

$$F = \mu N \tag{2.35}$$

摩擦力 [N] = 摩擦係数 × 垂直抗力 [N]

となる.

物体が静止しているときにはたらく摩擦力を**静止摩擦力** (大きさは μN), 運動しているときにはたらく摩擦力を**動摩擦力** (摩擦係数を μ' として, 摩擦力の大きさは $\mu' N$) という.

力 3
抗力 (reaction)
垂直抗力
(normal reaction)

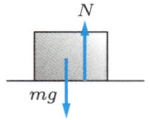

図 2.56　抗力　物体が床を押すと, 床から抗力を受けてつりあう. $N = mg$ である.

力 4
摩擦力
(frictional force)

静止摩擦 (static friction)

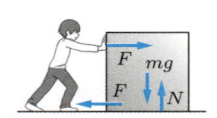

図 2.57 摩擦力 物体を押しても動かないとき, 静止摩擦力に勝っていない.

力がはたらいていても物体が静止しているときは, 力と**静止摩擦力**がつりあっている. 手で物体がつかめるのは, 指紋による静止摩擦力があるためである. 手に石けんや油をつけるとすべりやすくなるのは, 静止摩擦係数 μ が小さくなるからだと説明できる.

> ### Topic　摩擦はあるほうがいい？ ないほうがいい？
>
> 物体を動かすときには, 摩擦があるとそれだけ力を余計に加えなければならない. 畳の上で家具をすべらせて動かすときには, 段ボールなどを敷くと摩擦が減る. これは, ざらざらの面よりも滑らかな面にしたほうが, 摩擦が少なくなるからだ. 車輪の発明は, 物体と地面の接触面積を減らす工夫の一つともいえる（面積が少なければ, 摩擦は少なくなる）.
>
> しかし, すべりすぎても困ることがある. 自動車や自転車は, 走ったら止まらなければならない. タイヤには溝があるが, これは雨天時に排水性をもたせるためだ. タイヤと地面の間に水の膜ができてしまうと, ハンドル操作もブレーキも利かなくなってしまう（ハイドロプレーン現象）.
>
> 濡れた手ではものがすべって持ちにくい, ビンの蓋が開けにくいときはゴム手袋をはめるとよい, 冬に凍結した道路には砂をまく, …. 日常でみられるさまざまな現象には, 摩擦力で説明できることが結構存在している.

小柴昌俊 (1926–)
1987 年に発生した超新星爆発からのニュートリノを観測した業績で, 2002 年にノーベル物理学賞を受賞した.

> ### Topic　もし摩擦がなかったら
>
> 小柴昌俊氏は, 某高校で講師をしていたとき,「この世に摩擦がなければどうなるのか」という問題を試験に出したことがあるそうだ. 摩擦がないと鉛筆の先がすべって紙に文字は書けなくなる. そのため, この問題の正解は何も解答欄に記入しない白紙答案だったという. 解答を記入すると不正解になる超難問だ.

問 2.18　二輪バイクのレースで使われるタイヤには溝が少ない. 理由は何か.

■ 最大静止摩擦力と動摩擦力

動き始める直前の摩擦力は，動いているときの摩擦力（動摩擦力 $\mu'N$）よりも大きい．

物体を板に載せ，板を斜めにしていくと，ある角度ですべりはじめる．この角度を**摩擦角**といい，この瞬間にはたらく摩擦力を**最大静止摩擦力**という．このときの摩擦係数を μ_0 とすれば，$F = \mu_0 N$ となる．実験の結果，$\mu' < \mu_0$ であることがわかる．つまり，動いているときよりも動き出す直前の方が摩擦力が大きい．

最大摩擦力 (maximum frictional force)
摩擦角 (friction angle)
動摩擦力 (kinetic friction)
一度動いてしまえば，後は摩擦力の大きさは小さくなる．

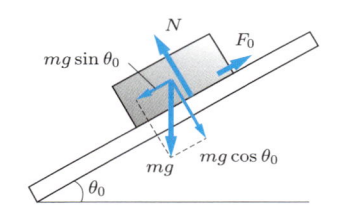

図 2.58 板を傾けていって角度 θ_0 ですべり始めるとき，板に平行な力のつりあいから，最大静止摩擦力 F_0 は，$F_0 = \mu_0 N = \mu_0 mg \cos \theta$ として求められる．

コラム9　エジプト人が砂に水をまいたのはなぜ？

エジプトには多くのピラミッドが残されている．それぞれが王の墓であり，多くの人が石を運んで築き上げた．紀元前1900年頃のジェフティホテプ (Djehutihotep) の墓の壁画には，172名の男が，ひもで王の像を引っ張っているものがある．

この図には，石像の直前に水を地面にまく人がいる．考古学者たちは，この行為を宗教的なものと考えていた．しかし最近，この図をみたオランダの物理学者は，摩擦に関係するのではないか，と実験を行い，その結果を論文にしている．論文報告によると，砂漠の砂に少量の（5%程度の）水をまくと，物質を引く力は20%ほど小さくて済むという．

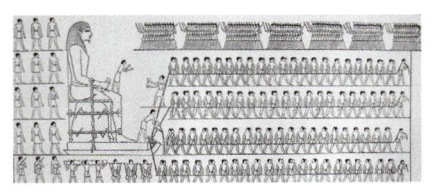

図 2.59 ジェフティホテプの墓の壁画（模写）

砂漠の砂は風に吹かれて常に撹拌されていて，小さく粒の揃った砂である．水が若干加わることで，粘性が減り，石像を動かしやすくなるという．実験結果は，水を加えすぎると逆に（ぬかるみの地面のように）粘性が大きくなることも示している．

参考：A. Fall et al. (2014) Phys. Rev. Lett. 112, 175502

力5
弾性力 (elastic force)
弾性 (elasticity)
復元力
(restoring force)

フック
Robert Hooke
(1635–1703)

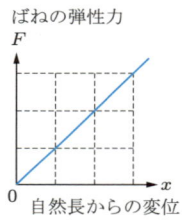

図 2.60 ばねの弾性力は，自然長からの長さの変化に比例する

■ばねの弾性力 力5

ばねは，伸ばすと縮もうとし，縮めると伸びようとする．このように，常にもとの状態に戻ろうとする力を**弾性力**あるいは**復元力**という．伸びも縮みもないときのばねの長さを**自然長**という．ばねの弾性力は，自然長からの長さの変化に比例していることが知られている．

> **法則　フックの法則**
>
> ばねは，自然長からの変位（伸びや縮み）に比例した復元力を及ぼす．

式で表すと，ばねの弾性力の**大きさ** F は，自然長からの変位 x に比例して $F = kx$ となる（k は正の定数で**ばね定数**とよぶ）．

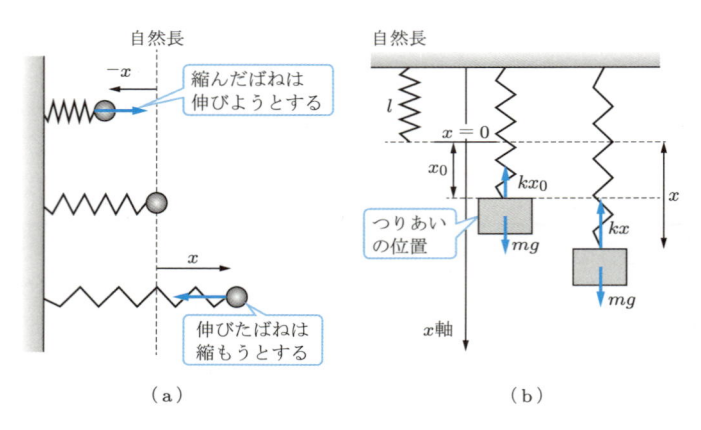

図 2.61 ばねの弾性力　(a) 自然長の位置を $x = 0$ として，伸ばす方向を $+$，縮む方向は $-$ とする．(b) 鉛直方向のばねの取り扱いも同じ．

Advanced　ばねの弾性力の正確な表現

ばねの弾性力を向きを含めて式で表すと，自然長の位置を $x = 0$（伸ばす方向を $+$，縮む方向は $-$）として，

$$F = -kx \quad (k \text{ は正の定数}) \tag{2.36}$$

となる．式 (2.36) の右辺にマイナス記号をつけた理由は，こうしておくと，伸びたときも縮んだときも弾性力の向きを含めて表せるからだ．$x > 0$ で伸びているときは $-kx < 0$ で縮む向きの力に，$x < 0$ で縮んでいるときは $-kx > 0$ で伸びる向きの力になる．

復元力的
$F = -kx$
変位に比例

図 2.62 二つの条件を満たす力ならば，単振動になる

■ 単振動 運動5

復元力のみによる運動は，**単振動**になる．行ったり来たりを繰り返す運動である．運動が一往復する時間を**周期**という．

質量 m の物体が，式 (2.36) で表されるばねで単振動するとき，周期 T は，次式になる．

$$T = 2\pi\sqrt{\frac{m}{k}} \qquad 単位は [s]（秒） \tag{2.37}$$

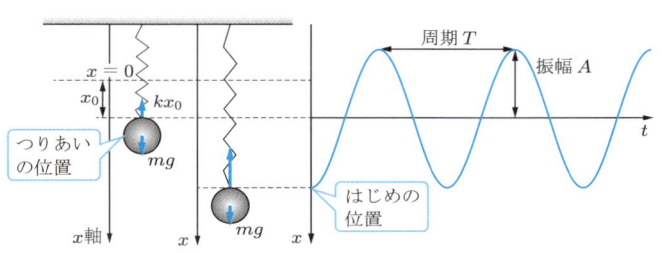

運動5
単振動
(simple harmonic motion)
周期 (period)

図 2.63 単振動の時間変動は，三角関数のグラフになる．振動の中心はつりあいの位置である．ばねを伸ばして初速度ゼロで手をはなすと，初めの位置から振動中心までが振幅 A になる．一往復する時間を周期という．

■ 振り子の等時性

天井から吊るしたひもにおもりを付けて左右に揺らすと，単振動する（単振り子）．振り子の往復する時間について，$g = 9.8\,\mathrm{m/s^2}$ を重力加速度として，次の法則がある．

> **法則　振り子の等時性**
>
> 振り子の周期 $T\,[\mathrm{s}]$ は，ひもの長さ $l\,[\mathrm{m}]$ だけで決まり，
>
> $$T = 2\pi\sqrt{\frac{l}{g}} \tag{2.38}$$
>
> で与えられ，おもりの質量 m に関係しない．

振り子の等時性は，ガリレイが教会の天井で揺れ続けるシャンデリアをみて発見したという逸話がある．

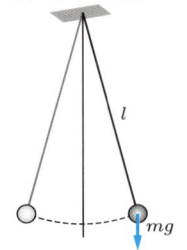

図 2.64 振り子の周期は，ひもの長さだけで決まり，おもりの質量によらない

> **Topic　振り子時計の大きさは決まっている**
>
> 振り子時計をつくるなら，周期 T が 1 秒の振り子をつくるのが都合がよい．式 (2.38) に周期が 1 秒の振り子の長さは $l = 24.85\,\mathrm{cm}$ となる．もう少し大きな時計をつくろうとすると，周期が 2 秒の振り子になり，長さは $l = 99.41\,\mathrm{cm}$ になる．

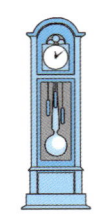

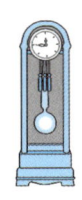

図 2.65 のっぽの古時計　振り子の長さは同じはず．

2.4 重力による運動
リンゴの落下から惑星運動まで

　天体の運動を考えていたニュートンが，リンゴが落ちるのをみて，重力の原因が「万有引力である」と気づいた話は直接本人が語ったとされる話である．リンゴが落ちるのも，地球が太陽のまわりを運動するのも，世の中には「質量があれば互いに引きあう引力（**万有引力**）が生じる」という一つの考え方で説明できてしまう．単純な仮定で，これほど多くの現象を説明できてしまう法則はほかにない．

2.4.1　万有引力の法則

■ 万有引力 力6

力6
万有引力 (universal gravitation) 万有引力定数 G (gravitational constant)

　質量があるすべての物体は，互いに引きあうと考えることにすれば，重力で動く物体の運動が説明できる．生じる引力を**万有引力**とよぶ．

> **法則**　**万有引力の法則**
>
> すべての物体は引力で引きあう．質量 M と m の物体が距離 r だけ離れているとき，万有引力の大きさ F は
> $$F = G\frac{Mm}{r^2} \tag{2.39}$$
> である．G は定数で $G = 6.67 \times 10^{-11}\ \mathrm{Nm^2/kg^2}$ である．

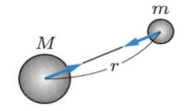

図 2.66　万有引力は常に引力

　なぜ，距離 r の 2 乗に反比例する力になるのかはわからない．しかし，「式 (2.39) の形の万有引力」の存在を認めると，ボールの運動も地球の運動も見事に説明することができる．

■ 地球表面での重力加速度

　リンゴを落下させる重力も万有引力の法則から説明できる．リンゴは地球からの力によって地球に近づき，地球もリンゴの重力によってリンゴに近づく．ただし，地球は桁違いに重いので，実質的に動いているのはリンゴだけとなる．

　地球の半径を R，地球の質量を M とする．地球は大きさをもつが，球だと考えれば，全質量が中心にあると考えてもよい．リンゴの質量を m，生じる加速度を g とすると，リンゴの運動方程式 $F = mg$ の左辺に万有引力の式 (2.39) を代入して

$$G\frac{Mm}{R^2} = mg \quad \text{すなわち} \quad g = \frac{GM}{R^2} \tag{2.40}$$

となる．つまり，地球表面での加速度 g は一定で，g は地球の質量と半径によって決まることがわかる．（実際には，地球が回転することによって遠心力を受けるので，「地球からの引力＋遠心力」が地表での見かけの「重力」になる．しかし，現実には一定の重力加速度 g が生じていると考えて差し支えない．）

遠心力 $\Longrightarrow$ 2.6.2 項

> **Topic　すべてのものは同じ時間で落下する**
>
> 式 (2.40) は，どんな物体でも質量 m によらず同じ加速度で落下することを示している．大きな重い鉄球も小さな軽い鉄球も同じ時間で落下することを，ガリレイがピサの斜塔で確かめたというのは，伝記作家の創作らしい．だが，空気抵抗がなければ羽も鉄球も同じ時間で落下するのは事実だ．真空中でこれを示したのは，気体の法則を発見したボイル (Boyle, R.) だった．

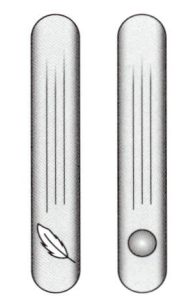

図 2.67　真空中では羽も鉄球も同じ時間で落下する

> **コラム 10　なぜ月は地球に落下してこないのか**
>
> 万有引力を考えると，すべての物体は近づいていくように思える．地球と月も万有引力で引っ張りあっているのにもかかわらず，なぜ月が地球に落下してこないのか．この問題はニュートンも悩ませた．
>
> ニュートンは次の理由を考えた．速いスピードで物体を投げると遠くまで届く．物体を投げる速さをどんどんと大きくしていけば，やがて，地球を一周するほどになるだろう．したがって，例え引力で引きあっていても，必ずしも落下して衝突するとは限らない．
>
> この説明は正しく，実際に地球表面で秒速 7.9 km（時速 28400 km）の速さ（第 1 宇宙速度という $\Longrightarrow$ 2.6.1 項）でモノを投げると，地球表面を周回運動する．月は地球に落下し続けているのである．

図 2.68　速さが大きければ落下しつつも地球を周回する

問 2.19* 地球で体重が 100 kg の人が，月，金星，火星，木星に着陸したとき，体重計はどのような値になるか．表 2.3 を参考に考えよ．（木星はガス惑星なので，実際には着陸できない．）

表 2.3

星	半径	（地球との比）	質量	（地球との比）
月	1740 km	0.273 倍	7.35×10^{22} kg	0.0123 倍
金星	6052 km	0.950 倍	4.87×10^{24} kg	0.815 倍
火星	3390 km	0.532 倍	6.42×10^{23} kg	0.107 倍
木星	69900 km	10.97 倍	1.90×10^{27} kg	318 倍

2.4.2　放物運動

■ 放物運動（斜め方向への投射）　運動6

下向きに一定の重力加速度 g が作用するとき，投げ出された物体の運動は

　　　水平方向：等速運動
　　　鉛直方向：等加速度運動（加速度は下向きに g）

であり，これを合わせると，物体は放物線を描く（運動4参照）．

運動6
放物運動（斜方投射）
(parabolic motion)

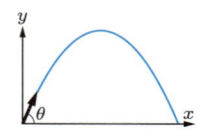

図2.69 放物運動（斜方投射）の基本の図
原点から，初速度 v_0 で投射角 θ で打ち出されたボールの運動を考える．

最も遠くまでボールが飛ぶのは $\theta = 45$ 度のときとわかる．

Advanced　放物運動の最高点と着地点

図2.69のように，水平方向に x 軸，鉛直上向きに y 軸をとり，原点からボールを打ち出すことを考える．初速度を v_0，投射角を θ とすると，ボールの t 秒後の位置 $(x(t), y(t))$ と速度 $(v_x(t), v_y(t))$ は，$(a_x(t), a_y(t))$ を加速度とすると，運動方程式

$$ma_x = 0 \tag{2.41}$$
$$ma_y = -mg \tag{2.42}$$

を解くことで得られる．この結果は，

$$v_x(t) = v_0 \cos\theta \tag{2.43}$$
$$v_y(t) = v_0 \sin\theta - gt \tag{2.44}$$

および，式 (2.26), (2.27) で導いたように，

$$x(t) = v_0 \cos\theta \, t \tag{2.45}$$
$$y(t) = v_0 \sin\theta \, t - \frac{1}{2}gt^2 \tag{2.46}$$

となる．これより，表2.4 のことがわかる．

表2.4

	到達時刻	位置 (x, y)
最高点	$t_{\text{top}} = \dfrac{v_0 \sin\theta}{g}$	$\left(x_{\text{top}} = \dfrac{v_0^2 \sin\theta \cos\theta}{g},\ \dfrac{v_0^2 \sin^2\theta}{2g}\right)$
着地点	$2t_{\text{top}}$	$(2x_{\text{top}}, 0)$

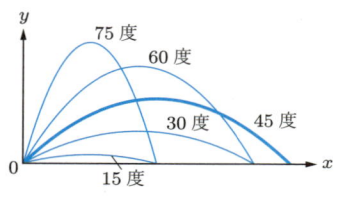

図2.70 初速度を同じにし，投射角を変えたときの放物線軌道　投射角を 15 度，30 度，45 度，60 度，75 度とした．45 度のときが最も遠くまで届く．

2.4 重力による運動―リンゴの落下から惑星運動まで

左ページで扱っている放物運動では，放り投げる物体の大きさを考えていない．実際に大きさのある物体を投げても放物運動にみえないかもしれないが，実は，物体の重心の位置をみていくと，きちんと放物運動になっている．

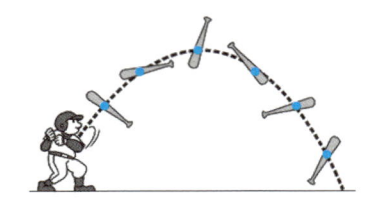

図 2.71 バットを投げる　重心は放物線を描く．

> **Topic　モンキーハンティング問題**
>
> 猟師に狙われた猿が，鉄砲が発射されると同時に驚いて木の枝から手を離して落下した．猿は鉄砲玉から逃げられるかどうか．これが有名な「モンキーハンティング問題」である．
>
> もともと狙いを定めても，鉄砲玉は放物線を描いて飛んでいくので，狙いどおりに猿を撃つのは難しい．しかし，狙った猿が同時に落下を始めたとすると，鉄砲玉の放物線軌道と猿の自由落下する位置は同時刻で交わることがわかる．距離や高さに関係なく，猿に玉は命中するのである（図 2.73）．

図 2.72　モンキーハンティング問題

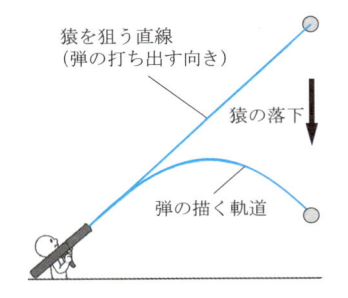

図 2.73　モンキーハンティングのモデル

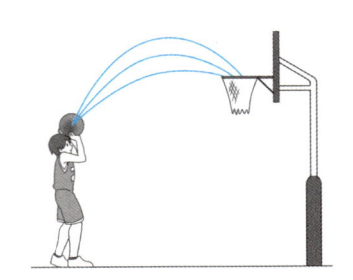

図 2.74　バスケットボールのシュート　ボールがゴールに入りやすい角度というのはあるのだろうか．

問 2.20　棒高跳び選手の理想的な飛び方を解説せよ．
問 2.21　バスケットのシュートで，ボールがゴールに入りやすい角度というのはあるのだろうか（図 2.74）．
問 2.22　打ち上げ花火は球状に広がるはずだが，土星のような形に光る打ち上げ花火はどのようなしくみか．

2.4.3 放物運動（空気抵抗がある場合）

ここまでの話は，空気抵抗がない場合を考えていた．重い物体の落下や，短い距離の放物運動ならば，空気抵抗を考えなくてもある程度正しい結果が得られる．しかし，雨粒のように，軽くて長距離の落下運動を考えるときは，空気抵抗による力のほうが支配的になる．空気抵抗を考えないと，雨滴の速さは恐ろしく速くなり，とても傘などさしていられない（⟹ 問 2.9）．明らかに現実と違う．

空気抵抗は，物体が空気中を進むときに空気分子に衝突することによって生じる力である．物体の速さ v が大きいほど，同じ時間に多くの空気分子と衝突することになるから，空気抵抗の大きさ F は，速さ v に比例すると考えられる．ここでは，

$$F = kv \qquad 空気抵抗力 = 比例定数 \times 速さ \tag{2.47}$$

と考えよう†．

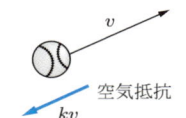

図 2.75 空気抵抗は，動いている方向と逆向きにはたらく

† ボールのように大きい物体に対しては，抵抗力の大きさは速さの2乗に比例する．

運動 7
放物運動（空気抵抗がある場合）

■ **放物運動（空気抵抗がある場合）** 運動 7

空気抵抗の大きさが，式 (2.47) で与えられるとして，放物運動を計算してみた結果を紹介する．

Advanced 空気抵抗を含むときの運動方程式

ボールの位置 (x, y) を決める運動方程式は，ボールの加速度を (a_x, a_y)，速度を (v_x, v_y)，k を比例係数として，

$$ma_x = -kv_x \tag{2.48}$$
$$ma_y = -mg - kv_y \tag{2.49}$$

となる．この2式を解いた例を図 2.76(b) に示す．

（a）空気抵抗がないとき　　（b）空気抵抗があるとき

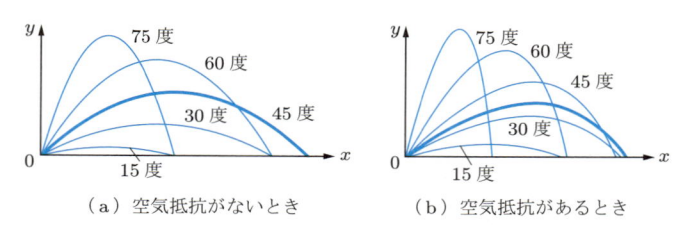

図 2.76 空気抵抗がないときとあるときの斜方投射されたボールの軌跡　原点からの初速度を同じにして，投射角を変えたときの放物線軌道．太線は最も遠くまで飛ぶ場合を示す．(a) は図 2.70 と同じ．(b) はある比例定数 k の場合（k の値によって，最も遠くまで飛ぶ角度は異なる）．

2.4 重力による運動—リンゴの落下から惑星運動まで

空気抵抗がある場合は，到達する高さも飛距離も，短くなることがわかる．ハンドボール投げで，最も遠くへボールを飛ばそうとするときには，空気抵抗がなければ 45 度の方向へ投げるべきだが，実際には 45 度よりも少し下方を狙って投げるのがよさそうだ．最近の野球場は，ドーム型として建設されることが多いが，ドームの形状を決めるときには，このようなボールの軌跡の方程式をきちんと解いている．

> **Topic　終端速度**
>
> 空気抵抗があるときの雨滴の運動も，式 (2.49) を解くことによって得られる．この式から，雨滴の速度は最終的には一定値に近づき，しだいに $|v_y| = mg/k$ になることがわかる．この速度を**終端速度**という．逆に，雨滴の質量 m がわかれば，空気抵抗の係数 k がこの式からわかることになる．

終端速度
(terminal velocity)

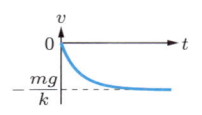

図 2.77　雨滴の速度は，抵抗力によって終端速度に落ち着く

■ 減衰振動　運動 8

足を動かさないとブランコがやがて静止するように，現実の世界では抵抗力が無視できない．抵抗力の原因は空気抵抗や摩擦による熱・音・歪みなどへのエネルギー転換だが，それらは物体の速度に比例する要素が大きい．

単振動している状況に，物体の速度に比例する抵抗力を考えると，**減衰振動**とよばれる運動になる．振動しながら振幅を小さくしていき，やがて静止する．

車のサスペンションやドアダンパーなど，用途によっては振動を抑えるように抵抗力を加えて制御するシステムも多い．

運動 8
減衰振動
(damped oscillation)

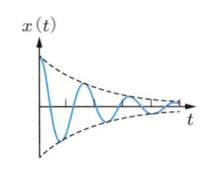

図 2.78　減衰振動

問 2.23　ゴムひもは，伸びたときは縮もうとする復元力を及ぼすが，たるんだときは力ははたらかない．バンジージャンプの運動はどのようなものになっているだろうか．図 2.78 のように，横軸に時間，縦軸に高さのグラフを描いてみよう．〈やや難〉

図 2.79　バンジージャンプ

2.4.4 惑星の運動法則

歴史的には，ニュートンの万有引力の法則は，ケプラーによる惑星の運動法則を説明するために考え出された．ケプラーは 1609 年から 1618 年にかけて，ティコ・ブラーエの精密な観測データから，次の 3 法則を観測事実としてまとめた．

ケプラーの惑星運動の法則
(Kepler's laws)

図 2.80 ケプラー
Johannes Kepler
(1571–1630)

> **法則　ケプラーの惑星の運動についての 3 法則**
>
> 第 1 法則　楕円軌道の法則
> 　惑星は太陽を一つの焦点とする楕円軌道を描く．
> 第 2 法則　面積速度一定の法則
> 　太陽と惑星を結ぶ線分が単位時間に掃く扇形の面積（面積速度）は，惑星それぞれについて一定である．
> 第 3 法則　周期と軌道半径の法則
> 　惑星の公転周期 T の 2 乗と，惑星の描く楕円の長軸半径（長軸の長さの半分）R の 3 乗の比 T^2/R^3 は，惑星によらず一定である．

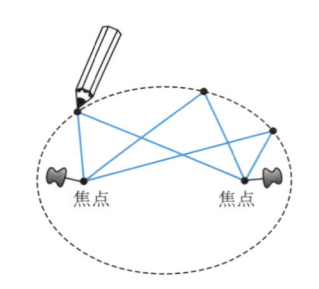

図 2.81　楕円の描き方　二つの焦点からひもをピンと張って一周することで描ける．

楕円とは，円を一方向に押しつぶした形の曲線である．円は「一つの点からの距離が等しい点を結んだ曲線」として定義される（コンパスで描くことを思い出そう）．楕円は「二つの点からの距離の和が等しい点を結んだ曲線」である．二つの点を焦点とよぶ．楕円を描くときは，焦点二つに画びょうを刺し，ひもの両端をそれぞれの画びょうに固定して，ひもをピンと張った状態で鉛筆で一周すればよい．

ケプラーの第 1 法則は，惑星軌道は円ではなく楕円で，太陽が焦点にあることを観測データからみつけたものだ．地球の軌道が楕円であることは，カレンダーをみてもわかる（⟹17 ページ）が，実際の軌道はほとんど円に近い．

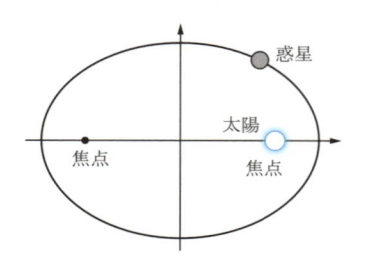

図 2.82　ケプラーの惑星運動の第一法則

2.4 重力による運動—リンゴの落下から惑星運動まで

ケプラー以前には，誰しもが，神が創造した太陽系の惑星は対称性の高い円軌道を描く，と信じて疑わなかったが，その概念をケプラーがデータをもとに打ち砕いたことになる．

ケプラーの第2法則は，惑星の運動速度が場所によって異なる原理を見出したものである．第3法則は，それぞれの惑星の軌道半径と周期の間に共通で成立する原理を発見したものだ．

これら3法則は，いずれも，ニュートンの運動方程式と万有引力の法則から導くことができる．「面積速度一定の法則」は「角運動量保存の法則」と同じである．

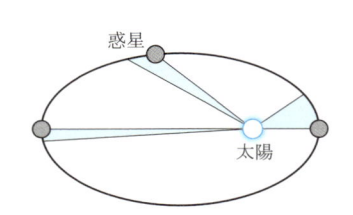

図 2.83 ケプラーの惑星運動の第2法則（面積速度一定の法則）

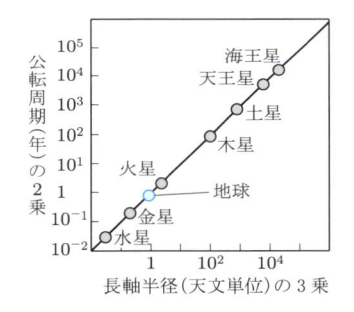

図 2.84 ケプラーの惑星運動の第3法則（周期と軌道半径の法則）

コラム 11　ティコ・ブラーエとヨハネス・ケプラー

デンマークの貴族に生まれたティコ・ブラーエ (Tycho Brahe, 1546–1601) は，13歳のときに部分日食（1560年）をみて，天文学・占星術の道へ進み，精密で膨大な天体観測の記録を残した．幼い頃から夜空の星に慣れ親しんだ彼には，全天の星の位置と明るさが脳裏にインプットされていた．1572年のある日，彼は，カシオペア座にこれまでになかった星があることに気がついた．超新星（SN1572，通称「ティコの新星」）の発見である．まだ，望遠鏡が発明される以前で，肉眼による観測である．

ケプラーは，大学で数学と天文学を教える教員だった．彼はコペルニクスの地動説を支持しており，地動説にもとづいて太陽系の構造を解明しようとしていた．初期にケプラーの抱いた疑問は，惑星の数がなぜ六つなのか（当時は水星から土星までしか発見されていなかった），そして惑星の軌道がどのようにして決まっているのかという二つである．

神が創る太陽系の惑星が6個であるということに意味を見出そうとして，ケプラーが発見したのは，「プラトンの立体」とよばれた正多面体である．対称性が高く美しい形として，球の次に考えら

図 2.85 正多面体

れるのは正多面体である．正多面体には，正4面体（正三角形の面が四つで構成される三角錐），正6面体（立方体），正8面体，正12面体，正20面体の5種類のみが存在する．

惑星が六つなら，惑星間のすき間は5ヶ所である．ケプラーは，6惑星の間に5種類の正多面体をあてはめ，惑星軌道が決まっているのではないかと考えた．つまり，一番外側の土星軌道を含む天球に内接するように正六面体を置き，その内側に内接する天球を考えるとそれは木星の軌道を含む球になる．次に，木星の天球に内接する正四面体を考えるとその内側に接する火星の天球が得られる，という具合である．

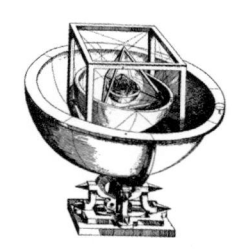

図 2.86 『宇宙の神秘』（1596年）に描かれたケプラーによる初期の多面体太陽系モデル

とても巧妙でおもしろいアイデアだが，これはまったくの偶然である．惑星の数が六つと考えたのは，当時まで発見されていた明るい惑星が六つだったことにすぎない．ケプラーは，しかし，この説を観測データで実証したいと考え，当時，最高精度の天体観測を行っていたティコのもとへ弟子入りをすることにした．1600年のことである．

ティコは，突然訪ねてきたケプラーを快く思わなかった．せっかく積み重ねてきた観測データが，一族のもとから流出してしまうことを危惧したのである．初めにケプラーに渡されたデータは，ティコ自身も扱いに困っていた火星の観測データだった．ほかの惑星は円軌道で説明ができたのだが，火星はわずかにできなかった．厄介なデータだったのである．ところが，これが，歴史的な大発見へとつながることになる．

膨大な計算の結果，ケプラーは，火星の軌道は円ではなく，太陽を焦点の一つとする楕円であることを発見した．実は，データの揃っていた5惑星（水星を除く）の中で，離心率が一番大きい（円軌道から一番ずれている）のは火星だったのだ．

ティコ自身は，ケプラーが訪ねてきた翌年に急逝する．残されたデータを解析したケプラーは，自らが提案するプラトンの立体モデルと，ティコのデータが合致しないことを見出した．ケプラーは悩んだ末，自分のモデルを捨て去ることにした．ケプラーは，その後，惑星の動く速度が，楕円軌道の焦点からの扇形を使って決まっていることを発見し，『新天文学』（1609年）を著して発表する．さらにその10年後には，惑星の公転周期と軌道長半径の関係についても法則を発見した（『世界の調和』（1619年））．

ティコの精密な観測データと，ケプラーの執念ともいえる計算力が人類の歴史上偶然にも出会い，宇宙の謎を解明する材料が揃えられたことになる．

参考：山本義隆「重力と力学的世界 古典としての古典力学」（現代数学社，1981）

2.5 保存則という考え方
世の中には保存する量がある

運動方程式は，時々刻々と物体がどう運動していくかを決める式である．だから，運動方程式があれば，運動は決まる．それに対して，運動の「最初から最後まで，一定の値になる量がある」ことを使って運動を議論する別の方法がある．具体的には，**エネルギー**や**運動量**・**角運動量**という**保存量**があり，これらの**保存則**を使うことによって，どんな運動状態になるのかがおおまかにわかってしまう便利なツールである．

2.5.1 仕事とエネルギー
■ 物理的な「仕事」の定義

力を加えて，物体を移動させたとき，物理用語で「仕事をした」という．

> **定義　仕事・仕事率**
> - 力 F [N] を加えて，その方向に，物体が x [m] 移動したとき，仕事を
> $$W = Fx \tag{2.50}$$
> 仕事 [J] ＝ 移動方向の力 [N] × 移動距離 [m]
> と定義する．仕事の単位は，[J]（ジュール）である．
> - 単位時間あたり（1秒あたり）の仕事を**仕事率**という．単位は [W]（ワット）である．
> $$P = \frac{\Delta W}{\Delta t} \qquad 仕事率 [W] = \frac{仕事 [J]}{時間 [s]} \tag{2.51}$$

仕事 (work)
仕事率 (power)
[単位]
仕事は [J]（ジュール）．
仕事率は [W]（ワット）．

ジュール ⟹ 4.2.2 項
ワット ⟹ 6.2.2 項

1 N の大きさの力で，物体を 1 m 動かしたときの仕事の大きさが，1 J である†．毎秒 1 J の仕事をするとき，仕事率は 1 W になる．

† 物理的には，どんなに力を加えても（何時間も力を加え続けても），物体が動かなければ「仕事をしなかった（$W = 0$）」ということになる．

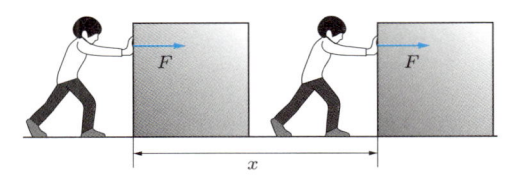

図 2.87　力の向きに移動する場合の仕事は $W = Fx$

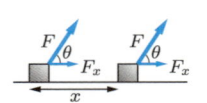

図 2.88 力の向きと異なる方向へ移動するときの仕事は $W = F_x x$

力の方向と動いた方向が違うときには，動いた方向の力の成分 F_x を考えて，$W = F_x x$ を仕事とする．図 2.88 にあるように，力の向きと移動する方向のなす角を θ とすれば，$F_x = F\cos\theta$ なので，

$$W = Fx\cos\theta \tag{2.52}$$

となる．この式より，θ が 90 度のときは，仕事ゼロである．つまり，「運動方向と直交する方向に力を加えても仕事はゼロ（運動方向を変えるだけ）」ということになる．

■ 仕事で楽することはできない

なだらかな斜面の坂道をつくって重い荷物をトラックの荷台に持ち上げたり，動滑車を使って，小さな力で荷物を持ち上げたりすることがある．斜面がなだらかになれば，その分荷物を押して進む距離は増えるし，動滑車を使えば小さな力で済む分長いロープを引っ張らなければならない．同じ結果を得るための仕事 W の大きさを計算すると，結局同じになる[†]．これを**仕事の原理**という．

† 実際には，摩擦などの影響で，斜面や滑車を使うほうが多くの仕事を要することになる．

仕事の原理 (principle of work)

■ エネルギー＝仕事をする能力

高い位置にある水は，流れて水車をまわすことができる．飛んでいるボールは，ぶつかって窓ガラスを飛び散らすことができる．このように，高い位置にあったり，運動していれば，「仕事をする能力」がある．このことを**エネルギーをもつ**という．

重力にさからって物体を持ち上げたとき，「重力 × 高さ」の仕事をする．そのため，高いところにある物体は，この大きさのエネルギーをもつ．

位置エネルギー (potential energy)

単位
エネルギーは [J]（ジュール）．仕事と同じ．

> **公式　重力による位置エネルギー**
>
> 質量 m [kg] の物体が，高さ h [m] にあるとき，
>
> $$E_P = mgh \tag{2.53}$$
>
> の量を**重力による位置エネルギー**という．g は重力加速度である．エネルギーの単位は，[J]（ジュール）である．

2.5 保存則という考え方—世の中には保存する量がある

ここでの高さの基準は自由である．山の上にいる人にとって，その場所にある岩は位置エネルギーはゼロだが，岩が落ちていく下方の人にとっては，高さの差の分，位置エネルギーが存在する．

> **定義　運動エネルギー**
>
> 質量 $m\,[\mathrm{kg}]$ の物体が，速度 $v\,[\mathrm{m/s}]$ で動いているとき，
> $$E_K = \frac{1}{2}mv^2 \qquad (2.54)$$
> の量を**運動エネルギー**という．

運動エネルギー
(kinetic energy)

係数に $1/2$ がつく理由を示しておこう．速さ v で運動している質量 m の物体が，力 F で物体を押し続けて x だけ動いて静止したとする．このときの加速度を a とすると，式 (2.16) より，

$$0^2 - v^2 = 2ax = 2\left(-\frac{F}{m}\right)x$$

となる．この式から，このときの仕事の大きさ Fx は，$Fx = \frac{1}{2}mv^2$ と得られる．

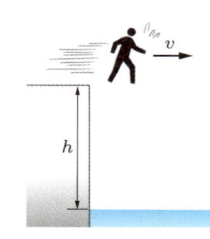

図 2.89　2 種類のエネルギー　高いところにあるもの，運動しているものは仕事する能力がある．つまり，エネルギーをもつ．

● 全エネルギーは保存する

> **法則　力学的エネルギー保存則**
>
> 重力だけがはたらくとき，位置エネルギーと運動エネルギーの和は一定値で保存する．すなわち，
> $$E_P \quad + \quad E_K \quad = (一定)$$
> $$(位置エネルギー) + (運動エネルギー) = (一定) \qquad (2.55)$$
> となる．これを**力学的エネルギー保存則**という．

力学的エネルギー保存則
(energy conservation)

エネルギーの考え方は，後述するように，熱エネルギーや原子核の静止エネルギー，電気エネルギーなど，あらゆる物理的な対象に対して定義されていき，いずれも「総和が一定」という保存則の範囲内で，互いに交換可能な量となる．

熱エネルギーを含めた保存則は熱力学の第一法則 $\Longrightarrow$ 116 ページ

力学的エネルギー保存則を具体的な式で書いてみよう．ある点を基準として，点 A（高さ h_1）と点 B（高さ h_2）があり，質量 m の物体が，重力を受けて移動したとき，点 A での速さを v_1，点 B での速さを v_2 とすれば，次式のようになる．

$$mgh_1 + \frac{1}{2}mv_1^2 = mgh_2 + \frac{1}{2}mv_2^2 \tag{2.56}$$

点 A での全エネルギー ＝ 点 B での全エネルギー

上記の説明では「重力だけがはたらくとき」という条件を付けた．摩擦力がはたらいたり，熱が発生したりすれば，その分だけ仕事をすることになるので，力学的エネルギーの和は「保存しない」．しかし，「ほかに仕事をして失った」ことまで含めれば，エネルギーの総和（収支計算）は「保存する」．

■ ジェットコースターの速さは高さで決まる

ジェットコースターには動力がない．一番初めに滑車でコースの最上段まで持ち上げられ，後は重力に従ってレールの上をすべるだけである．これは，力学的エネルギー保存則 (2.56) のわかりやすい例である．

最初に与えられた位置エネルギーは，レールを走ることによって摩擦が生じたり，空気抵抗を受けたり，熱や音・変形などによって徐々に失われていくので，ジェットコースターは再び最初の高さまで自力で昇ることはない．

$$mgh_0 + 0 = mgh_1 + \frac{1}{2}mv_1^2 = mgh_2 + \frac{1}{2}mv_2^2 = 0 + \frac{1}{2}mv_3^2$$

位置エネルギー ＋ 運動エネルギー ＝ 一定

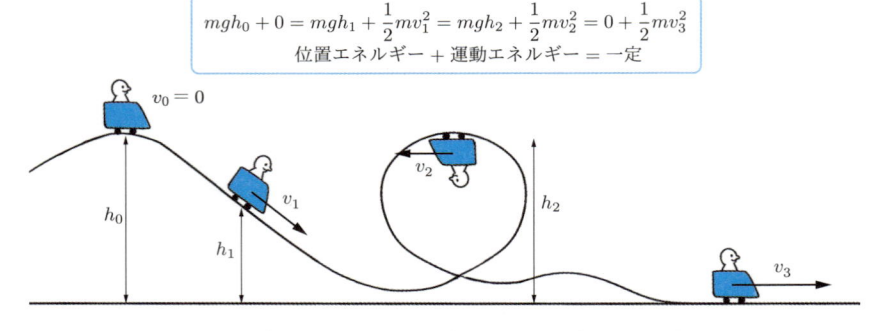

図 2.90　ジェットコースターの速さは，最初の高さだけで決まる

コラム12　ジェットコースターはどこに座るのが一番怖い？

　以前著者は，アルバイトで物理教材を作成していたとき，「ジェットコースターはどこに座るのが一番怖いのか」という問題を考えたことがある．ループ式に一回転するようなジェットコースターの場合，一番上にいるときがその周辺にいるときよりも速度が遅い．これがぎりぎり通過するような速さだとすると，何台もつながっているコースターの位置によって力の受け方が変わってくるはずだ．そういう問題だったのだが，問題構想を一言聞いた担当社員には「ジェットコースターは一番前が一番怖いでしょ」と言い返されてしまった．視覚的恐怖は別にして，力学的に本当にそうなのだろうか．

　たとえば，らくだの背のような山を越える部分を考えよう．コースターが一番減速するのは，コースターの重心（中央）が最高点にきたときである．だから，先頭車両の人は自分が山を乗り越えてスピードが増すはずなのにまだ宙ぶらりん．後尾車両の人は自分がまだ山を乗り越えていないのに加速しながら山を越えることになる．後尾車両の人は上向きの遠心力が多く加わるので，飛び出しそうな恐怖感を感じるはずだ．前と後では別の怖さがある．

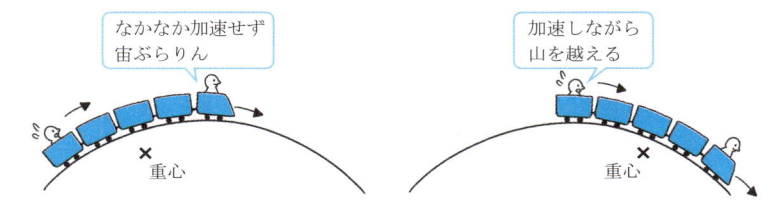

図2.91　らくだの背を通過する複数車両のコースター

　ところで，ホースに勢いよく水を流すと大きくうねる．これは，流体の動きが不安定なホースのうねりを増幅させる効果である．同様の現象がジェットコースターでも生じるようだ．

　閑散期の遊園地では，ジェットコースターを最前列から乗車させるが，これは後尾車両の方が揺れが激しいからだという．乗る人が少ないと，それだけコースターは不安定で揺れやすい．一度生じた横揺れは，連結されているコースターで増幅されていき，後尾車両のほうがよく揺れる．実際，後尾車両のほうが，車両の痛みが激しいそうだ．満員のときよりガラガラのほうが安定性が悪く，それだけ怖さも増すと考えられる．

参考：八木一正『遊園地のメカニズム図鑑』（日本実業出版社，1996）

2.5.2 運動量

■ 運動量と力積

運動の勢い（激しさ）を表す量として考え出されたのが，**運動量**である．運動量の変化を表すのが**力積**である．

運動量 (momentum)
　＝ 質量 × 速度
運動量は，速度と同じ向きをもつベクトル量である．

力積 (impulse)
　＝ 力 × 時間
力積は，力と同じ向きをもつベクトル量である．

定義　運動量・力積

- 質量 m [kg] の物体が，速度 $\boldsymbol{v}$ [m/s] で動いているとき，運動量を次のように定義する．

$$\boldsymbol{p} = m\boldsymbol{v} \tag{2.57}$$

運動量 [kg m/s] ＝ 質量 [kg] × 速度 [m/s]

- 物体に一定の力 $\boldsymbol{F}$ [N] を時間 Δt [s] だけ作用させたとき，力積を次のように定義する．

$$\boldsymbol{I} = \boldsymbol{F}\Delta t \tag{2.58}$$

力積 [Ns] ＝ 力 [N] × 時間 [s]

■ 運動量の変化＝力積

運動量の変化分は，力積 $\boldsymbol{F}\Delta t$ に相当する．図 2.92 のように，ボールの運動量変化が，$m\boldsymbol{v}_2 - m\boldsymbol{v}_1$ のとき，バットはボールに $\boldsymbol{F}\Delta t$ の力積を与えたことになる．

$$m\boldsymbol{v}_2 - m\boldsymbol{v}_1 = \boldsymbol{F}\Delta t \tag{2.59}$$

ボールの運動量変化 ＝ ボールの受けた力積

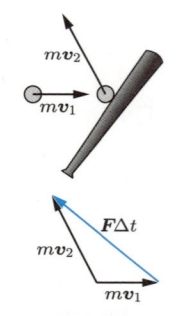

図 2.92 ボールを打ち返したバット　ボールの運動量変化に相当する力積を与えたことになる．

Advanced 運動量変化＝力積（式 (2.59)）の導出

力の定義は，$\boldsymbol{F} = m\dfrac{d\boldsymbol{v}}{dt}$ であったから，$\boldsymbol{F} = \dfrac{d\boldsymbol{p}}{dt}$ と書ける．この式の両辺を時間積分すると，

$$\int \boldsymbol{F}dt = \int \frac{d\boldsymbol{p}}{dt}dt = \int d\boldsymbol{p} \tag{2.60}$$

となる．左辺は力積の総和，右辺は運動量変化となっている．

2.5 保存則という考え方—世の中には保存する量がある

■ 運動量保存則

> **法則　運動量保存則**
>
> 二つの物体が互いに力を及ぼしあうとき（すなわち，衝突，合体，分裂，貫通するようなとき），その前後で，2物体の運動量の和は保存する．
>
> $$m_A \bm{v}_A + m_B \bm{v}_B = m_A \bm{v}'_A + m_B \bm{v}'_B \tag{2.61}$$

運動量保存則 (momentum conservation) 衝突，合体，分裂，貫通のように，2物体が互いに力を及ぼしあうときに成立する．

図 2.93 体重の違う氷の上の二人が互いに力を入れて押すと？

すなわち，運動量の和は保存する量である．初めに運動量の和がゼロであれば，ゼロで保存する．

Advanced　運動量保存則（式 (2.61)）の導出

二つの物体 A と B が互いに力を及ぼしあうとき，作用・反作用の法則により，A から B にはたらく力 $\bm{F}_{A \to B}$ と，B から A にはたらく力 $\bm{F}_{B \to A}$ は，互いに逆向きで大きさが等しい．すなわち

$$\bm{F}_{A \to B} = -\bm{F}_{B \to A}$$

である．いま，質量が m_A, m_B の二つの物体 A, B があり，それぞれが力を及ぼしあって速度が変化した（A は $\bm{v}_A$ から $\bm{v}'_A$ へ，B は $\bm{v}_B$ から $\bm{v}'_B$ へ変化した）とする．A の運動量変化 $m_A(\bm{v}'_A - \bm{v}_A)$ と，B の運動量変化 $m_B(\bm{v}'_B - \bm{v}_B)$ は，上式にあてはめると，

$$m_B(\bm{v}'_B - \bm{v}_B) = -m_A(\bm{v}'_A - \bm{v}_A) \tag{2.62}$$

$\bm{F}_{A \to B}$ による B の運動量変化 $= -\bm{F}_{B \to A}$ による A の運動量変化

となり，これを整理すると式 (2.61) になる．

> **Topic　ニュートンのゆりかご**
>
> 「ニュートンのゆりかご」とよばれる実験装置がある．2個のボールをぶつけると反対側から2個のボールが飛び出し，3個のボールをぶつけると反対側から3個のボールが飛び出す．運動量保存則である．

図 2.94 ニュートンのゆりかご

■反発係数

反発係数 (coefficient of restitution)

床に物体を投げつけたとき，ボールならはね返るが，粘土ははね返らない．このような度合いを表す量に**反発係数（はね返り係数）**eがある．一方が床や壁であれば，反発係数eは

相対速度 $\Longrightarrow$ 式 (2.6)

$$e = -\frac{衝突直後の速度}{衝突直前の速度} \tag{2.63}$$

となる．$0 \leq e \leq 1$ である．

弾性衝突 (elastic collision)
非弾性衝突 (inelastic collision)

- $e = 1$ のときを**弾性衝突**という．このとき衝突の前後でエネルギーは保存している．
- $0 \leq e < 1$ のときを**非弾性衝突**という．とくに，$e = 0$ のときは反発しない．これを**完全非弾性衝突**という．

実験 5　ガウスガン

パチンコ玉を三つならべて，左から一つぶつけると，右から一つだけほぼ同じ速さで飛び出す．ところが，初めに置く三つの玉の左側に磁石をつけておき，同じように左から一つぶつけると，かなり大きな速さで飛び出す．衝突直前に磁力でパチンコ玉が加速し，その運動量が右から飛び出すパチンコ玉に影響するからだ．ガウスガンという遊具になっている．

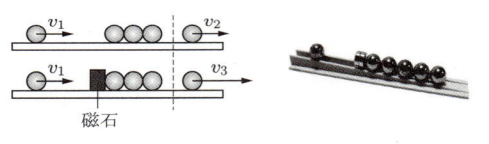

図 2.95　ガウスガン

問 2.24　宇宙ステーションで二人の宇宙飛行士がけんかを始めた．双方が相手の頬をひっぱたいた．どうなったか．

問 2.25　キャッチボールやバスケットのパスでボールを受け取るとき，少し手を手前に引くほうがよい．この理由は何か．

問 2.26　プールの飛び込み台では，足を曲げてからジャンプする．その効果を物理的に説明せよ．

問 2.27　コップをテーブルから落としたとき，絨毯だと割れなかったコップが，石タイルだと割れた．なぜか．

問 2.28　等間隔の段差がずっと続く階段がある．ボールの反発係数と初速度，初めの高さを調整すれば，ボールは階段をずっと同じ運動を繰り返しながら階段を下りていくことが可能である．ところが，反発係数が 1 のボールだと無理だ．理由を考えてみよう．

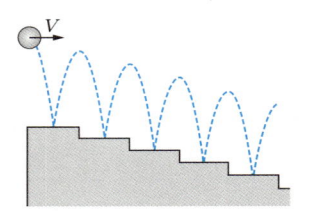

図 2.96　等間隔にずっと続く階段

2.6 回転する運動
遠心力は見かけの力

力学の章の最後として，回転する運動をみてみよう．遠心力という言葉は日常よく耳にするが，遠心力を考えなければならない場合と不要な場合があるので「見かけの力」とよばれている．

2.6.1 円運動

■ 円運動 運動 9

ひもにおもりを付けて，ぐるぐる回す．もしひもが切れれば，おもりは接線方向へ飛び出していくだろう．**円運動**の特徴は，「いつも中心方向に向いた力がはたらいている」ことである．この力を**向心力**という．ひもの例でいえば，張力が向心力になっている．太陽のまわりを惑星は周回運動しているが（正確には楕円運動だが），これは万有引力が向心力になっている．

運動 9
円運動
(circular motion)

図 2.97 円運動は加速度運動

> **公式 円運動と向心力**
>
> 円運動をしている物体には，円の中心方向に**向心力**がはたらいていることになる．物体の質量を m，回転速度を v，回転半径を r とする．
>
> - 円運動するための中心方向の加速度を**向心加速度**という．大きさは幾何学的に，$\dfrac{v^2}{r}$ となる．
>
> - したがって，向心力の大きさは，$F = m\dfrac{v^2}{r}$ となる．
>
> - 円運動しているときは，物体にはたらく力の総和が向心力になっていて，運動方程式は次式になる．
>
> $$m\frac{v^2}{r} = 中心方向の力の和 \tag{2.64}$$

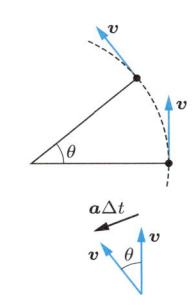

図 2.98 速度が変化すれば加速度あり 円運動の加速度は常に中心向き．

円運動を一周するのに要する時間を**周期**といい，T [s] で表す．円周は $2\pi r$ だから，一定の速さ v で動く場合の周期は

$$T = \frac{2\pi r}{v} \tag{2.65}$$

となる．

第1宇宙速度（周回最低速度）
⟹ 問 2.1, 2.2
第2宇宙速度（脱出速度）(escape velocity)

> **Topic　地球半径をぎりぎり円運動**
>
> 地球表面の重力 mg が向心力となって，地球半径 R をぎりぎり円運動しているロケットを考えよう．円運動の式は，
>
> $$m\frac{v^2}{R} = mg$$
>
> となるので，$v = \sqrt{gR} = 7.90\,\mathrm{km/s} = 28400\,\mathrm{km/h}$ となる．この値を**第1宇宙速度**ともいう．この値での1周に要する時間は，約 85 分になる．この速さ以上でボールを投げれば，地面に落ちずに地球を一周することになる（速度が大きければ楕円運動をする）．
>
> ちなみに，地球の重力圏を脱出するのに必要な初速度は**第2宇宙速度（脱出速度）** とよばれ，$v_2 = \sqrt{2gR}$ の値になる．地球の場合は，$v_2 = 11.2\,\mathrm{km/s}$ である．
>
> 地球を周回するために必要な速度　$v_1 > 7.9\,\mathrm{km/s}$
>
> 地球の重力圏を脱出するために必要な速度　$v_2 > 11.2\,\mathrm{km/s}$
>
> 図 2.99　第1宇宙速度，第2宇宙速度

■ 静止衛星

静止衛星
(geosynchronous satellite)

気象衛星や衛星放送の送受信のためには，日本の上空にいつも滞在している人工衛星があることが望ましい．地球と同じ自転速度で，1日に1回まわる人工衛星のことを，**静止衛星**という．だから，静止衛星は静止しているわけではない．

何年も人工衛星を運用するためには，燃料を使わずに地球の重力だけで回転運動を続けることが望ましい．そのような軌道は，赤道上空 36000 km に限られる（導出は次ページの Advanced 欄参照）．

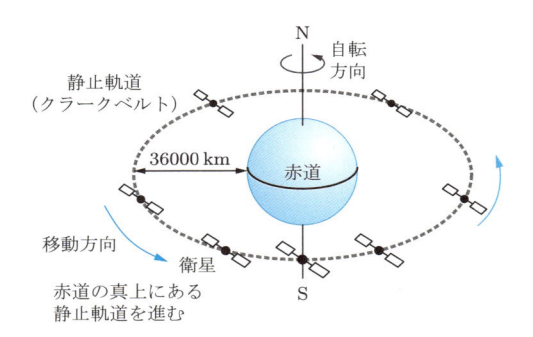

図 2.100 静止衛星 静止衛星は，1 日 1 回地球を回る衛星である．図は縮尺が違っていて，衛星の軌道半径は地球半径の約 6.6 倍になる．

> **Topic　静止衛星軌道は赤道上空だけ**
>
> 地球からの万有引力は常に地球の中心方向にはたらくため，人工衛星の軌道は地球中心を含んだ大円になる．赤道上空以外では，必ず緯度が変化することになり，上空に静止させておくことができない．
>
> BS/CS デジタル放送のアンテナは赤道上空の東経 110 度方向（春分の日の午後 2 時の太陽の方向）に向ける．CS 放送は東経 124 度あるいは 128 度方向（春分の日の午後 1 時の太陽の方向）に向ける．どちらも衛星のある方向である．

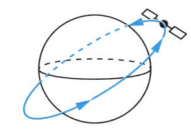

図 2.101 赤道上空以外では衛星は「静止」できない

Advanced　静止衛星の高度

万有引力で円運動を行っていることから，静止衛星の軌道半径を r，速さを v，質量を m とすると，運動方程式（円運動の式）は

$$G\frac{Mm}{r^2} = m\frac{v^2}{r} \quad \text{ゆえに} \quad v^2 = G\frac{M}{r}$$

となる．また，周期を T とすると，$v = 2\pi r/T$ となるので上式に代入して

$$\left(\frac{2\pi r}{T}\right)^2 = G\frac{M}{r} \quad \text{これより} \quad r = \sqrt[3]{\frac{GMT^2}{4\pi^2}}$$

がわかる．周期 $T = 24 \times 60 \times 60 = 86400\,\text{s}$ および G, M の値を代入すると $r = \sqrt[3]{76.1 \cdot 10^{21}} = 4.24 \times 10^7\,\text{m}$ となる．これは地球の半径の約 6.6 倍になる．したがって，地表からの高さは，地球半径の約 5.6 倍，高度 3.60×10^4 km になる．

地球質量
$M = 6.0 \times 10^{24}$ kg
地球の半径
$R = 6.4 \times 10^6$ m
万有引力定数
$G = 6.7 \times 10^{-11}$
Nm^2/kg^2

地球からの万有引力は地球の中心に質量が集中していると考えてよい．

問 2.29* 国際宇宙ステーション (ISS) は地表から高度約 400 km を飛んでいる．速さと周期を求めよ．

問 2.30* 静止衛星の速さを求めよ．

2.6.2　見かけの力：遠心力

■ 遠心力 力7

バケツに水を入れて素早く回転させてもこぼれない．また，車がカーブを曲がると外側に力を受ける．これらは「**遠心力がはたらくから**」として理解される．しかし，遠心力は，いつでも（誰からみても）存在する力ではないので，少し取り扱いに注意が必要な力だ．遠心力は，次のように定義される．

力7
遠心力
(centrifugal force)

向心力
(centripetal force)

> **法則　遠心力**
>
> 回転運動している人の立場で考えると，回転の外向きに**遠心力**を受けるように感じる．その大きさ F は，物体の質量を m，回転の速さを v，回転半径を r とすると，$F = m\dfrac{v^2}{r}$ となる．

遠心力がはたらくかどうかは，観測する人の運動状態による．止まっている人からみれば，$F = m\dfrac{v^2}{r}$ の力を受けて回転運動していることになる．

■ 例1　水の入ったバケツを回転運動させる

水の入ったバケツを勢いよく回せば，水がバケツから流れ落ちることはない．水の質量を m，回転の速さを v，回転半径を r として，バケツの中の水の運動を二つの立場で表してみよう．

- **静止して観察する人の立場**では，水はバケツとともに円運動をしている．向心加速度 v^2/r が生じている原因は，人がバケツを回す手の力 F_1 である．そのため，次式のように運動方程式が立つ．

$$m\frac{v^2}{r} = F_1 \quad (2.66)$$

- **バケツ内の水の立場**では，水はバケツ内に静止している．バケツは中心方向に向心力 F_1 で引っ張られているが，水はその中で静止しているので逆向きに力 $\left(\text{遠心力 } m\dfrac{v^2}{r}\right)$ がはたらいてつりあっていると考える．だから，運動方程式は（つりあいの式であり）次式のようになる．

図 2.102　バケツを回す
遠心力

$$m \cdot 0 = F_1 - m\frac{v^2}{r} \tag{2.67}$$

どちらも，数式上は $F_1 = m\dfrac{v^2}{r}$ となることは同じだが，考え方がまったく違う．

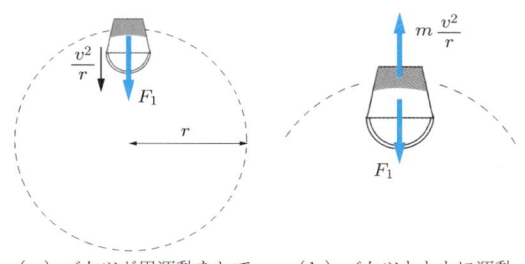

図 2.103 立場によって考える力は変わる．（a）力 F_1 がはたらいて向心加速度 v^2/r が生じていると考える．（b）力 F_1 と遠心力がはたらいてつりあっていると考える．

（a）バケツが円運動をしているとみる立場
（b）バケツとともに運動している立場

■ 例2　カーブする車

速さ v の車が半径 r のカーブを走る．乗っている人の質量を m としよう．

- **静止して車を眺める人の立場**では，車は円運動をしていると考える．タイヤが接している地面から受ける力 F_2 が円運動を引き起こす向心力なので，運動方程式は次式のようになる．

$$m\frac{v^2}{r} = F_2 \tag{2.68}$$

- **車内の人の立場**では，人は車内に静止している．車は中心方向に向心力 F_2 で力を受けるが，人は外向きに遠心力 $m\dfrac{v^2}{r}$ がはたらいて，つりあっていると考える．だから，つりあいの式を立てて，次式のようになる．

$$m \cdot 0 = F_2 - m\frac{v^2}{r} \tag{2.69}$$

どちらも等価な式だが，考え方がまったく違う．

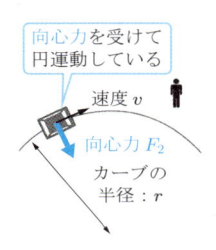

図 2.104 外からみる人（静止系）の考え

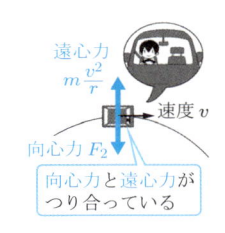

図 2.105 車内の人（加速度系）の考え

> **実験 6　遠心力を使う道具を探そう**
> 洗濯機の脱水モードや野菜の水切り器具は回転によって水分を外側に飛ばすしくみだ．洗濯物や野菜の身になってみると遠心力がはたらいていることになる．公園や遊園地の遊具，スポーツ用品など，遠心力を使っている身のまわりにみられる道具を探してみよう．

図 2.107　最近は鉄道模型でもカーブには傾きがついている

Topic　線路のカーブは斜めに敷設される

列車や自動車がカーブを曲がるときには車両や乗客は外向きに遠心力を受けるので，バランスが崩れやすい．鉄道線路では，カーブでは外側がやや上になるように傾きがつけられてレールが敷設され，カーブを走行する列車の重力と遠心力の合力がレールを押す方向になっている．

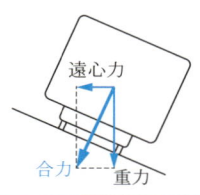

図 2.106　重力と遠心力の合力がレールを押す方向になれば，列車は安定する

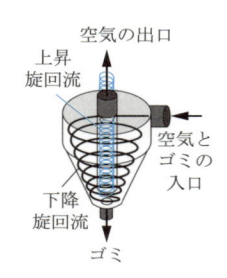

図 2.108　サイクロン式掃除機は，遠心力でゴミを分離する

Topic　サイクロン式掃除機

掃除機は吸い取ったゴミを紙パックフィルタで留めてためていく．ゴミが集まれば集まるほど風の通り道は目詰まりを起こし，吸引力が減っていくのが問題だった．ダイソン社が開発したサイクロン型掃除機は，掃除機内で風を回転させ，遠心力を使ってゴミを外側に飛ばして壁にぶつけ，ゴミだけを落下させることで紙パックを不要にする．細かなゴミが除去できない欠点があるものの，多くのメーカーが，このタイプの掃除機を開発することになった．

■ 慣性力

慣性力 (inertial force)

遠心力は観測者の立場によってあったりなかったりする．一般に次のことがいえる．

> **法則　慣性力**
>
> 加速度 a で動いている人の立場で運動を考えるときには，物体（質量 m）の運動には，その加速度と逆向きに大きさ $-ma$ の慣性力を加えて考えないとつじつまが合わない．遠心力は慣性力の一つである．

地球のデータ
赤道半径 = 6378 km
極半径　 = 6357 km
質量 M = 5.972 × 10^{24} kg

■ 地球の遠心力

地球は自転しているから，地球上にいる私たちは遠心力を受けている．私たちが重力と感じている力は，重力と遠心力の合力である（図 2.109）．物が落下する方向を鉛直方向というが，赤

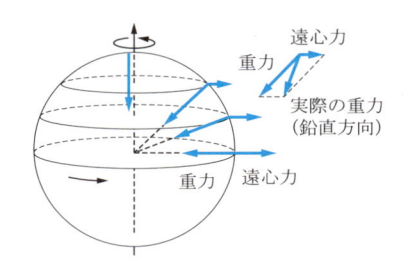

2.6 回転する運動—遠心力は見かけの力　81

図 2.109　地球上の重力は，万有引力と遠心力の合力．遠心力の大きさは誇張して描いてある．

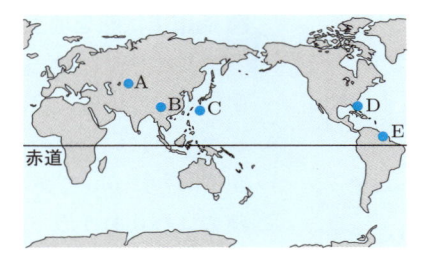

図 2.110　世界のおもなロケット発射場†

道や極以外では，地球の中心方向からは若干ずれている．地球の半径は赤道方向と極方向でわずかに違う（半径にして 20 km ほど横に長い楕円体である）ので，万有引力の大きさも異なる．だが，それ以上に遠心力の大きさの違いがかなりあるので，北極点と赤道上で体重計にのったときの数値はどれだけ違うかを計算してみよう（⟹ 問 2.31）．

† 図 2.110 の発射場
A：ロシア国防省宇宙軍バイコヌール宇宙基地カザフスタン（旧ソ連）
B：中国国防科学技術工業委員会西昌（シーチャン）宇宙センター（中国）
C：宇宙航空研究開発機構（JAXA）種子島宇宙センター鹿児島
D：アメリカ航空宇宙局（NASA）ジョン・F・ケネディ宇宙センターフロリダ（アメリカ）
E：欧州宇宙機関（ESA）ギアナ宇宙センタークールー（フランス領ギアナ）

> **Topic　ロケット発射場はなるべく赤道近くに**
>
> ロケット発射場の位置は，なるべく赤道上に近いほうがよい．遠心力を使えば，少しでも打ち上げに必要な燃料を節約できるからだ．また，地球の自転する効果を使うため，ロケットは，東に向かって打ち上げられる．打ち上げが失敗になる場合を考えると東側に海があるのが好ましい．打ち上げ施設の場所は，このような理由で決まってくる．図 2.110 に示したように，各国のロケット打ち上げ施設はいずれも赤道に近く，多くは東側が海である．

● 無重量状態

　地球のまわりを周回する宇宙ステーションでは，宇宙飛行士が無重量状態になって浮かんでいるが，これも慣性力として説明できる．宇宙飛行士たちは，地球からみれば円運動をしているのだが，宇宙ステーション内では静止している．宇宙ステーション内部にいると，地球からの引力と円運動していることによる遠心力がつりあい，浮かぶのだ．ちなみに，重力ははたらいているので，1.6.2 項で述べたように，「無重量状態」という表現は正しくない．

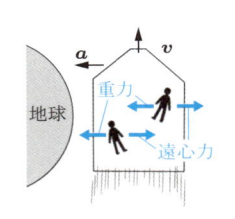

図 2.111　宇宙ステーション　宇宙ステーションは地球を周回運動しているが，宇宙飛行士は遠心力を感じて無重量空間になる．

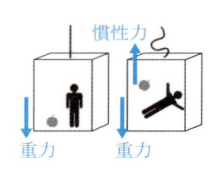

図2.112 エレベータが自由落下すれば，その間，中の人は無重量状態になる

■無重量状態を地上でつくり出すことは可能か

エレベータのロープが切れて，自由落下を始めたとしよう．中に乗っている人は，重力加速度 g で，加速度運動しているエレベータにいるので，慣性力を上向きに受ける．重力の大きさが下向きに mg であるとすれば，慣性力は上向きに mg である．両者はつりあうので，合力はゼロになる．つまり，落下するまでの一瞬，無重量状態になる．

Topic　無重量状態体験ツアー

ロープが切れたエレベータで無重量状態が体験できるといっても，一瞬で一巻の終わりになってしまう．しかし，上空まで飛行機で昇り，エンジンを止めて自由落下をすれば，無重量状態を数分間続けることができる．地上に落下する前にエンジンを再噴射すれば死ぬことはない．宇宙飛行士の無重量状態の訓練は，このような形でも行われている．一般の人も，特別な訓練をしなくてもこのような無重量状態を味わえるツアーが登場している．

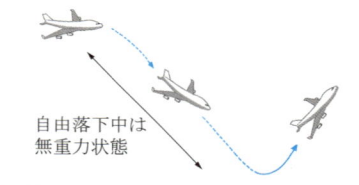

図2.113 同じ原理で，自由落下する航空機内で無重量訓練ができる

問 2.31* 遠心力の大きさを考えると，北極点と赤道上で体重計に乗ると，違いは何%生じるだろうか．北極点での万有引力の大きさ F_1 は，$F_1 = G\dfrac{Mm}{R^2}$ である．ここで $G = 6.67 \times 10^{-11}$ $\mathrm{Nm^2/kg^2}$ は万有引力定数，地球の質量 $M = 6.0 \times 10^{24}$ kg，半径 $R = 6380$ km，m は仮定する物体の質量 [kg] である．

問 2.32 潮の満ち引きは，月が原因である．地球が自転することで，月に近い側の海面は月の引力によって上昇する．しかし，潮の干満が1日に2回あるのはなぜだろうか（図2.114）．

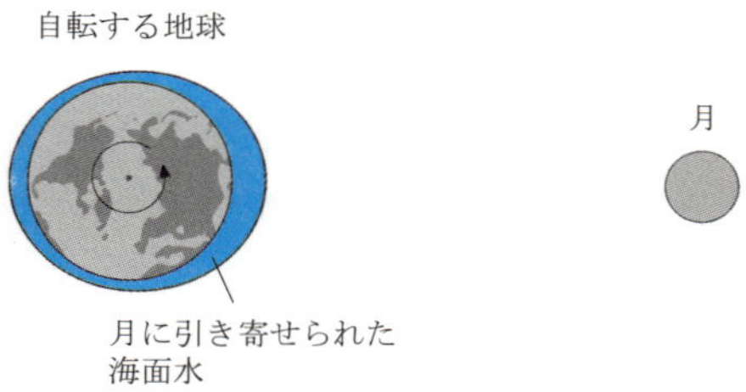

図2.114 潮の満ち引きは月の引力による
月の反対側も満ちるのはなぜだろうか．

2.6.3 角運動量保存則

■ トルクと角運動量

回転軸からの「力のモーメント」のことを，**トルク**という．また，回転運動する物体の運動量に回転半径を乗じたものを**角運動量**という．

トルク (torque)

力のモーメント
$\Longrightarrow$ 2.2.6 項

角運動量
(angular momentum)

> **定義　トルクと角運動量**
>
> 回転運動させようとする力を**トルク**，回転運動の運動量を**角運動量**という．
>
> $\boldsymbol{\tau} = \boldsymbol{r} \times \boldsymbol{F}$　　　トルク = 回転半径 × 力　　(2.70)
>
> $\boldsymbol{L} = \boldsymbol{r} \times m\boldsymbol{v}$　　角運動量 = 回転半径 × 運動量　(2.71)

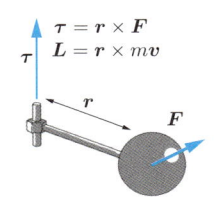

図 2.115　トルクと角運動量

式 (2.70), (2.71) の × 記号は，ベクトルの外積を表す．

トルクも角運動量も，ベクトル量（大きさと向きをもった矢印）として定義される（向きは回転軸の方向で，物体が反時計回りに回転するようにみえる方向を向く．回転する方向に右ねじを回したとき，右ねじが進む方向といってもよい）．

■ 角運動量保存則

角運動量は保存量の一つである．次の保存則が成り立つ．

角運動量保存則
(conservation law of angular momentum)

> **法則　角運動量保存則**
>
> 回転させるために，初めに角運動量を与えると，その角運動量は保存する（回転運動している物体は，角運動量を保存するように運動する）．

つまり，すべての物体は，回転軸からの距離 r と回転方向の速度 (mv) の積が一定となるように回転運動をする．初めに回転がなければ，その後も全体として回転はしない．

回転運動
$\Longrightarrow$ コラム 13「猫の落下問題」

実験 7　回転する椅子で足をつけずに回転する

角運動量保存則は，初めに回転がなければ，その後もずっと回転がないことを示している．回転できる椅子に座っている人が，後ろを振り向くときには，足をつけて回すことが必要だ．足をつけずに回転する方法はあるだろうか．試してみよう．

角運動量保存則の例として，次のような現象がある．

- 手を広げて回転を始めたフィギュアスケート選手が，広げた手を体に付けると回転する速さは大きくなる．
- 水泳の飛込競技では，体を小さく丸めると，回転速度が上がる．
- 惑星が太陽の周りを公転運動するときには，楕円軌道となるが，太陽の近くにあるときは，遠いときよりも速く進む．角運動量保存則は，ケプラーの惑星運動の第2法則と同じことを述べている．

図 2.116 フィギュア選手の回転

図 2.117 飛び込み選手の回転

ジャイロスコープ
(gyroscope)

Topic　ジャイロスコープ

ジャイロスコープとよばれる装置は，重心が中心にある円板状のコマをつくり，上下左右どの方向にも回転できるようになっている．一度コマが回転を始めると，慣性の法則と角運動量保存の法則によってコマはその状態を維持する．回転面を傾ける外力が加わると，もとの状態を維持しようとして慣性力がはたらくので，逆にわれわれは角速度を検出することができる．航空機や人工衛星に搭載されて自律航行に利用されている．

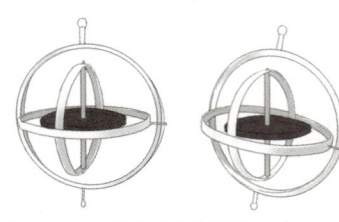

図 2.118　コマの回転は全体が傾いても同じ向き

実験 8　よく回り続けるコマ

CD 盤の中央にビー玉をつけるとコマになる．安定して長い時間回り続けるようにするには，トルクを大きくすればよい．CD 盤におもりを貼り付けておくと，安定して回るようになる．おもりの位置を中心付近，端の部分と変えてものをつくり，比較してみよう．

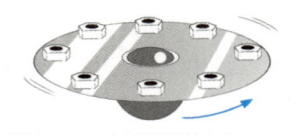

図 2.119　角運動量が大きいコマ

コラム 13　猫の落下問題

猫を持ち上げて落とすと，どんな向きから落としたとしてもきちんと足から着地する．何でもないような話だが，物理学的には大問題だった．角運動量保存則に違反する現象だからである．

角運動量保存則は「初めに与えた回転エネルギーがずっと保存する」という法則である．猫を投げるときに，猫を固定したまま手を離すのならば，角運動量はゼロである．だから猫は回転することができないはずだ．しかし，実際には猫は回転して着地する．どうしてだろうか．

この，猫の落下問題 (cat falling problem) に解答が与えられたのは，1969 年のことだった．答えは簡単で，猫は一つの固い物質（物理用語で剛体）ではなく，柔軟に曲がることができるからだというものだ．猫を前後二つの筒からできているとモデル化し，お腹を丸めて足を伸ばして回転することで，猫は「全角運動量 = 0」の条件を保ったまま全身を上下に修正できることが学術論文で示された．図 2.120 は左から順にその様子を描いた図である．

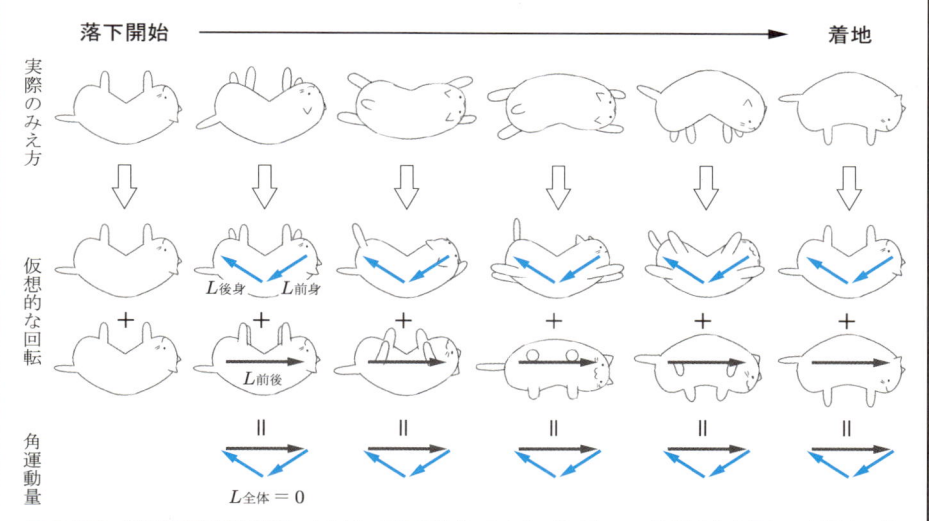

図 2.120 猫の落下問題の解決　図は左（落下開始）から右（着地）への時間変化を示し，上段は，実際の猫の体勢である．2 段目と 3 段目は，猫の回転を分解して示した図である．猫は「く」の字に体を曲げ，前身と後身でそれぞれ体を回転させる（2 段目の図）ことで，全体の角運動量をゼロにしたまま水平軸方向の回転（3 段目の図）を得ていた．最下段は，すべての回転ベクトルの合成がどの瞬間でももとに戻る（すなわち，和はゼロに保たれている）こと，すなわち全角運動量はゼロのままに保たれていることを示している．

参考：Kane, T R & Scher, M P., "A dynamical explanation of the falling cat phenomenon", Int. J. Solids Structures, 55(1969) 663–670.

2.6.4 コリオリの力（転向力）

■ コリオリの力 力8

力8
コリオリの力・転向力
(Coriolis force)
コリオリ
Gaspard-Gustave Coriolis
(1792–1843)

地球など回転している座標系では，運動する物体を考えるとき，回転に応じた慣性力として**転向力**を考える必要がある．コリオリが 1828 年に発見した力で，**コリオリの力**ともよばれる．

図 2.121 は，地球上を移動する大気の動きである．赤道付近の A から高緯度地帯に向かって風が吹くと，地球の自転に伴う回転速度が高緯度では相対的に小さな値であるため，A からの風は右向きに曲がる（B）．逆に高緯度から低緯度に向かって進む風は，進むにつれて自転の速度成分が大きいため，やはり右側へ曲がる（C から D）．これがコリオリの力である．

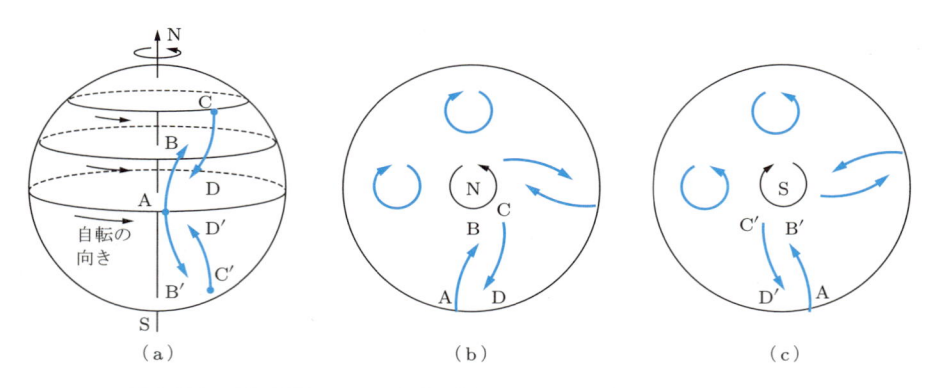

図 2.121 大気の動き　(a) 回転する物体上で運動すると，回転する速度成分の違いから，物体の運動方向は曲がる．(b) 北極方向からみた図（左回り回転盤上の運動）．(c) 南極方向からみた図（右回り回転盤上の運動）．

北極方向からみると地球は反時計まわりに回転しているが，北半球でのコリオリ力は進行方向に対して右向きにはたらく．南極方向からみると地球は時計まわりに回転しているが，南半球でのコリオリ力は進行方向に対して左向きにはたらく．

回転していない立場で運動方程式を立てて解くならばコリオリ力は不要だが，直観的に理解するには便利な説明である．

> **法則　コリオリの力（転向力）**
>
> 回転運動をする物体に沿って運動を考えるときには，慣性力としてコリオリ力が加わる．反時計まわり（時計まわり）に回転する盤上では，運動する物体は進行方向に対して右向き（左向き）に力を受ける．

2.6 回転する運動―遠心力は見かけの力

コリオリ力は非常に弱い力だが，地球規模なら，大きな流れとしてその影響をみることができる．海流は，日本海流（黒潮）もメキシコ湾流も，大きく時計まわりに流れる．偏西風が吹くのもコリオリ力の影響である．

コリオリ力により，高気圧から風が流れ，低気圧に風が流れ込むときに，北半球では常に時計回りになるように風が進む．低気圧の近くでは，全体として反時計回りに風が巻き込まれていく（図 2.122）．台風がいつも反時計回りなのは，このような理由による．南半球の台風は逆回りであり，赤道上で台風は発生しない[†]．

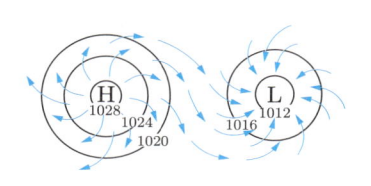

[†] ちなみに，北半球で台風が進むと，台風の進行方向右側の被害が大きい．これは，進行方向右側では台風に巻き込む風の向きと進行方向の速度が重なり風力が強くなるからだ．

（a）コリオリの力を受けて曲がる空気の流れ（北半球）

（b）太平洋上の二つの台風
（2004 年 6 月 28 日）
（提供：国立情報学研究所「デジタル台風」）

図 2.122 大気にみられるコリオリ力の効果　高気圧から低気圧へ空気が流れると，（北半球の場合）常に進行方向右向きにコリオリ力を受けるため，高気圧から出るときは時計回りの，低気圧へ巻き込まれるときには反時計回りの風になる．

Topic　風呂の栓を抜いて水が回り込む方向

風呂や洗面台に水を溜め，栓を抜いて流れる様子を確認してみよう．「低気圧と同じように吸い込まれていく水は，北半球では，反時計回りになっている」…という説明が書かれている本がよくあるが，コリオリの力はとても弱く，地球規模の運動でようやく出現するものである．風呂や洗面台では，栓の場所や初期の水の回転運動などがその後の回転運動を決めてしまうようだ．洋式水洗トイレの水の流れの向きも構造上のものである．

フーコー
Jean B. L. Foucault
(1819–68)

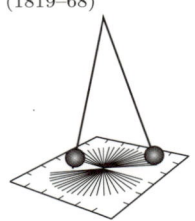

図 2.123 フーコーは，地球の自転を振り子で証明した

> **Topic　フーコーの振り子**
>
> 　地球が自転していることを証明した実験として，フーコーが行った振り子が有名である．長いひもにおもりを付けて長時間振り子を振れさせると，振動方向が見かけ上回転していくという現象である．1851 年，パリ天文台とパンテオンにて公開実験が行われ，人々を感心させた．パンテオンの実験では，全長 67 m のワイヤーで 28 kg のおもりを吊るしたものが使われたそうだ．回転する原因はコリオリ力である．北半球では右回りに振動面が回転し，1 周するのに必要な時間 T は，緯度 θ の地点では，$T = 24$ 時間$/\sin\theta$ になる．北極点では 24 時間，赤道上では回転しない．北緯 35 度ではおよそ 41.8 時間である．

> **コラム 14　『吾輩は猫である』に登場する物理**
>
> 　夏目漱石 (1867–1916) のデビュー作『吾輩は猫である』(1905) は，主人公の名前のない猫が，飼い主の英語教師・珍野苦沙弥先生のまわりの人物を描いた作品である．教え子で物理学を専門とする水島寒月君の影響もあり，小説中には物理の話もよく登場する．たとえば，隣の広場で騒がしい学生に対して苦沙弥先生が怒鳴り込むと，学生からボールが自宅に打ちこまれる反撃に遭うが，その場面では，ニュートンの運動法則が猫によって解説されている．
>
> 　　今しも敵軍から打ち出した一弾は，照準誤たず，四つ目垣を通り越して桐の下葉を振い落して，第二の城壁即ち竹垣に命中した．随分大きな音である．**ニュートンの運動律第一**に曰くもし他の力を加うるにあらざれば，一度び動き出したる物体は均一の速度をもって直線に動くものとす．もしこの律のみによって物体の運動が支配せらるるならば主人の頭はこの時にイスキラスと運命を同じくしたであろう．幸にしてニュートンは第一則を定むると同時に第二則も製造してくれたので主人の頭は危うきうちに一命を取りとめた．**運動の第二則**に曰く運動の変化は，加えられたる力に比例す，しかしてその力の働く直線の方向において起るものとす．これは何の事だか少しくわかり兼ねるが，かのダムダム弾が竹垣を突き通して，障子を裂き破って主人の頭を破壊しなかったところをもって見ると，ニュートンの御蔭に相違ない．(吾輩は猫である（八）より)
>
> 　また，ちょっとグロテスクだが，10 人の囚人を同時に絞首刑にするには，どのようにしたらよいのかを議論する『首縊りの力学』の解説もある．
> 　寒月君のモデルは，漱石のよき話相手だった物理学者の寺田寅彦 (1878–1935) といわれており，『首縊りの力学』も 1866 年にイギリスの物理学会誌 (Philosophical Magazine) に掲載された学術論文が元ネタだということがわかっている．

コラム 15　最も短時間で転がり降りる曲線の形は？

エネルギー保存則は，ある高さ H から転がり始めたボールは，地面に到達したときには，どんなルートを取ったとしても，速さ v が同じ値 $v = \sqrt{2gH}$ になることを示している．しかし，坂道の形状によって，地面に到達する時間は違ってくる．どんな形状の坂道が最短時間でボールを地面に到達させるのだろうか．

この問題は，**最速降下線問題**とよばれ，ヨハン・ベルヌーイ (Johann Bernoulli, 1667–1748) が，1696 年に「世界中の数学者への挑戦状」として提示した問題である．この問題は，微分方程式を解く必要があるが，その答えは美しく，**サイクロイド曲線**といわれる曲線になる．これは，自転車のタイヤの一点にライトを付けて，タイヤの動きとともにライトが描く軌跡と同じ曲線である．

この挑戦状には，出題者本人を含め，兄のヤコブ (Jacob Bernoulli, 1654–1705)，ライプニッツ (Leibniz, 1646–1716)，ロピタル (de l'Hopital, 1661–1704) のほかに匿名者の計 5 名がサイクロイドであることを証明した．匿名で応募したのはニュートン (Newton, 1642–1727) だったが，ベルヌーイはニュートンと見抜いていたという．

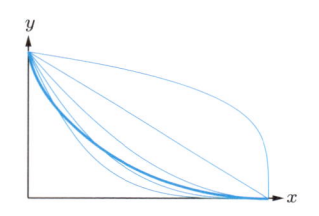

図 2.124　ボールが最短時間で転がる曲線　同じ高さから地面の一点へ結ぶ曲線はいろいろ考えられるが，一番短い時間でボールが転がるのは，図の太線で示したサイクロイド曲線である．

ちなみに，仮に東京から大阪まで 500 km をサイクロイド形でトンネルを掘ったとすると，最深部の深さは $H = 500/\pi = 159$ km になる．重力加速度が一定であるとすれば，トンネルの通過時間は，$T = \pi\sqrt{H/2g} \sim 566$ 秒＝約 9 分の弾丸移動手段ができる．動力は不要で重力による作用のみでよい．ただし，最深部の速さは $v = \sqrt{2gH} \sim 1765$ m/s で，音速の 5.1 倍となる．

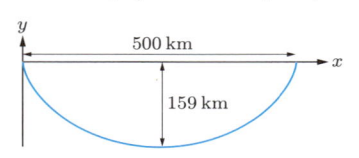

図 2.125　サイクロイド曲線でトンネルをつくる？

■物理学史年表 [3]　　([2] は 24 ページ．[4] は 136 ページ．)

　運動や熱，音，光，電気などの研究が進むと，それらすべてが「エネルギー」という概念で結びつけられていった．19 世紀後半には，身の回りの現象をほとんど説明することが可能になったと，人々は考えるようになった．

年代	人名	できごと	分野	ページ
1800	ハーシェル（英）	赤外線の発見	光	
1801	ヤング（英）	光の干渉現象を波動説で説明	光	143
1803	ドルトン（英）	原子量の概念を提唱	原子	
1807	フルトン（米）	蒸気船（クラーモント号）の製作	熱	
1811	アボガドロ（伊）	アボガドロの分子数仮説	原子	
1814	スチーブンソン（英）	蒸気機関車の製作	熱	
1814	フラウンホーファー（独）	太陽光の暗線を発見	光	
1817	ヤング（英）	光の波動説（横波説）	光	
1820	エルステッド（丁）	電流の磁気作用を発見	電磁	
1820	アンペール（仏）	電流どうしが及ぼす力を発見	電磁	191
1820	ビオ，サバール（仏）	電流が磁気に及ぼす影響法則	電磁	
1822	フレネル（仏）	光の干渉・回折理論	光	
1822	フーリエ（仏）	熱伝導の数理	熱	
1824	カルノー（仏）	熱力学の基礎理論，熱機関の効率	熱	133
1826	オーム（独）	オームの法則	電磁	202
1827	ブラウン（英）	ブラウン運動を発見	力学	110
1827	アンペール（仏）	電流による磁気作用	電磁	191
1829	コリオリ（仏）ら	運動エネルギーの大きさを定義，力と距離の積を仕事と定義	力学	
1831	ファラデー（英）	電磁誘導の法則	電磁	216
1832	ヘンリー（米）	自己誘導現象の発見	電磁	
1833	ファラデー（英）	電気分解の法則	電磁	
1834	クラペイロン（仏）	カルノー・サイクルの p–V 図表現	熱	133
1834	レンツ（露）	誘導電流についてレンツの法則を発見	電磁	216
1837	ファラデー（英）	電気力線と電場の概念を導入	電磁	193
1840	ジュール（英）	電流の熱作用の法則	電磁	202
1842	マイヤー（独）	熱の仕事等量の算出，熱力学の第 1 法則	熱	
1842	ドップラー（墺）	ドップラー効果の理論	波	162
1843	ジュール（英）	熱の仕事等量の測定（羽車実験は 1845 年）	熱	124
1844	モールス（米）	モールス電信機の発明	電磁	
1844	コリオリ（仏）	回転座標系でのコリオリの力	力学	86
1845	ファラデー（英）	常磁性体，反磁性体，強磁性体の分類	電磁	
1847	ヘルムホルツ（独）	力（エネルギー）の保存則を提唱	力学	

英：イギリス，米：アメリカ，伊：イタリア，独：ドイツ，丁：デンマーク，仏：フランス，露：ロシア，墺：オーストリア

第3章
流体 連続体の運動

前章では，一つの物体の運動に注目した．この章では，多くの分子が集団で動く水や大気などの「流体」の性質について紹介しよう．

「エウレカ (Eureka, I found it.)」とアルキメデスが叫んで，裸のまま町を走り回ったという有名な話がある．（日本語では，エウレカともユリイカとも表記される言葉だ．「わかった」という言葉の変わりに「エウレーカ」と叫ぶ人もいる．英語では heuristic（経験に基づく解決法）の語源にもなっている．）

アルキメデスは，シチリアの王ヒエロン二世 (308BC - 215BC) から，戦勝記念に奉納された黄金の王冠の判定を依頼された．純金でつくってあるはずだが，金細工師が銀を混ぜた疑いがあった．王冠をつくるために与えた金塊と王冠の重さは等しくなっていたが，これを傷つけることなく判定する方法が求められた．

判定方法を悩んでいたアルキメデスは，風呂に入ると自分の体の分だけ湯があふれることに気づいた．いっぱいに湯を入れた桶に体が入ればその分だけあふれだす．つまり，体積が測れることになる．重さと体積がわかれば密度が計算できて（密度＝質量/体積），純金でできているか，そうでないかがわかることになる．そこで「エウレカ！」となった．

「液体中では，物体は自分が排斥する液体の重さだけ軽くなる」という浮力の法則を発見していたアルキメデスは，王冠と同じ重さの金塊を天秤でつりあわせ，そのまま天秤を水の中に入れた．同じ重さでも密度の小さい銀を混ぜていた王冠の体積は大きいため，浮力が異なり，天秤のバランスがくずれたことで偽物とわかったという．

図 3.1 エウレカと叫びながら走るアルキメデス（想像図）

3.1 圧力
流体がまわりに及ぼす力

水も空気もたくさんの分子から構成されている．分子どうしは常に運動し，衝突を繰り返している．多数の分子の衝突を私たちは「圧力」として感じることになる．圧力の大きさは「温度」によって決まる．「圧力」をキーワードに，流体を考えてみよう．

3.1.1 圧力
■ トリチェリの実験

トリチェリ
Evangelista
Torricelli (1608–47)

私たちは空気の重さを感じないが，それは人類がそのように進化してきたからだろう．大気圧の存在を初めて明らかにしたのは，イタリアのトリチェリだった．ガリレイの弟子である．

井戸の深さが 10 m を超えると，水を直接吸い上げることができない．トリチェリはこの理由を明らかにするために，水銀を満たしたガラス管を水銀の上に逆さに立てる実験を行った．そうすると，ガラス管を傾けても水銀柱は高さ 76 cm の高さを保ち，それより上部は真空になることがわかった．この結果からトリチェリは，空気による圧力（大気圧）によって水銀が押されていると結論した．水銀柱の高さが日々微妙に異なることに気づいたトリチェリは，水銀気圧計を発明した．

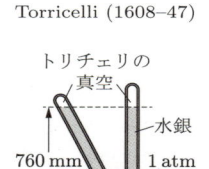

図 3.2 トリチェリが大気圧を発見した実験

■ マグデブルグの半球の実験

ゲーリケ
Otto von Guericke
(1602–86)

トリチェリと同じ頃，ドイツのマグデブルグ市長でもあったゲーリケは，真空の性質について研究していた．直径 51 cm の銅製の半球状容器を組み合わせ，中の空気を抜くと，とても強い力で球が吸い付くことを発見した．そして，その半球の双方をそれぞれ 8 頭の馬で引かせても離れないという公開実験を行った．彼はまた，半球の中に空気があると簡単に引き離せることも示し，真空が物体を引きつけるのではなく，まわりの気体が圧力をかけていることを証明した．

図 3.3 マグデブルグの半球実験が描かれたドイツの切手

■ 圧力 力9

　水や大気などの流体は，物体をまんべんなく押す力をもつ．水圧や大気圧が物体に与える力は，接している面積が大きいほど大きくなる．単位面積あたり（1 m² あたり）にはたらく力を**圧力**といい，次のように定義する．

> **定義　圧力**
>
> 単位面積あたりにはたらく力を**圧力** p という．
>
> $$p = \frac{F}{S} = \frac{\text{加わる力 [N]}}{\text{面積 [m}^2\text{]}} \quad \text{単位は [N/m}^2\text{]} = \text{[Pa]} \quad (3.1)$$
>
> 単位は [Pa]（パスカル）である．

力9
圧力 (pressure)
単位
圧力は [Pa]（パスカル）．大気圧の場合は [atm]（気圧）も使う．古い単位の [mmHg]（水銀柱ミリメートル）もある．

　圧力は，力そのものではなく，単位面積あたりの力であり，圧力の単位は力の [N] ではない．

$$\text{加わる力 } F = \text{圧力 } p \times \text{面積 } S \quad (3.2)$$

■ 大気圧，水圧

　私たちの上空には厚い空気の層があり，それらが重力で地表面を押す．これが大気圧であり，1 cm² あたりでは，10.1325 N の力になる．爪の大きさに約 1 kg のおもりが載っている計算になる．世界最高地点，チョモランマ山頂では，大気圧は地表の約 3 分の 1 になる．飛行機の中，山の上などで，顔がむくみやすいのは，大気圧が小さいのが原因である．

　海中では大気圧とともに水圧が加わる．水深 10 m の地点では，地表での大気圧（1.0×10^5 Pa）に水圧 1.0×10^5 Pa が加わるので，2.0×10^5 Pa の圧力になる．世界最深のマリアナ海溝の海底（水深約 11000 m）では，1.1×10^8 Pa の圧力になる．

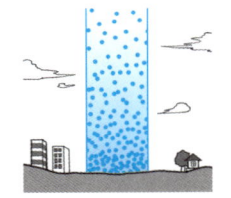

図 3.4　大気圧は空気層の圧力

> **Advanced　圧力の単位**
>
> 　国際単位系では，圧力の単位には [Pa] を使う．しかし，海抜 0 m での大気圧を基準とした単位 [atm]（気圧）も便利である．
>
> - 1 atm（気圧）は，約 10 万 Pa である．
>
> $$1 \text{ atm} = 101325 \text{ Pa} = 1013.25 \text{ hPa （ヘクトパスカル）}$$
>
> - 1 atm では，水銀柱の高さが 760 mm になることから，1 atm = 760 mmHg（水銀柱ミリメートル）とも表す．

高気圧 (high-pressure area, anticyclone), 低気圧 (low-pressure area)

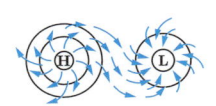

図 3.5 高気圧から低気圧へ大気は流れる 低気圧の場所は上昇気流になるので，雨天になりやすい．

血圧 (blood pressure)

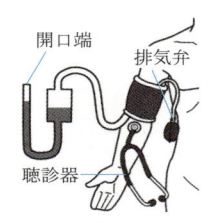

図 3.6 血圧計 血圧の単位は，日本では慣習から [mmHg]（大気圧との差）がまだ使われているが，近いうちに国際単位 [Pa] に切り替わる予定のようだ．

パスカルの原理 (Pascal's principle)

図 3.7 パスカル Blaise Pascal (1623–62)

> **Topic　高気圧，低気圧**
>
> 天気予報の気圧配置でいう**高気圧，低気圧**とは，地表付近での気圧の大小を相対的に述べたものである．地表付近では，高気圧から低気圧へ大気は流れる（コリオリの力によって，高気圧から低気圧に向かって風は傾いた経路で流れる）．
>
> 高気圧の部分では，上空から大気が流れる下降気流になる．下降気流では，雲が発生しにくいため好天になりやすい．一方，低気圧の部分では，流れ込んだ大気は上昇気流となって上空へ移動するが，今度は，雲ができ雨が降りやすくなる．

> **Topic　血圧計**
>
> 血圧は，血管内の血液（一般には動脈）の圧力のことで，心臓の動きにあわせて血圧の最高値と最低値を計ることになる．心臓が収縮しているときは，血液を押し出しているので，最高血圧（収縮期血圧）になり，逆に心臓の拡張期は最低血圧（拡張期血圧）になる．血圧が高すぎると，動脈が痛みやすく，心臓にも負担がかかる．
>
> 血圧計は，一度動脈をぐっと空気圧で押さえ，しだいに緩めていく．そして，圧迫を緩めながら，脈音が聞こえだすところが最高血圧，さらに緩めていき，脈音がしなくなるところが最低血圧と判定する．

3.1.2　パスカルの原理

■パスカルの原理

流体の内部は分子どうしが常に押し合っているので，圧力は均等になる．とくに，密閉した容器の中では，少し押し込むとその圧力の変化分がただちに全体に伝わることになる．

> **法則　パスカルの原理**
>
> 密閉容器中の静止している流体に，圧力変化を加えると，流体中のあらゆる部分で同じ圧力変化が生じる．

この原理は，流体静力学における基本原理である．

Topic　油圧ジャッキ

パスカルの原理を使って，重いものを簡単に持ち上げるのが，油圧ジャッキである．図 3.8 のように，大きさの違うシリンダ（面積を $S_1 < S_2$ とする）を動きやすい油でつなぐ．油の圧力はどこでも同じ（P とする）なので，小さいほうのシリンダを力 F_1 で押すと $F_1 = PS_1$ であり，大きいほうのシリンダは $F_2 = PS_2$ の力で押し出される．P が同じなので，$F_2 = \dfrac{S_2}{S_1} F_1$ となる．つまり，面積比が 5 倍なら，F_1 の 5 倍の力で押し上げることができる（5 倍長い距離を押し縮めなければならないが）．

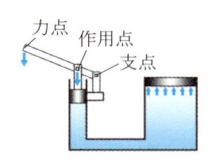

図 3.8　油圧ジャッキ (hydraulic jack) のしくみ

■ トリチェリの法則

ペットボトルの底に穴をあけ，中から出る水の勢いを考えよう．容器にたくさんの水があると，水自身の重量がかかるので，出口での圧力が大きくなり，放出される水量は多い．力学的エネルギー保存則から次の法則が導かれる†．

† 容器の形状や流体の密度などによらない，美しい結果である．

トリチェリの法則
力学的エネルギー保存則 ⟹ 2.5.1 項

法則　トリチェリの法則

流体の粘性が無視できるならば，容器に入れた流体の表面の高さが y のとき，容器の底に開けた小さな穴から流出する流体の速度 v は，$v = \sqrt{2gy}$ である．ここで，g は重力加速度である．

実験 9　ストローの高さで水の勢いが変わる

ペットボトルの底付近に穴をあけ，水が飛び出す様子を観察しよう．水がたくさん入っているときは，容器の底を押す圧力（水圧）が高くなるので遠くまで水は飛ぶが，容器の水が少なくなると，飛距離も短くなる（トリチェリの法則が実感できる）．

次に，同じ実験でストローを差し込んでみよう．ストローの口を指で塞いでペットボトルの中に入れて，口を離す．すると，水の勢いがだいぶ弱くなってしまう．これは，底から出る水を押す力が，ストロー内の水を押し上げる力にも分散してしまうためである．ストローを深くまで入れたり，水面付近までの深さに入れて，水の勢いを比較してみよう．

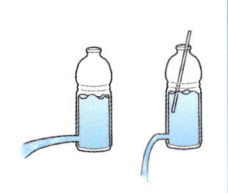

図 3.9

力 10
表面張力
(surface tension)

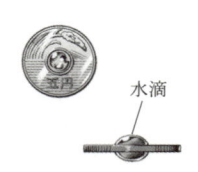

図 3.10 ５円玉の穴に水をためるとレンズになるのも表面張力が原因だ

3.1.3 表面張力 力 10

表面をできるだけ小さくしようとする傾向をもつ液体の性質を，**表面張力**という．水滴やシャボン玉が丸くなるのは，この性質による．

液体の内部の分子は，互いに分子間力で引きあっているので，周りから四方八方同じ力で引っ張られている状態である．これに対して，液体の表面の近くにいる分子は，液体に触れていない面ではこの分子間力がない．そのため，液体内側へ引き込む力が勝って，内側へもぐり込もうとする．そして，表面の分子の数が減り，最小限の表面になるところでつりあう．体積が決まっているとき，表面積が最小となる形状は球である．

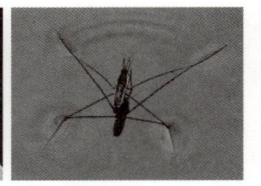

図 3.11 表面張力の例　コップは表面の高さをわずかに超えて水をためることができる．軽いアメンボが水面を歩けるのも，表面張力の効果である．

（a）表面張力でくっつく

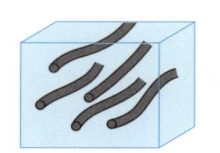

（b）水中ではさらさら

図 3.12 濡れた髪

> **Topic　濡れた髪が頭にぺったり**
>
> 乾いた砂どうしはくっつかないが，濡れた砂は固まる．しかし，水の中に完全に沈めた砂はくっつかない．頭髪も同じである．濡れた髪は互いにくっつき，頭にもぺったりつく．この状態でも頭をすべて水中にいれると，髪は互いに自由に動く．どちらも表面張力の影響である．
>
> 砂や髪のまわりに少量の水が付着すると，それぞれのまわりに水があるよりも，塊になって水が付着するほうが，水の表面積が小さくて済むからだ．一方，周囲に大量の水があれば，そのような表面張力は不要になるので，砂や髪がくっつく必要もなくなる．

問 3.1* ゾウに踏まれたときと，ハイヒールに踏まれたとき，どちらが痛いだろうか．圧力を比較せよ．ゾウの足は直径 50 cm の円で，体重 5000 kg を足 4 本で支えている．ハイヒールは，1 cm 角または 2 cm 角で，体重は 50 kg を足 2 本で支えているものとする．

問 3.2 雪の上を歩くときに履く「かんじき」のしくみを説明せよ．

問 3.3 山の上でポテトチップスの袋が膨張する理由は何か．

問 3.4* どこにでも行けるドア（どこでもドア）があったとして，東京（気圧 1000 hPa）から沖縄（1020 hPa）へ行こうとした．ドアは引き戸で 2m² ある．ドアを開ける必要な力はいくらか．

問 3.5 台風から吹いてくる風が南風であるとき，台風の中心はどちらの方向にあるか．

問 3.6 歯みがき粉のチューブを押すときには，口の近くと遠くではどちらが力が必要か．

問 3.7 オランダには，ハンス・ブリンカー (Hans Brinker) という少年が，堤防にあいた穴に指をつっこんで塞ぎ，オランダを洪水から救ったという話が伝わっている．本当に指一本で北大西洋全体を支えることができるだろうか．

3.2 浮力
気球はなぜ飛ぶか，船はなぜ浮くか

海に船が浮いたり，プールに入ると体が軽く感じるのは，水が浮力を及ぼすからである．潜水艦の浮上も気球の浮上も，浮力を利用している．

■ 浮力 力11

流体中（水中，空気中）では，物体の体積に比例した浮力が生じる．この原理を発見したのはアルキメデスである．

力11
浮力
(buoyancy)
アルキメデスの原理
(Archimedes' principle)

> **法則　アルキメデスの原理**
> 流体中の物体が受ける浮力は，その物体が押しのけた流体の重さ（重力）と同じ大きさである．

式で表現すると，次のようになる．浮力の大きさ F は，物体が押しのけた流体の重さに等しい．すなわち，流体の密度を ρ [kg/m³] とすれば，物体の体積を V [m³]，重力加速度を g [m/s²] として

$$F = \rho V g \tag{3.3}$$

となる．押しのける体積が大きければ，鉄の船も実現できる．

図 3.13 アルキメデス
Archimedes
(BC287–BC212)

図 3.14　氷山の一角

Topic　氷山の一角

氷の密度は，水の密度 $\rho=1\,\mathrm{g/cm^3}$ の約 92% である．断面積 S，高さ h の氷柱があるとき，水中にある部分の高さを d とすると，つりあいの式は，

$$0.92\rho S h g = \rho S d g$$

下向きの力 ＝ 浮力

となるので，$d = 0.92h$ となる．つまり，氷はわずか 8% だけ水面から顔を出す．「氷山の一角」という言葉がよく使われるが，氷山がみえてもその大部分はみえていないということだ．

図 3.15　死海では誰でも浮かんで本を読むことができる

Topic　死海の塩分濃度

イスラエルとヨルダンに接する死海 (the Dead Sea) は，湖面の海抜がマイナス 418 m であり，陸地で最も低い場所にある．周囲から流れ込む水はほかに流出せず，湖水は蒸発するのみであり，塩分濃度は約 30% になっている（海水の塩分濃度は約 3%）．湖水は高い比重のため，浮力が大きく，人間が沈むことはない．ただし，湖水の塩辛さは半端なく，唇に水がかかっただけで，ヒリヒリとする．

実験 10　卵を浮かせる

新鮮な卵は水に沈む．沈んだ状態で水に塩を加えていくと，卵は浮き始める．理由はアルキメデスの原理から明らかだろう．ところで，浮かばせることで全重量はどうなるのだろうか．コップに水を入れて重量を量る．卵も重量を量る．さて，卵をコップ内に浮かばせると，全重量はどうなるだろうか？

■熱気球はなぜ飛ぶか

熱気球は，中の空気を熱して膨張させ，一部を放出させる．すると，気球内の空気密度が外部の空気密度より小さくなり，浮力が生じる．移動するための動力はもたず，風任せで飛ぶ．下降するときは，バーナーを止め，中の空気の温度を冷やすことになる．熱気球の発明は（無人，有人飛行ともに）1783 年で，どちらもモンゴルフィエ兄弟による．

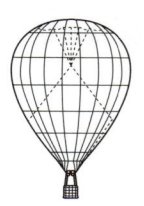

図 3.16　熱気球はどう下降するのか

3.2 浮力―気球はなぜ飛ぶか，船はなぜ浮くか　99

飛行船はヘリウムガスで浮力を得て，プロペラで進む．飛行船の胴体内は，全体の1/3ほどの部分がバロネットとよばれる体積可変の空気袋になっており，浮上するときは，ヘリウムを熱膨張させてバロネットにも入れ，下降するときは，冷たい外気を取り込むことで浮力を減らす．ヘリウムは不燃性で熱膨張率が高いので，このような操作ができる．

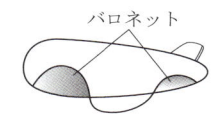

図 3.17 飛行船のバロネット

熱膨張 ⟹ 112 ページ

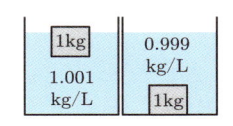

図 3.18 浮力変化のしくみ

> **Topic　ガリレイ式温度計**
>
> 温度計の歴史は，ガリレオ・ガリレイによる比重測定計から始まったとされる．現在でも装飾品のように売られているのをみかけるが，ガラスのシリンダーの液体の中で，温度タグのついた色とりどりの液体が入ったガラス玉が上下に移動できるようなしくみの温度計がある．気温が変化すると内部の液体の密度が変化する．温度が下がれば比重が重くなり，温度が上がると比重が軽くなる．中のガラス玉に対する浮力が変化するので，温度が上がるとどんどん中のガラス玉が浮上していくことになる．ガラス玉は一定温度ごとに一つずつ浮上するように調整されている．上部に移動したガラス玉についている一番下のタグを読めば，気温がわかる．

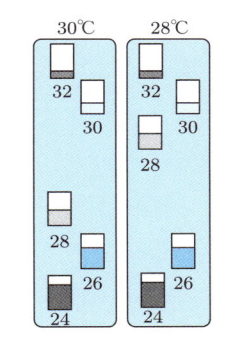

図 3.19 ガリレイ式温度計

> **実験 11　木片の浮き方は？**
>
> 断面が正方形の長い棒を浮かばせるとき，図 3.20(a)(b) のどちらになるか，（塩を入れるなどして）液体の密度を変えて実験してみよう．

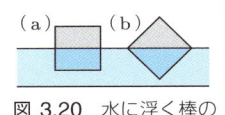

図 3.20 水に浮く棒の断面図

問 3.8　太った人ほど浮きやすいといわれるが，物理的に正しいか．
調 3.1　潜水艦はなぜ潜水と浮上ができるのか，調べてみよう．

3.3 流体の動き
飛行機はなぜ飛ぶか

この節では，流体が「どのように流れるか」について考えよう．速く泳ごう，速く走ろうとする人類の試みは，流体中の抵抗を減らす試みでもある．

3.3.1 粘性

水，油，ガスなどの流体が流動するとき，必ずその流れに抵抗しようとする内部摩擦力がはたらく．流体のもつこのような性質を**粘性**とよぶ．いわゆる，ねばっこさである．粘性の大きさ（粘性係数）は，流体自身の「移動しにくさ」として定義される．

川の流れと同様に，細い管などに液体を通すと，管に接する部分と管の中央とでは移動速度が違う．粘性係数は，この速度差と流体中の圧力との比例係数として決まる．速度差が大きいほど粘性が大きい．

粘性 (viscosity)

表 3.1 おもな流体の粘性係数 η

ヘリウム	0（超流動）
水	0.00089
潤滑油	0.5〜1.0
マヨネーズ	8
ガラス	10^4
ピッチ	2.3×10^8
マントル	10^{21}〜10^{22}

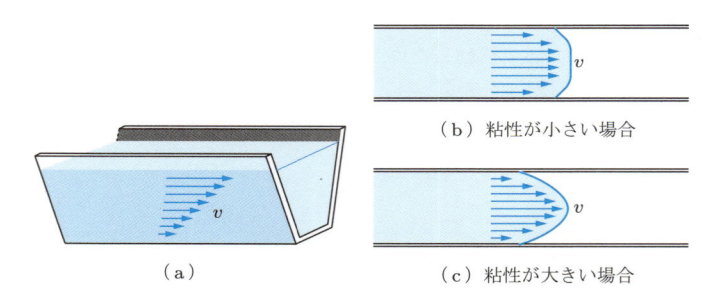

図 3.21 川の流れと粘性の影響

(a)
(b) 粘性が小さい場合
(c) 粘性が大きい場合

粘性がないとした理想的な流体を**完全流体** (perfect fluid) という．低温に冷却したヘリウム流体は，粘性がゼロになり，この状態を**超流動**とよぶ．

> **Advanced 粘性係数の定義**
>
> 粘性係数 η は，次のように定義される．流体の流れる方向を x 軸，それに直交する方向を z 軸とする．x 軸に平行な面積 S の板が x 軸方向に受ける力を F とすると，応力 F/S が，z 方向の流体の速度 v の変化率と比例していることから，
>
> $$\frac{F}{S} = \eta \frac{dv}{dz} \tag{3.4}$$
>
> という関係式が成り立つ．右辺の比例定数 η が粘性係数である．

コラム 16　ピッチドロップ実験

ギネスブックに「最も長期に渡るラボ実験」として認定されているのが，アスファルトの粘性を計測しているオーストラリア・クィーンズランド大学のピッチドロップ実験である．実験の目的は，固体のようにみえるアスファルトが実は超粘性液体（ピッチ，pitch）であることを学生に示すことで，1927年に開始された．ピッチを漏斗に注ぎ，落ち着くまで3年間待った後，漏斗の下を切り取り，ゆっくりと液が落ちるのを観察している．最初の1滴は10年後で，2000年11月28日には8滴目が落下した．9滴目は2014年と予想されていたが，2014年4月24日に，ビーカー交換の最中に誤って落ちてしまったという．10滴目は14年後と予想されている．

一方，アイルランド・ダブリン大学トリニティカレッジのピッチドロップ実験は，1944年10月に始まったが，最初の1滴の落下が2013年6月11日に観測され，69年かかった実験としてニュースになった．蜂蜜の200万倍の粘性だという．

図 3.22　クィーンズランド大学のピッチドロップ実験

● 流体中の抵抗をどうやって減らすか？

空気や水などの流体の流れを**流線**とよぶ．流線形（正確には流線の1本に注目した流跡線の形）につくられた物体は，物体の表面近くで**乱流**の発生が抑えられて，エネルギー損失が少なくなる．水中の魚を素早く捕獲するかわせみのくちばしや，イルカの形状は，それぞれの速度に最適な形状となるように進化しているようだ．高速で移動する列車や自動車などは，空気抵抗をなるべく減らす必要がある．新幹線の先頭も，営業速度を上げるにつれて，どんどん細長く，カモノハシのような顔つきになってきている．

かわせみ

イルカ

図 3.23　かわせみのくちばしとイルカの形状

コラム 17　泳法よりも水着が決め手の時代

望月修著『オリンピックに勝つ物理学』（講談社，2012）によれば，水泳競技では「泳法の改善で勝てる時代は，1976年で終わった」という．最近では新型水着の登場とその禁止のいたちごっこが続いている．2000年のシドニーオリンピックでは，体全体を覆う水着が登場し，人肌よりも抵抗力を減らせることが話題になった．2008年の北京オリンピックでは，縫い目がなく撥水加工された生地の水着で体を締め付けて凹凸を減らす工夫をされたもの（SPEEDO社レーザーレーサー）で新記録が続出した．また，ポリウレタンやラバーなどのフィルム状の素材を貼り合わせた水着も登場した．

国際水泳連盟（FINA）は，これらの水着の着用を2010年から禁止し，次の制限を設けた．
- 水着の布地は「繊維を織る，編む，紡ぐという工程でのみ加工した素材」に限定する．
- 水着が体を覆う範囲は，プール競技では男性用はへそから膝まで，女性用は肩から膝までとする．オープンウォーター競技では男性用・女性用とも肩から踝までに制限する．

3.3.2　揚力：飛行機はなぜ飛ぶか

■ ベルヌーイの定理

飛行機の翼は丸みを帯びていて，空気の流れが翼の上下で異なるように工夫されている．図 3.24 に，翼の断面と空気の流れ（流体）を示す．翼の前後の AB 間を流体は同じ時間で通過する性質がある（時間差が生じると，渦が新たに生じることになり，角運動量保存則に反するからだ）．そのため，丸みを帯びた側を通過する流体のほうが速度が大きくなる．

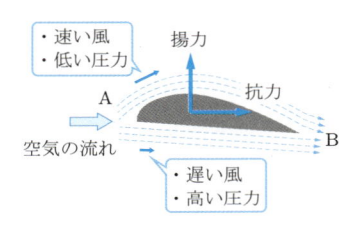

図 3.24　飛行機の翼の断面と空気の流れ　羽根の前後の AB 間を上下の流体は同じ時間で通過する．

ベルヌーイの定理
(Bernoulli's principle)

流線にそって，次の定理が成り立つ．

> **法則　ベルヌーイの定理**
>
> 流体の粘性が少なくて流れが定常的な場合，その流れに沿って「単位体積あたりの運動エネルギーと圧力の和」は一定に保たれる．

これはエネルギー保存則の一種だが，数式で示すと次のようになる．

$$P + \frac{1}{2}\rho v^2 = 一定 \tag{3.5}$$

この式は，流速 v が大きいと流体からの圧力 P が小さくなり，流速が小さいと圧力が大きくなることを示している．

図 3.25　ベルヌーイ
Daniel Bernoulli
(1700–82)

力 12
揚力
(lifting force)

■ 揚力　力 12

ベルヌーイの定理によって，翼に丸みがあると，丸みを帯びた側の圧力がさがる．したがって圧力の小さいほうへ向かって物体は **揚力** を受けるようになる．

3.3 流体の動き―飛行機はなぜ飛ぶか　　**103**

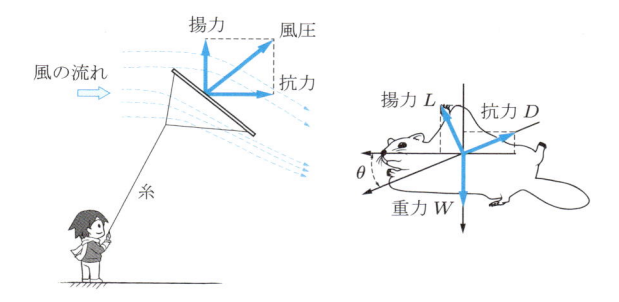

図 3.26　凧の揚力・ムササビの揚力　上下で空気の流れ（風速）の違いがあると，風速の速くなる方向へ揚力が生じる．

Topic　変化球を投げる

ピッチャーが投げたボールが，左右に曲がったり，放物線から上下にずれて進んだりする変化球は，ボールに回転（左右回転・上下回転）を与えることで発生する．回転するボールにはたらく力を**マグナス力**ともいう．

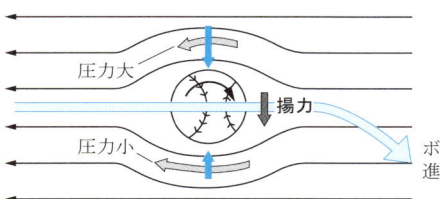

図 3.27　マグナス効果　ボールが回転しながら飛ぶと，進行方向と回転が一致する面（図の下側）と逆向きの面（上側）が生じる．上部を通過する流体は，ボールを大きな圧力で押すためにボールには下向きの揚力（マグナス力）が発生する．

実験 12　風船を空中で留める

風力によって揚力が生まれる様子を体験しよう．風船を息で膨らませると，ゆっくりと落下する風船になる．ヘアドライヤーで風船の上部をねらって風を送ると揚力が生じ，重力とつりあって風船を空中で留めておくことができる．

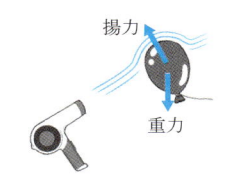

図 3.28　風船の上部に風を当てる

コラム 18　飛行機の翼を観察する

飛行機は，離陸時・水平飛行時・着陸時に主翼の傾きを変えて揚力を調整している．

（a）離陸時の滑走中　（b）離陸直後　（c）上昇中　（d）水平飛行中

（e）下降中　（f）着陸直前　（g）減速中　（h）停止

図 3.29　各段階での主翼の可動部分の角度に注目してみよう

コラム 19　ヨットは風上へ進めるのか

　ヨットは，風向きをみながら，帆の角度を調整して航行する．風の吹く向きには帆に風を当てれば進めることは容易に想像がつくが，風上に進むことはできるのだろうか．

　ヨット本体の下にはセンターボードとよばれる板があり，ヨットが横に流れるのを防ぐだけでなく，風上に対して進む際には大事な役割をする．風の流れる向きにヨットの帆を向けると，空気の流れは帆で2分され，片方に揚力が生じる．この揚力のヨットに垂直な成分はセンターボードの受ける抵抗力と相殺する．揚力の残りの成分が前向きになっていれば，ヨットは前に進むことになる．

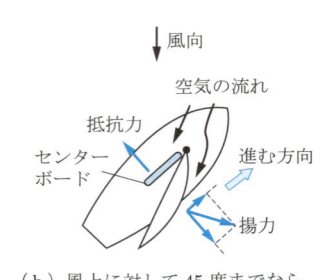

　つまり，このようにして，ヨットは風向きに対して45度の角度まで進むことができる．風上に進むためには，ジグザグに進んでいけばよいことになる．

（a）本体の下にはセンターボードがある

（b）風上に対して45度までなら進むことができる

図 3.30　風上への進み方　センターボードがないと，ヨットは右下の方向へ流されてしまう．

3.3.3 乱流
■層流と乱流

整然とした流れを**層流**，不規則な流れを**乱流**という．

線香やタバコの煙は数 cm くらいまでは一直線に上がっていくが，しだいに渦を巻き，乱れていく．これは，暖かい空気は初めにゆっくりと上昇していくので層流だが，まわりの冷たい空気によってさらに浮力を得て加速され，流れが速くなることで乱流になってしまうからだ．飛行機雲は，初めは一筋のまっすぐな線であっても，しだいに気流によってかき乱されていく．これも原理は同じである．

一般に，流速が大きく，流体の密度が大きく，粘性が小さいほど，そして，管径が大きいほど乱流になりやすい．流れ自体には，いったん生じた流れを保とうとする**慣性力**と，流れに対する抵抗力である**粘性力**の二つが作用する．

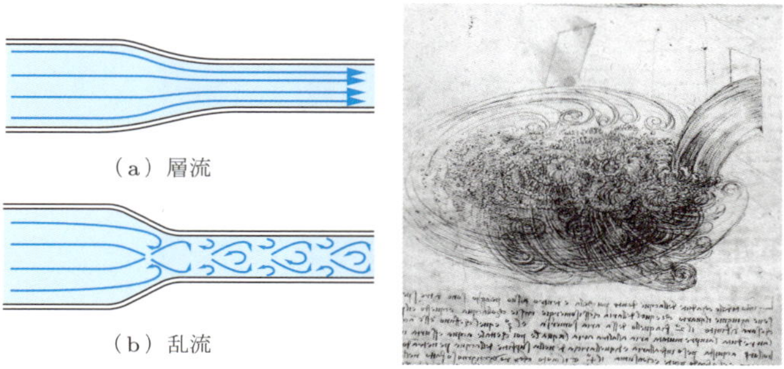

層流
(laminar flow)
乱流
(turbulent flow)

図 3.31　線香から昇る煙は上空で乱流に

（a）層流
（b）乱流
（c）ダビンチが描いた乱流

図 3.32　層流と乱流　(c) はダビンチが描いた乱流．水面に注ぎ込む流れをよくみると，大きな渦がしだいに小さな渦を生じさせていることがよく描かれている．

ダビンチ
Leonardo da Vinci
(1452–1519)

（a）木星　　　　（b）土星

図 3.33　木星，土星はどちらもガス惑星　表面の模様は常に変化し，乱流となって渦巻いている様子がわかる．

実験 13　水道の蛇口で層流と乱流

水道の蛇口をひねり，水の流れが少ないときと多いときとで，流れがどのように違うかを観察しよう．また，蛇口からの距離で流れ方に変化があるかどうかもみてみよう．

(a) 層流　(b) 乱流

図 3.34　蛇口の水　蛇口を少しだけ開いたときには，図 (a) のように水はまっすぐに流れ落ちる（層流）．ところが，蛇口を緩めて流れを多くすると，しだいに液面が波打つようになり，図 (b) のような乱流になる．

■ カルマンの渦

カルマン
Theodore von
Kármán
(1881–1963)

渦ができるのも，流体の性質の一つである．1 列に並んだ渦は不安定で長持ちしないが，2 列あると安定に存在できることが知られている．カルマンによって 1911 年に示されたことから，**カルマンの渦列**という（図 3.35）．

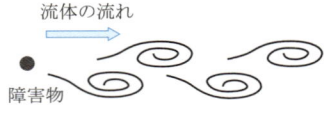

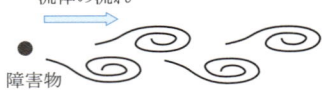

（a）カルマン渦は 2 列で発生する　　（b）実際にみられるカルマン渦
（出典：気象庁ホームページ (http://www.jma-net.go.jp/sat/data/web/jireisyuu.html)「チェジュ島の風下に現れたカルマン渦」を加工して作成）

図 3.35　カルマン渦　(b) は 2003 年 3 月 7 日の雲．済州島や屋久島付近では，よくカルマン渦ができることが知られている．

Topic　風に吹かれて旗がはためく

「風に吹かれて旗がはためく」のも「小川の杭にかかった水草がゆれる」のも，カルマン渦による現象である．ラーメンや味噌汁をよそい終わり，具がなくなった鍋で（あるいは粘性のある大きな液体の水面で），割り箸を一本立てて手前に引くと，カルマン渦をつくることができる．

■カオス

扱う対象が複雑になると，方程式は，紙と鉛筆では解けなくなる．そこで登場するのが数値シミュレーションである．

気象学者のローレンツは，現代の大気物理学・気象学にコンピュータによる研究基盤を与えた研究者だが，極めて小さな初期条件の差がやがては無視できない大きな差となる現象を発見し，**カオス** (chaos) とよんだ．カオスの発見は，ニュートン以来の近代科学の自然観に大きな変革を与えた．

Advanced 複雑系

方程式の分類として，線形・非線形という分け方がある．たとえば，関数 $y(x)$ を考えるとき，$y = ax + b$ (a, b：定数) なら**線形**とよび，x^2 や x^3 などを含むなら**非線形**とよぶ．線形関数ならば，$y(x_1) + y(x_2) = y(x_1 + x_2)$ となって，入力値の足し算が出力値でも足し算になるが，非線形ではそうはならない．したがって，方程式の解を既知のものから予想することができなくなる．一般に，非線形方程式を解くには数値シミュレーションが必要になる．非線形現象は思いもよらない結果を出すために，非常に興味深い．**複雑系**とよばれることもある．

線形関数
(linear function)
たかだか 1 次関数の和であること．

非線形関数
(nonlinear function)
2 次以上の関数をふくむもの．

ローレンツ
Edward Norton
Lorenz (1917–2008)

コラム 20 バタフライ効果

ローレンツは，カオスの例として，「北京で蝶が羽ばたくと，ニューヨークで嵐が起こる」とか，「アマゾンを舞う 1 匹の蝶の羽ばたきが，遠く離れたシカゴに大雨を降らせる」などとと表現した．どちらも極端な例えだが，このため，非線形方程式に生じるカオス現象は，**バタフライ効果**ともよばれる．

複雑系のふるまいは，現在でも研究が進行中の分野である．アメリカのクレイ数学研究所によって 2000 年に発表された「ミレニアム懸賞問題七つ」の一つに，流体の基礎方程式であるナビエ・ストークス (Navier-Stokes) 方程式の解の存在問題があり，100 万ドルの懸賞金がかけられている．

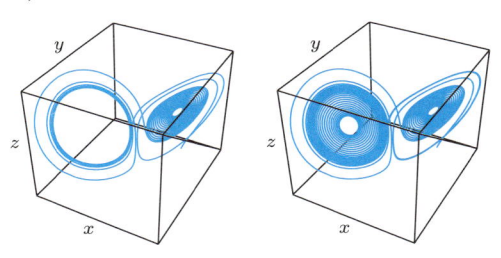

図 3.36 初期値がわずかに異なる二つのローレンツ方程式の軌跡が，しだいにずれていく

コラム 21　温暖前線・寒冷前線

　天気図は，各地の気象台が測定した気圧，風向，風力の情報から，大気の等圧線を描くことで得られている．天気図に登場する前線について説明しよう．

　暖かい空気（暖気）と冷たい空気（寒気）が混ざっている場所で天気が急変する場所が前線である．まず，暖気と寒気が接したとしよう．暖気のほうが密度が薄いので寒気の上に重なりあうことになる．このように空気が動き始めると，コリオリ力（2.6.4 項）によって回転を始める．寒気も暖気も（北半球では）進行方向右側に力を受けて回転するため，接触面は反時計まわりに回転を始める（図 3.37(a)）．

　地上では寒気が進んでくるところ（**寒冷前線** (cold front)）と，暖気が寒気の上に乗り上げ始めるところ（**温暖前線** (warm front)）が生じる．どちらの前線も反時計まわりに動く（図 3.37(b)）．

　寒冷前線の上空では暖気が急上昇し積乱雲が生じる．積乱雲は短時間に強い雨を降らせるので，寒冷前線の通過後は天気が悪くなる．温暖前線がやってくる前には，暖気は緩やかに寒気の上に昇り乱層雲をつくる．この雲は穏やかな雨を降らせるが，温暖前線通過後は天気が好転する（図 3.38）．

　暖気はますます上へ追いやられるので，寒冷前線のスピードのほうが温暖前線より速く，やがて二つの前線は合体して**閉塞前線** (occluded front) となる．

　寒冷前線が接近すると，空気が対流して地表付近のちりなどが巻き上げられる「煙霧」とよばれる現象が発生することがある．そうなると，いきなり空全体が黄色や紫色に変わり，一時的に視界が悪くなる．

　なお，このほか，暖気と寒気が同じ程度の強さで拮抗しているときには，地上には**停滞前線** (stationary front) ができる．春から夏への変わり目の梅雨や，秋から冬への変わり目の長雨は，停滞前線の影響だ．

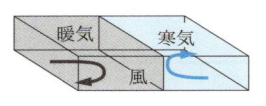

（a）暖気と寒気

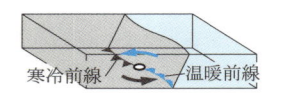

（b）温暖前線と寒冷前線の発生

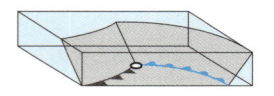

（c）寒冷前線が近づく

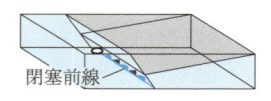

（d）前線が合体し閉塞前線になる

図 3.37　低気圧に前線が二つできる様子

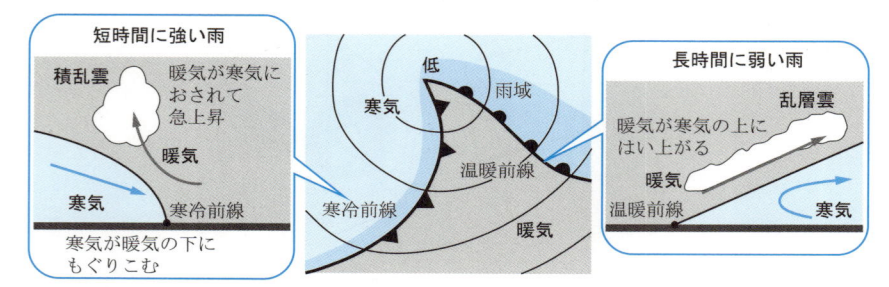

図 3.38　前線の前後での気流の変化　寒冷前線が通過すると，にわか雨が降った後に好天になるが，気温が下がる．温暖前線は通過前に雨になり，通過すると気温が上がる．

第4章
熱と気体　熱エネルギー

　前章の流体では，目にみえない分子間の運動が，粘性や抵抗となって目にみえる世界に登場することをみた．分子の運動をもっと直接感じることができるのが，熱運動である．分子の運動自身を直接みることはできないが，気体の圧力は，分子が集団でぶつかり続けている証である．

　熱の正体がエネルギーであることを見出すまでは，歴史的にとても長い時間を要した．19世紀の初めまで，物体の温度変化は，熱素（カロリック，calorique）という質量のない物質の移動であるという説（熱素説）が主流として信じられていた．カロリックという言葉はラボアジェが1787年に初めて用いたが，それ以降，現代でも名を残すラプラス，ポアソン，カルノーなどの大物理学者たちが，熱素説の範囲で強固な理論を築き上げていった．その中で，熱がエネルギーの一種であり，ほかの力学的エネルギーと交換できることを実験で示したのがジュールたちで，彼らの業績から「熱力学」が生まれた．これは熱の理解にとっての革命だった．

　ところで，理論的な理解より先立って，熱エネルギーを力学的エネルギーに変換するしくみが発明されている．蒸気機関である．気体を閉じ込めたタービンで，熱したり，熱を解放したりして，ピストンを動かすしくみを手にしたわれわれは，現在でも「効率のよいエネルギーの取得方法」に向けて努力を続けている．

図 4.1　熱の理解より先に蒸気機関車が走る

$\Delta Q = \Delta U + W$

4.1 温度は何で決まるのか
目にみえないが感じられる分子運動

「熱」の正体は，エネルギーである．熱は，温度の上昇や，外への仕事に変化できるからだ．それでは，温度の正体は何なのだろうか．固体・液体・気体のすべての状態で，私たちにはみえない「分子運動」を想像することがキーポイントになる．

4.1.1 温度

■温度

物質の三態
⟹ 4.1.2 項

温度 (temperature)
絶対零度
(absolute zero)
絶対温度
(absolute temperature)
摂氏温度
(Celsius temperature)

物質の三態（固体・液体・気体）は，分子の運動状態で決まっている．分子運動の激しさを表すのが，**温度**である．

日常で用いる温度の単位は摂氏 [℃] である．水が凍る温度を 0℃ とし，水が水蒸気になる温度を 100℃ として等分して測る目盛である．

物質は温度を下げていくと，分子運動が弱くなり，体積が縮む．マイナス 273.15℃ まで下げると，分子運動エネルギーがゼロとなり，これ以下に温度を下げることができない．そこで，この温度を**絶対零度**として，絶対零度を基準とした温度の単位を使うほうが，物理法則を表すのには適している．

単位
温度は，摂氏温度 [℃]（度）あるいは絶対温度 [K]（ケルビン）．

図 4.2 ケルビン
Lord Kelvin, W.T.
(1824–1907)

> **定義** 絶対温度
>
> 温度は，日常では摂氏温度 t [℃] だが，物理法則では**絶対温度** T [K]（ケルビン）を使う．両者の関係は，次の式のようになる．
>
> $$絶対温度\ T\,[\text{K}] = 摂氏温度\ t\,[℃] + 273.15 \quad (4.1)$$

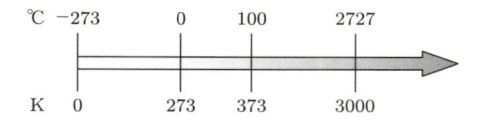

図 4.3 絶対温度は，分子の熱運動がゼロとなる最低温度を 0 K としたもの
0℃ = 273.15 K であり，100℃ = 373.15 K である．

● 分子運動

物質を構成している分子や原子は，常に激しく乱雑な運動をしている．このような運動を**熱運動**という．19世紀初め，イギリスのブラウンは，花粉から出た微粒子を水に浮かべると細かく不規則な運動をすることを発見した．これを**ブラウン運動**という．ブラウン運動は，熱運動している水の分子が微粒子に衝突するためだと，後にアインシュタインが明らかにした．

風船が膨らむのは，風船の中の気体分子が高速で風船内面に衝突するからだ．温度を上げると風船はさらに膨らむ．これは，熱運動が激しくなっていることを示している．外部から物体に移動した熱運動のエネルギーを**熱**または**熱エネルギー**，その大きさを**熱量**という．熱量の単位は，エネルギーと同じ [J]（ジュール）を用いる．風船自身は動いていなくても，分子運動の形で気体はエネルギーをもっている．このような形のエネルギーを，気体の**内部エネルギー**という．

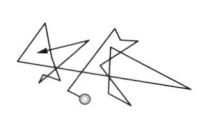

熱運動
(thermal motion)

ブラウン
Robert Brown
(1773–1853)
アインシュタイン
Albert Einstein
(1879–1955)
⟹7.2 節

熱 (heat)
熱エネルギー
(thermal energy)
熱量
(quantity of heat)

単位
熱量は，[J]（ジュール）．[cal]（カロリー）を使うこともある．1 cal = 4.2 J である．⟹4.2.2 項

内部エネルギー
(internal energy)

（a）ブラウン運動

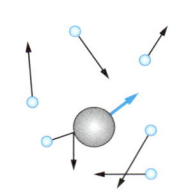

（b）ブラウン運動の正体は，液体中の分子が多数不規則に粒子にぶつかること

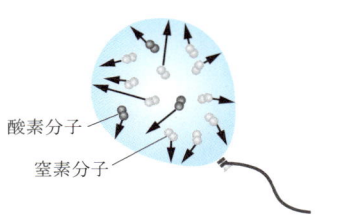

酸素分子
窒素分子

（c）気体分子が風船の内側にぶつかって押し出すことで，風船は膨らむ

図 4.4　分子運動

実験 14　ブラウン運動をみてみよう

100 倍以上に薄めた牛乳をスライドガラスに載せ，400〜600 倍程度の顕微鏡で観察してみよう．また，牛乳の温度を変えると運動の様子はどうなるだろうか．

■ 熱膨張と収縮

熱を加えると分子運動が活発になって，物質の体積は増加する．これを**熱膨張**という．鉄道の線路は夏場になると暑さで伸びるため，あらかじめ伸びる余地を残して設置されている[†]．

熱膨張
熱膨張の反対を**熱収縮**という．

[†] 列車がガタンゴトンと音を立てて走る理由である．

> **Topic   水銀式体温計を振って戻す理由**
>
> 水銀式体温計は，水銀の熱膨張を利用して体温を測るものだ．体から離しても体温が読み取れるように，体温計の管には細くくびれたところがあって，水銀の逆流を防いでいる．膨張するときはこのくびれを通れるが，収縮するときには通れない．それは，長く伸びた部分を引き戻せるほど水銀の分子間力が強くないからで，細いところで水銀は切れてしまうからだ．使う前には振って遠心力を起こし，圧力を加えて水銀を戻す必要がある．

くびれを通して
収縮できない水銀

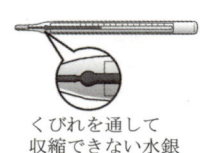

図 4.5　水銀式体温計

4.1.2　物質の三態
■ 水の状態図

固体，液体，気体の 3 種類は，分子の結びつき構造で決まる．分子がしっかりと結ばれていれば固体，分子が自由に飛び回れるならば気体である．液体と気体が接しているとき，見かけ上何の変化も生じていないようにみえても，蒸発する分子と凝縮する分子がある．環境条件が一定であれば，両者の数は同じであり，**平衡状態にある**という．

固体 (solid)
液体 (liquid)
気体 (gas)

平衡 (equilibrium)

蒸発 (evaporation)
凝縮 (condensation)
融解 (melting)
凝固 (solidification)
昇華 (sublimation)

物質の三態は，温度と圧力によって決まる．温度が上昇すると，分子の運動は活発になる．そのため，一般に，温度上昇によって固体 → 液体 → 気体と変化する．

状態図・相図
(phase diagram)
三重点 (triple point)
臨界点 (critical point)
超臨界流体
(supercritical fluid)

図 4.6(b) に示したのは，水の**状態図**（**相図**ともいう）である．1 atm のときでは，0°C で固体から液体へ，100°C で液体から気体へと変化していくことは周知のことだが，この図から，気圧が低い山の上では，沸点が 100°C を下回ることや，温度 0.01 度，圧力 0.006 atm のところでは，氷，水，水蒸気の三態が共存できる**三重点**になることがわかる．また，温度が 374°C，圧力が 218 atm の点は**臨界点**といわれ，これより高温かつ高圧では液体と気体の区別の付かない**超臨界流体**になる．

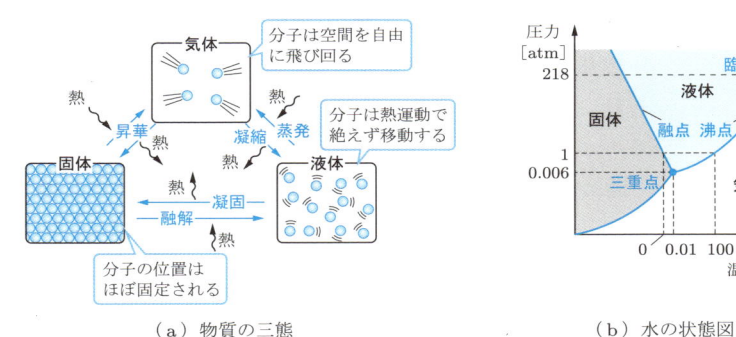

4.1 温度は何で決まるのか―目にみえないが感じられる分子運動　113

（a）物質の三態

（b）水の状態図

図 4.6　物質の三態と水の状態図

> **Topic　山の上でご飯を炊く方法**
>
> 富士山の山頂は，0.64 atm 程度である．沸点は 88℃ だ．この温度では，ご飯を炊いても半煮えになってしまう．
>
> そこで活躍するのが圧力鍋である．蓋をきっちりと閉じて，中の蒸気を溜め込み，高圧にして調理する圧力鍋の内部は，1.5 atm 程度まで圧力が上がる（それ以上になると安全弁が開いて水蒸気が放出される）．1.5 atm だと，沸点は 115℃ になる．
>
> 圧力鍋の中は，もちろん地上で使っても同じである．普通の鍋よりも高温で調理することになるので熱分解が早く進み，調理時間を短縮することができる．同じ原理の電気釜もあり，「圧力炊飯」というキーワードで売られているようだ．

圧力鍋
加熱した後の圧力鍋の蓋をあけるときは要注意．中の圧力が高いので，蓋の押さえをそのまま外すと蓋が飛び上がって危険である．初めに十分に中の蒸気を抜いて，気圧を下げる必要がある．

> **Topic　湖が凍っても魚が生きられる理由**
>
> 水は，分子構造上，温度 4℃ のときに最も体積が小さくなる．つまり，4℃ の水の比重が一番重い．冬に外気の影響で湖が凍っても，湖底には 4℃ の水が存在する．厳寒地の魚は 4℃ で生き延びられるように進化しているのだ．

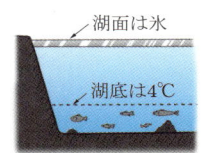

図 4.7　4℃ に耐えられれば越冬できる

> **Topic　過冷却と樹氷**
>
> 水が凍ったり，沸騰したりするきっかけは，不純物の混入による．精製水をゆっくりと −5℃ の冷蔵庫で凍らせようとしても，液体のまま（過冷却状態）であり，外気に触れた瞬間に凍りつくことになる．雪国などでみられる樹氷は，過冷却状態の水滴が木にぶつかって，一瞬で凍ることが一つの理由だという．

図 4.8　ぶつかると凍る過冷却の風

■ 融解熱・気化熱（蒸発熱）

固体から液体，液体から気体に状態が変化するときは，分子運動に多くのエネルギーを与える必要がある．このときに加えるエネルギーを，それぞれ**融解熱**，**気化熱（蒸発熱）**という．

氷から水に変化するとき，熱を加え続けても，氷が残っている限り温度が 0℃ のままでしばらく一定になるのは，熱が融解熱に使われているからである．水から水蒸気になるときも同様である．

腕にアルコールを塗られると，ヒヤッと涼しく感じるのは，アルコールが蒸発するときに皮膚から熱を奪うからである．雪が積もるときよりも，雪が融けるときのほうが寒く感じられるのも，雪の融解熱が原因である．

融解熱 (heat of fusion)
気化熱（蒸発熱）
(heat of evaporation)

氷の融解熱
　1 g あたり，
　333.5 J/g = 80 cal/g
　1 mol あたりでは，
　6 kJ/mol = 1440 cal/mol
水の蒸発熱
　1 g あたり，
　2257 J/g = 540 cal/g
　1 mol あたりでは，
　41 kJ/mol = 9720 cal/mol

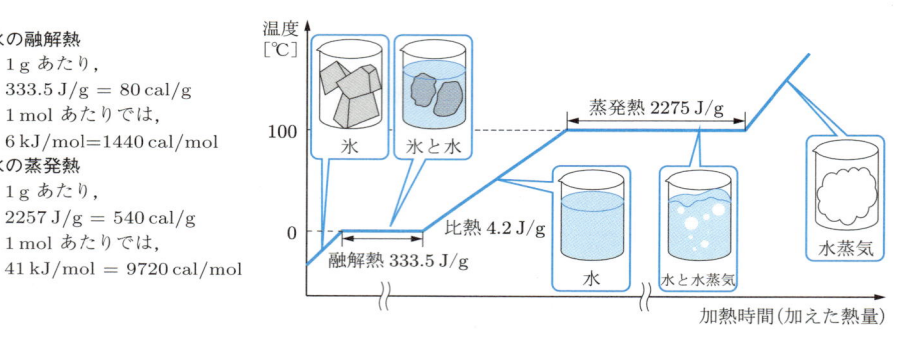

図 4.9 水の状態変化

■ 気体分子運動論

気体の圧力と温度の正体は分子運動である．温度が上がると，気体の分子運動が活発になって気体の圧力は大きくなる．可動ピストンの容器にいれてある気体ならば，ピストンを外に押し出して広がっていく（熱力学第 1 法則 ⟹ 126 ページ）．逆にピストンを押し込むと，ピストンから気体分子を加速することになり，気体の温度を上げることになる．

気体分子運動論
(kinetic theory of gases)

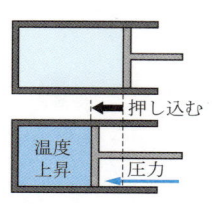

図 4.10 ピストンを押し込んでも温度は上昇する

コラム22　太陽の温度はどうやって測る？

19世紀末，鉄鋼業が始まったヨーロッパでは，溶鉱炉の温度を測って制御する必要が生じた．鉄を熱するとまず赤くなり，さらに温度が上がると青白く光る．高温物体は光を放射するが，温度が高くなるほど，波長が短い色に変化することがわかった（色の正体は光の波長である．⟹ 5.3.2項）．さらに研究が進むと，高温の気体から放射される光のエネルギー分布は，温度によって変わり，図4.11のようになることがわかった．

この関係から，「温度によって最も強く放射される光の波長が決まっている（ヴィーンの法則；Wien, 1864–1928)」ことと「放射される全エネルギーは温度の4乗に比例する（シュテファン・ボルツマンの法則；Stefan, 1835–1893；Boltzmann, 1844–1906)」ことが導かれた．

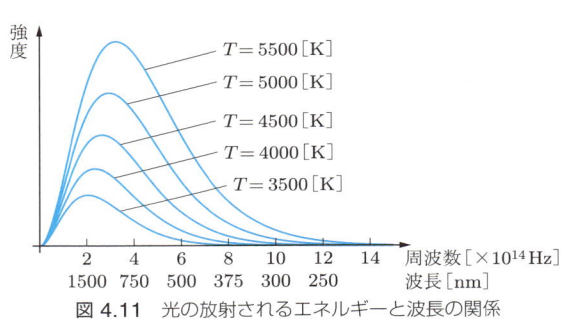

なぜこのような曲線になるのかを説明したのは，プランク (Planck, 1858–1947) である．光のエネルギーには最小単位があることを仮定した光の量子仮説 (1900) は，のちに量子論といわれる現代物理学の柱の一つになっていく．

太陽の表面温度が約5800 K とわかるのは，このような光の色の強度分布（スペクトル解析）からである．地球が太陽から受けるエネルギー量は（大気圏外で）面積 $1\,m^2$，1秒間あたり $1.37\,kJ$ である．これを**太陽定数**という（$1\,cm^2$，1分あたり約 $2\,cal$ である）．この値から太陽の全エネルギー放射量を見積もることができ，表面温度の計算値はきちんと一致する．

図4.11 光の放射されるエネルギーと波長の関係

問 4.1　物質の三態変化のうち，昇華の例を挙げよ．

問 4.2　「地球温暖化によって北極の氷や南極の氷が解けて海面が上昇する」といわれている．本当だろうか．

問 4.3　打ち水で涼しくなるのはなぜか．

問 4.4　「汗で濡れたシャツを着ていると，風邪を引くよ」という意味を蒸発熱という言葉を用いて物理的に説明せよ．

問 4.5　熱が出ている人に与える枕として，0°Cの水枕と0°Cの氷枕ではどちらが効果的か．

調 4.1　いろいろな温度計のしくみについて調べてみよう．

調 4.2　気化熱で冷蔵庫をつくることはできるだろうか．

調 4.3　温度はどこまで下げられるのか．最新の技術を調べよう．

4.1.3 熱，熱の移動

■ 熱，熱の移動

高温の物体と低温の物体が接すると，熱エネルギーが移動し，高温の物体は熱量を失い，低温の物体は熱量を得る．

熱の移動が生じたとき，全体としては熱エネルギーは増減せず，保存する．

熱量の保存
(conservation of heat)

> **法則　熱量の保存（熱エネルギーの保存則）**
>
> 高温の物体 A から低温の物体 B へ熱が移動したとき，
>
> 物体 A が失った熱量 = 物体 B が得た熱量
>
> となる．

熱平衡
(thermal equilibrium)
熱力学の第 0 法則
(zeroth law of thermodynamics)

熱の移動は，接した物体の温度が等しいところで落ち着く．この状態を**熱平衡**という．次の法則がある．

熱力学の第 1 法則
⟹126 ページ
熱力学の第 2 法則
⟹133 ページ

> **法則　熱力学の第 0 法則**
>
> 物体 A と B が熱平衡，物体 B と C が熱平衡ならば，A と C も熱平衡にある．

■ 比熱と熱容量

比熱 (specific heat)

物質ごとに，温まり方は異なる．

表 4.1　比熱の比較

物質	比熱 [J/(g·K)]
鉛	0.13
銀	0.24
銅	0.38
鉄	0.45
アルミ	0.90
水	4.2

25°C における比較．cal の単位を使うなら水の比熱は 1 cal/(g·K)．

> **定義　比熱・熱容量**
>
> - 1 g あたりの物質の温度を 1 K だけ上昇させるのに必要な熱量 [J] を，その物質の**比熱** c という．比熱の単位は [J/(g·K)] になる．
> - 物質が m [g] あるとき，物質全体の温度を 1 K だけ上昇させるのに必要な熱量を**熱容量** C という．熱容量の単位は [J/K] になる．
> - 温度を ΔT [K] 上昇させるときに必要な熱量 Q [J] は，比熱や熱容量の定義から，次の式のようになる．
>
> $$Q = m\, c\, \Delta T = C\, \Delta T \qquad (4.2)$$
>
> 熱量 = 質量 × 比熱 × 温度差 = 熱容量 × 温度差

4.1 温度は何で決まるのか—目にみえないが感じられる分子運動

Advanced	熱平衡になる温度

質量 m_A [g], 比熱 c_A [J/(g·K)], 温度 T_A [K] の物体 A と, 質量 m_B [g], 比熱 c_B [J/(g·K)], 温度 T_B [K] の物体 B が接触し, 熱平衡に達して温度が T_E [K] になったとする。$T_B < T_E < T_A$ とする。このとき,

$$\text{A が失う熱量} = m_A c_A (T_A - T_E) \tag{4.3}$$

$$\text{B が得る熱量} = m_B c_B (T_E - T_B) \tag{4.4}$$

であるから, 熱量保存則より, $m_A c_A (T_A - T_E) = m_B c_B (T_E - T_B)$ となる。これを T_E について解くと, 熱平衡温度が求められる。

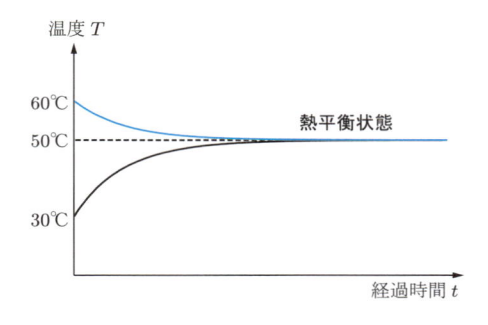

$$T_E = \frac{m_A c_A T_A + m_B c_B T_B}{m_A c_A + m_B c_B} \tag{4.5}$$

図 4.12 60°C の水と 30°C の水を 2:1 の量で混合したときの温度変化の様子 式 (4.5) から, 熱平衡温度が 50°C とわかる.

問 4.6* 風呂のお湯 100 L を沸かし過ぎて 45°C にしてしまった。40°C にするためには, 水を何 L 加えればよいか。水の温度は 15°C である。

● 伝導・対流・放射

熱エネルギーは, 伝導・対流・放射の 3 種類の方法で伝わる.

- 伝導：物質の内部で熱が伝わること.
  例：鍋の底, 使い捨てカイロ
- 対流：気体や液体が移動することにより熱が伝わること.
  例：鍋の中, エアコンによる冷暖房, 風呂
- 放射（または輻射）：物体が電磁波の形でエネルギーを放出すること.
  例：太陽熱, ストーブ, 焚き火

伝導 (conduction)
対流 (convection)
放射 (radiation)

電磁波 ⟹ 6.3.5 項

コラム 23　鍋に適した金属は？

よく使われる 3 種類の鍋の利点・欠点は，次のようになる．

銅：熱伝導に優れた鍋ならば，銅が一番だが，銅はすぐに変色してしまう．食品衛生法によって，銅の鍋の内側にはスズか銀でメッキをすることになっている．高温にしなくてもよい卵焼きなどは，熱伝導率がよく全体に熱が伝わりやすい銅製のものがよいとされる．

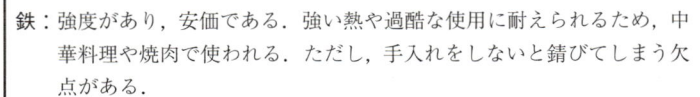

鉄：強度があり，安価である．強い熱や過酷な使用に耐えられるため，中華料理や焼肉で使われる．ただし，手入れをしないと錆びてしまう欠点がある．

アルミニウム：軽くて錆びにくく，安価である．熱伝導は銅につぐよさがあり，調理道具の主力になっている．欠点は油なじみが悪いため焦げ付きやすいことである．磁性がないため電磁調理器での調理もできない．

火の通りがよいという観点からだと，底の薄いアルミ鍋になる．しかし，料理によっては食材に満遍なく火が通るもの，あるいは火から下ろしてもしばらくは料理の温度が保たれるほうがよい場合がある．そうであるならば，底に厚みのあるアルミ鍋，あるいは鉄の鍋を選ぶほうがよい．料理によって適する鍋は異なってくる．

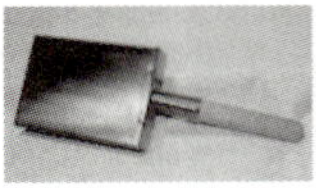

（a）銅 
（b）鉄 
（c）アルミニウム
図 4.13　鍋各種

図 4.14　魔法瓶 (thermos)

Topic　魔法瓶

魔法瓶は，液体を入れる部分と外気に触れる部分の間に薄い真空層があり，熱伝導と熱放射を防ぐしくみである．特許が許可されたのは，1907 年と結構古い．

最近の家の窓は，2 重ガラスになっていて，ガラスの内側には薄い真空層がある．これも魔法瓶と同じで，外気との断熱効果をもたらしている．

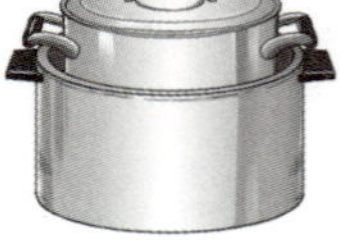

図 4.15　鍋イン鍋で，保温調理

Topic　はかせ鍋

煮物などの料理では長時間火にかけるが，保温性のよい鍋ならば，火を使い続けなくても同じ効果を得られる．「はかせ鍋」と命名された商品があるが，これは，熱くなった鍋を火から下ろして少し大きな別の鍋に入れるという構造である．開発者が大学の先生だったことと，スカートをはかせるイメージで，「はかせ鍋」と命名されたそうだ．

Topic　金属製の製氷皿が手にくっつく

　冷蔵庫の製氷室に置いていた冷たい金属製の製氷皿を取り出すと，手がくっついてしまうことがある．これは，手に含まれた水分が熱伝導によって熱を奪われ，凍ってしまう現象である．プラスチック製の製氷皿ではこのようなことはない．金属のほうが熱伝導がよい証拠である．

Topic　温室効果ガスの役割

　太陽から地球に熱が届くのは，放射による．地面や海水面が放射によって暖められ，それが空気や海水を暖める．そして空気や海水が対流を起こして，熱を地球全体に循環させる．もし，地球に空気や水がなかったら，太陽からの熱が当たる部分は灼熱の高温になり，日陰の部分は非常に低い温度になってしまうだろう．

　地球の熱も宇宙空間に放射して逃げていく．幸い地球は，温室効果ガスに取り囲まれていて，ある程度の熱は保持される．もし，温室効果ガスがなければ，地表の温度は $-18℃$ になってしまう．

温室効果ガス (greenhouse effect gas)

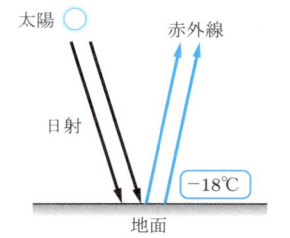

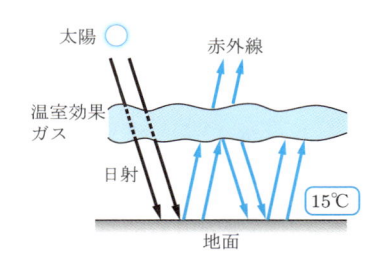

(a) 温室効果ガスがない場合　　(b) 温室効果ガスがある場合

図 4.16　温室効果ガスがなければ，地表の温度は $-18℃$

問 4.7　冬の朝に聞く言葉，放射冷却を説明せよ．
問 4.8　冷蔵庫の冷凍室が上側にあるときと，下側にあるときの利点と欠点を考えよ．
調 4.4　雪だるまにセーターを着せると，融けるのは早くなるか，遅くなるか，実験してみよう．
調 4.5　アイロンや炊飯器の保温モード，コーヒーメーカーなど，温度調節を行う電気器具は多い．どのようにして温度を一定に保っているのか調べよう．

4.2 気体の法則・熱力学の法則
エネルギーの移動とうまくつきあう

気体を特徴付ける量は，体積，圧力，温度の三つであり，これらの間には「状態方程式」とよばれる関係が成り立つ．熱を加えたときのエネルギー保存則もあわせて紹介しよう．

4.2.1 気体の法則

■気体を表す基本量

気体には形がないが，分子運動によって容器の形状いっぱいに広がる．気体を特徴付ける物理量は，体積 V [m^3]，圧力 P [Pa]，温度 T [K] の三つであり，さらに気体分子の量（モル数）n [mol] を使うと，気体の状態を記述することができる．

体積 V [m^3]
圧力 P [Pa]
温度 T [K]

単位
物理法則での温度の単位は絶対温度 [K]（ケルビン），圧力は [Pa]（パスカル）．

■気体に関する基本法則 1

「山の上にいくとポテトチップスの袋が膨れる」あるいは「山の上で飲んだペットボトルが下山すると潰れている」ことを示すのが，ボイルの法則である．

ボイル
Robert Boyle (1627–91)

> **法則　ボイルの法則**
>
> 温度を一定にすると，一定量の気体の体積 V は，圧力 P に反比例する．
>
> $$PV = 一定 \qquad (4.6)$$

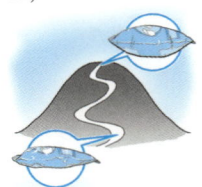

図 4.17 山の上でポテトチップスの袋が膨らむ

P と V を軸にしたグラフを描くと，図 4.18(a) のようになる．

> **Topic　飛行機の中で袋が膨らむ**
>
> 飛行機は，外気との差をなるべく少なくするため，飛行中は客室を減圧するので，山の上と同じ環境である．かつてゴム風船型の胸パッドをしていたフライトアテンダントが，飛行機が離陸したときにたいへんな姿になってしまったことがあったそうだ．

■気体に関する基本法則 2

「お湯が沸くとやかんの蓋が浮き上がる」，あるいは「餅が膨らむ」ことを示すのが，シャルルの法則である．

4.2 気体の法則・熱力学の法則—エネルギーの移動とうまくつきあう　**121**

> **法則　シャルルの法則**
>
> 圧力を一定にすると，一定量の気体の体積 V は，絶対温度 T に比例する．
>
> $$\frac{V}{T} = 一定 \tag{4.7}$$

シャルル
Jacques A.
C. Charles
(1746–1823)

V と T を軸にしたグラフを描くと，図 4.18(b) のようになる．

■ 気体に関する基本法則 3

> **法則　ボイル・シャルルの法則**
>
> 式 (4.6) と式 (4.7) をあわせると次式になる．
>
> $$\frac{PV}{T} = 一定 = R \, (気体定数) \tag{4.8}$$

図 4.19　熱すると膨らむ

気体の量が n 倍になると，式 (4.8) の右辺の定数を n 倍した，

$$\frac{PV}{T} = nR \quad \text{すなわち}, \quad PV = nRT \tag{4.9}$$

の関係が成り立つ（図 4.18(c)）．この式を**理想気体の状態方程式**という．式 (4.9) が成り立つ気体を**理想気体**という[†]．

状態方程式 (equation of state)
理想気体 (ideal gas)

[†] 実際の気体は，分子の大きさがあり，分子間力もはたらくので，補正が必要になる．

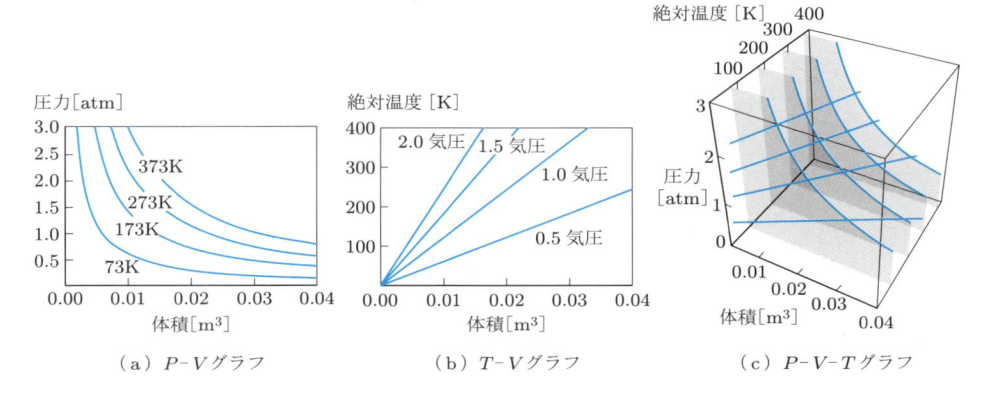

（a）P-V グラフ

（b）T-V グラフ

（c）P-V-T グラフ

図 4.18　1 mol の気体の圧力 P，体積 V，温度 T の状態図　(c) の 3 次元図が三つの変数でのふるまいを示す．この図を手前からみると (a) の P-V グラフになり，上からみると (b) の T-V グラフになる．

■ 飽和水蒸気量

空気中に溶け込める水蒸気の量は，温度によって変わる．$1\,\mathrm{m}^3$ の空気が含むことのできる水蒸気の最大質量を g で表したものを**飽和水蒸気量**という．グラフにすると，図 4.20 の湿度 100% の線のようになる．

表 4.2 飽和水蒸気量

気温 [℃]	飽和水蒸気量 [g/m³]
35	39.6
30	30.4
25	23.1
20	17.3
15	12.8
10	9.4
5	6.8
0	4.8

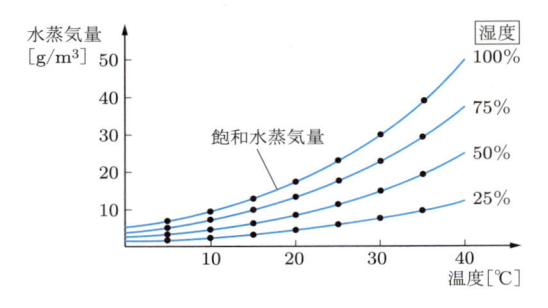

図 4.20 水蒸気量の温度変化の様子

飽和水蒸気量を 100 として，空気中に含まれている水蒸気の量が**湿度（相対湿度）**である[†]．気温 30℃ のとき，$1\,\mathrm{m}^3$ の空気が 10 g の水蒸気を含んでいれば，湿度は 32.7% になる．この空気がそのまま冷えると，温度 $T_0 = 11$℃ で飽和し，この温度 T_0 以下では**結露**する．このような温度 T_0 を**露点**という．

たとえば，夏に冷たい飲み物をコップに入れて放置すると，コップの外側に水滴がつく．これは，コップの周囲で冷やされた空気が，それまでに含んでいた水蒸気をため込めずに結露したものだ．干していた洗濯物をしまい損なうと夜には湿気を帯びてしまうのも，冬に水蒸気が多い室内の空気が窓の近くで結露するのも同じ理由である．

湿度 (humidity)

[†] 正確には重量比ではなく，飽和水蒸気圧に対する水蒸気圧の分圧で定義されるが，ほぼ同じである．

図 4.21 ビールジョッキも汗をかく

乾燥した野菜

干物になった魚

図 4.22 冷蔵庫のミイラ

> **Topic　冷蔵庫の中はなぜ乾燥するのか**
>
> 冷蔵庫内は -40℃ 程度にまで冷却機で冷やされた空気が循環し，庫内の温度を下げる．冷気は周囲から熱を奪い，自分自身の温度は 0℃ 程度にまで上昇する．そうなると飽和水蒸気量は増えるので，冷蔵庫内の食材から水分を奪い取ることになる．最近の冷蔵庫には，密閉することで水分を逃がさない野菜室などがある．

実験 15　雲をつくってみよう

ペットボトル内で雲をつくることができる．大きなペットボトルと，フィズキーパーとよばれる炭酸抜けを防止する栓を用意しよう．ペットボトルの中を少し湿らせ（霧吹きでひと吹き），線香の煙を入れておく（雲の種となる）．フィズキーパーを取り付け，中の空気の圧力を上げる．圧力を上げると，閉じ込められた空気の温度が上がり，ペットボトルの中は透明になるが，そこで一気に栓を開けると，急に圧力が下がり，温度が下がって，露点に達し，雲が発生する．

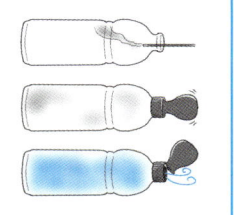

図 4.23　ペットボトルに雲

コラム 24　天気予報で出される「○○指数」

夏場になると「不快指数」という言葉を耳にする．アメリカの旅行天気会社が考え出した値といわれるが，気温 T と湿度 H をもとにして，露点温度 T_0 を計算し，

$$\text{不快指数}\quad D = 0.72(T + T_0) + 40.6 \tag{4.10}$$

として計算する値だという．だが，この値は，風の影響を含めていないので，必ずしも体感と一致するわけではなく，気象庁の統計種目でもない．

最近では天気予報会社が付加価値を出すために「洗濯指数」，「お出かけ指数」，「ビール指数」，「鍋もの指数」，「のど飴指数」など，さまざまな数値を予報して出している．各社が，気温，湿度，風速，日射量などをもとに独自に計算しているもので，詳細な計算方法はほとんど公開されていない．

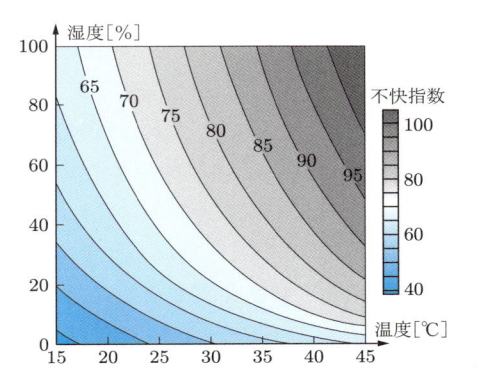

図 4.24　温度と湿度から不快指数を読み取る図　70 以上で一部の人が，75 以上で約半数，80 以上でほぼ全員が不快と感じ，85 以上で全員が苦痛を感じるという．

問 4.9　お吸い物のお椀の蓋が，冷めると開かなくなってしまう理由は何か（図 4.25(a)）．
問 4.10　底が濡れたお椀にお汁を注ぐと，お椀が勝手に動き出すことがある．この理由は何か（図 (b)）．
問 4.11　暖炉の煙突から煙がポッポッポッっと断続的に出る理由を説明せよ（図 (c)）．
問 4.12　湿度 100％とは，どのような状態か．
問 4.13　クモの巣に朝露がつく原因を説明せよ．
調 4.6　山を下降してくる乾燥した空気によって，山麓が異常に高温になってしまう「フェーン現象」について調べてみよう．

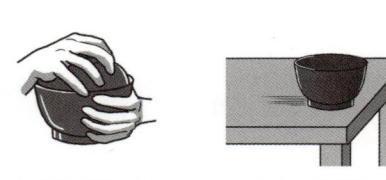

　　（a）お椀が開かない　　　（b）お椀が動く　　　（c）ポッポッポッ

図 4.25　気体の膨張・収縮に関する事例

4.2.2　ジュールの実験と熱力学の第 1 法則

　19 世紀前半に物理学で問題となったのは，「物体の温度は，高温のところに置く以外の方法で上げることができるのだろうか」や，「摩擦などで発生した熱はどこへいくのだろうか」などの，熱に関する疑問だった．

■ ジュールの実験

　ジュールは，おもりが下降することによる位置エネルギーの差が，水を攪拌する仕事に変わり，水の温度を上昇させることを実験で示した（図 4.27）．これは，「温度の上昇が，エネルギーの増加と同じである」ことを意味していた．

図 4.26　ジュール
James P. Joule
(1818–89)

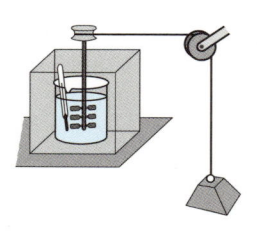

図 4.27　ジュールの実験装置　おもりを下降させて得たエネルギーが熱に変化することを示した．

4.2 気体の法則・熱力学の法則—エネルギーの移動とうまくつきあう

> **法則　熱の仕事当量**
>
> 力学的なエネルギーは熱に変換できる．換算係数は**熱の仕事当量**とよばれ，次の関係になる．
>
> $$1\,\text{cal} = 4.2\,\text{J} \tag{4.11}$$

正確には
$1\,\text{cal} = 4.1855\,\text{J}$

ここに出てきた単位を紹介しておこう．

- カロリー ([cal]) は，水 1g を温度 1℃ 上昇させるときに必要なエネルギーの単位である．普段の生活では，摂取エネルギー量の目安になっている単位だ．しかし，国際単位系ではなく，国際的には古い単位とされ，徐々に市民権を失う運命にあるようだ．
- ジュール ([J]$\Longrightarrow$2.5.1 項) は，1N の力で 1m 物体を動かしたときの仕事（エネルギー）の単位である．質量 $m = 1\,\text{kg}$ のおもりが，$h = 1\,\text{m}$ 落下するとき，失う位置エネルギーの大きさは，次のようになる．

$$mgh = 1\,\text{kg} \cdot 9.8\,\text{m/s}^2 \cdot 1\,\text{m} = 9.8\,\text{Nm} = 9.8\,\text{J}$$

> **Topic　スープを攪拌すると温度が下がる**
>
> ジュールは，水を攪拌して温度が上がることを示した．この話を講義でした後で，学生から「スープをスプーンでかきまぜると温度が下がるのですが…」と質問された（汗）．確かに熱いスープを冷ますにはなるべく外気と接するように攪拌するのがよい．ジュールが示したのは，外気で冷めるよりもエネルギーを多量に加えれば，温度が上昇するということだ．

> **実験 16　振り回してお湯をつくろう**
>
> 携帯用魔法瓶に水を少量だけ入れて数分間激しく振ると，温度が上がることを実験してみよう（体温が水温を上げないように，魔法瓶で行う）．力学的な運動を熱に変えるのは，火おこしも同じである．木くずを連続的にこすり合わせることで生じる摩擦熱を利用している．釘を金づちで打つと熱くなるのも同じ原理だ．

■熱力学の第 1 法則

熱力学の第 1 法則
(first law of thermodynamics)

熱力学の第 0 法則
⟹ 116 ページ
熱力学の第 2 法則
⟹ 133 ページ
力学的エネルギー保存則 ⟹ 69 ページ

熱エネルギーまでを含んだエネルギー保存則を，熱力学の第 1 法則という．

> **法則　熱力学の第 1 法則**
>
> 熱はエネルギーの一形態である．力学的エネルギーなど，ほかのエネルギーと交換可能で，エネルギーの総和は一定である．

この法則を次のように定義して，式で表現しよう．
- 熱するなどして，気体が熱 Q [J] を得たとする．
- 気体の温度が上がると，分子の運動エネルギーが増加する．これを**内部エネルギーの増加**といい，増加分を ΔU [J] とする．
- 気体が膨張すれば，外に向かって仕事をすることになる．その量を W [J] とする．

このとき，エネルギー保存則として，次の法則が成り立つ．

気体の内部エネルギー増加 ΔU
気体が外へした仕事 W
熱 Q を加える

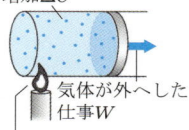

図 4.28　熱力学第一法則はエネルギー保存則

> **法則　熱力学の第 1 法則（式表現）**
>
> 気体に熱を加えると，温度上昇と膨張による外部への仕事に変換される．
>
> $$Q = \Delta U + W \quad (4.12)$$
>
> 気体に加えた熱 ＝ 内部エネルギーの増加 ＋ 外部にした仕事

> **Topic　内部エネルギーの増加・減少**
>
> 自転車のタイヤに空気を入れると，空気入れが熱くなる．これは，閉じ込められた気体が，外部から仕事をされることにより，気体の内部エネルギーを増加させたからである．スプレー缶を使うと缶の温度が下がってくる．これは缶内の気体を放出することで，外部に仕事をした結果である．

（a）タイヤに空気を入れると空気入れが熱くなる（気体にした仕事＝正）

（b）スプレーを使うと缶が冷たくなる（気体にした仕事＝負）

図 4.29　空気入れとスプレー缶

実験 17　輪ゴムを伸ばすと温度が上がる

人間の唇は温度に敏感である．引き延ばした輪ゴムに唇で触れると，もとの輪ゴムより温度が上がっていることがわかる．輪ゴムを伸ばすと分子が引き伸ばされ，その仕事の一部が分子の熱運動にも変わるからだ．

■ エネルギーの変換

「力学的エネルギー（運動エネルギー）」が「熱エネルギー」に変換できることがジュールの発見だった．同じように，電気エネルギー，化学エネルギー，光エネルギー，核エネルギーも含めて相互に変換することができる．

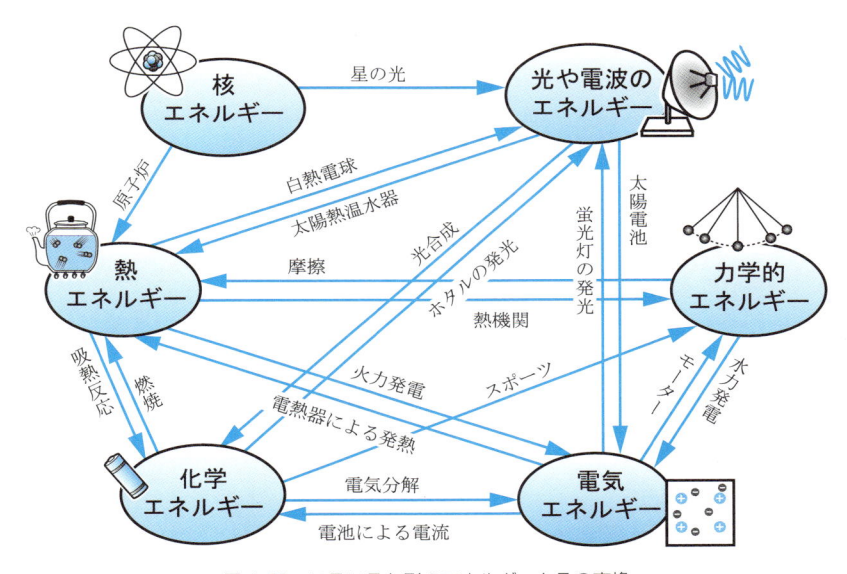

図 4.30　いろいろな形のエネルギーとその変換

氷の融解熱が 80 cal/g，水の蒸発熱が 540 cal/g であることを既知として，次の問題に答えよ．

問 4.14* 高さ 100 m の滝から水が落下し，位置エネルギーがすべて熱エネルギーに変わるとすると，温度は何度上昇するだろうか．重力加速度 g を $g = 9.8 \text{ m/s}^2$ とする．

問 4.15* 成人女性が 1 日に摂取するエネルギーは，1800〜2200 kcal 前後とされる．2000 kcal すべてを使うと，何 kg の氷を水に変えることができるか．

問 4.16* 2000 kcal すべてを使うと，何 kg の水を 10°C 上昇させることができるか．

問 4.17* 2000 kcal すべてを使うと，何 kg の水を水蒸気に変えることができるか．

問 4.18* 2000 kcal は，10 kg の物体を何 m 持ち上げるエネルギーに相当するか．

4.3 熱効率と不可逆変化
永久機関はなぜ不可能なのか

蒸気機関は，動力を取り出す基本的なしくみである．いかに効率よく動力を取り出すかという努力は，産業革命以来，現在も続く人類の永遠の課題である．水力発電で得られた電気を使って，水を山の上まで汲み上げる．そうすれば永久に電気が発電できそうだが，残念ながら，不可能である．

4.3.1 熱機関

■ 蒸気機関の発明

産業革命は蒸気機関の発明から始まった．気体を熱すると膨張する現象を使って動力を得る機械の発明で，人間社会は豊かに変わった．熱エネルギーを継続的に仕事に変換する装置を**熱機関**という．創始者としてニューコメンとワットの2名が挙げられる．両者ともイギリスの発明家・技術者である．

- ニューコメンは，1712年に鉱山の排水用として蒸気機関を製作した．蒸気に冷水を吹き込んで冷やし，蒸気が水に戻るときに生じる負圧（真空減圧）でピストンを吸引するもので，大気圧を利用する方法だった．
- ワットは，1769年に新方式の蒸気機関を開発した．復水器で蒸気を冷やす方法でシリンダーが高温に保たれ，効率が増した．往復運動から回転運動への変換などの改良も行った．

熱機関
(heat engine)

ニューコメン
Thomas Newcomen
(1664–1729)

図 4.31 ワット
James Watt
(1736–1819)

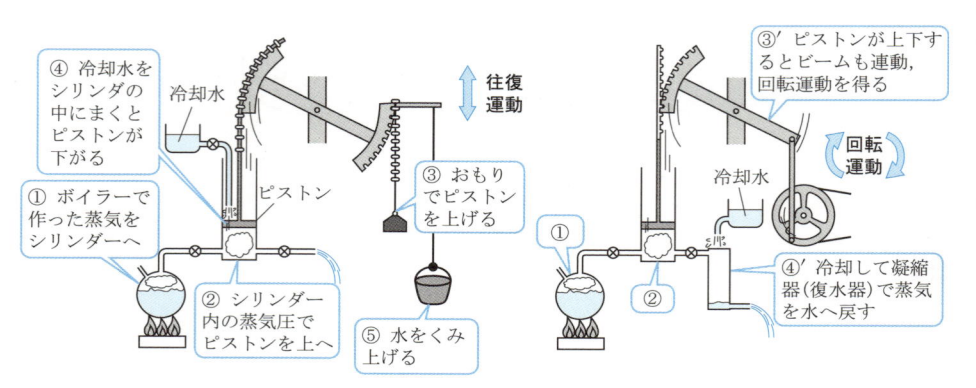

（a）ニューコメンの大気圧機関のしくみ　　（b）ワットの蒸気機関のしくみ

図 4.32　蒸気機関のしくみ

■熱サイクル

熱機関の原理は，ピストン運動である．気体をシリンダーに密閉し，シリンダーにピストンを接続する．熱を加えてピストンを動かし，仕事を取り出す操作を繰り返す．ピストンを押したり引いたりして，もとの状態に戻すような作業を，**熱サイクル**という．蒸気機関車は石炭を燃焼させ，自動車はガソリンを燃焼させるが，しくみは同じだ．圧力-体積グラフ（P-V グラフ）を使って，熱サイクルをみてみよう（図4.33）．

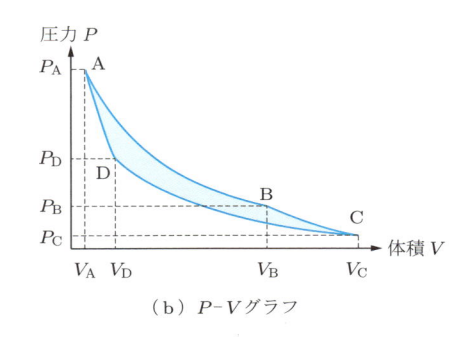

熱サイクル
(thermodynamic cycle)

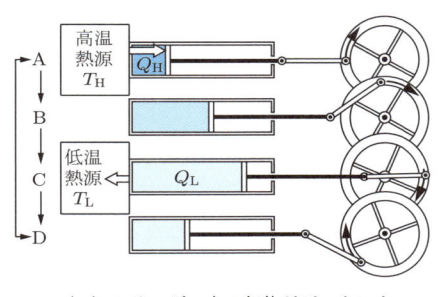

(a) シリンダー内の気体がピストンを押して仕事をする熱機関

(b) P-Vグラフ

図 4.33　熱サイクル

A→B　ある状態 A からシリンダーを高温熱源（温度 T_H）に接触させる．熱を受けたシリンダー内の気体は膨張し，ピストンが外に向かって仕事をする．そして，気体の圧力は下がる（温度を一定に保つならば**等温膨張**）．

B→C　熱の出入りを絶って，ピストンの運動を慣性でさらに膨張させる（**断熱膨張**）．外に向かって仕事をすることになり，シリンダー内の気体の温度は低下する．

C→D　シリンダーを低温熱源（温度 T_L）に接触させると，シリンダー内の気体は熱エネルギーを放出し，体積は減少する（温度を一定に保つならば**等温圧縮**）．このとき，点 D は次の過程でちょうど点 A に戻れるような状態を選ぶ．

D→A　熱の出入りを絶って，ピストンの運動を慣性でさらに圧縮させる（**断熱圧縮**）．この結果，気体の温度は上がり，もとの状態に戻る．

「理想的な熱機関」としてカルノーは，等温膨張，断熱膨張，等温圧縮，断熱圧縮の四つの過程で循環する熱機関を考えた．⟹ 133 ページ

このようにして，A→B→C→D→A と 1 周するサイクルを考えると，気体はグラフ（図 4.34）で ABCD で囲まれた部分の面積に相当する仕事を外部に向かって行うことになる．

A→B の過程だけであれば，高温熱源から受けた熱エネルギーをすべて仕事に変えることができるが，サイクルとしてもとに戻して継続的に動かすことを考えると，**低温熱源に触れさせて熱エネルギーを一部放出させなければならないことがわかる**．

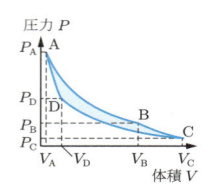

図 4.34 1 周するサイクルを考えると，気体はグラフで ABCD で囲まれた部分の面積に相当する仕事を外部に向かって行う．

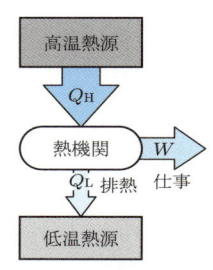

図 4.35 熱機関の概念図

熱効率
(thermal efficiency)

表 4.3 おもな熱機関の熱効率

蒸気	10〜20%
ガソリン	20〜30%
ディーゼル	30〜40%
蒸気タービン	20〜40%

■ 熱効率

熱機関では，熱エネルギー Q_H を加えて，仕事 W をさせるのが目的であるが，必ず何割かの熱エネルギー Q_L を捨てて，もとの状態に戻す必要がある．熱機関の 1 サイクルで，加えた熱に対してどれだけ正味の仕事ができたかの割合を**熱効率**という．

> **定義　熱効率**
>
> 高温熱源から受け取った熱エネルギー Q_H のうち，仕事 W に使われた変換効率を**熱効率** η といい，次式で定義する．
>
> $$\eta = \frac{W}{Q_H} \quad \left(= \frac{Q_H - Q_L}{Q_H} = 1 - \frac{Q_L}{Q_H}\right) \tag{4.13}$$
>
> ここで，Q_L は，低温熱源に放出した熱エネルギーである．

熱効率がよい熱機関を開発していくことが，エネルギー資源を節約していく点からも求められている．かつての蒸気機関車による輸送がディーゼルや電気機関車に変わった理由も，熱効率の改善のためである．

■ モノを冷やすにはどうしたらよいか

エネルギーを加えて「外部に仕事をする」熱機関（このような熱機関を**ヒートエンジン**という）のしくみは上記で説明したようになっているが，冷蔵庫やエアコンなど，モノを冷やす装置は，エネルギーを加えながらも「外部から仕事を奪う」必要がある．冷蔵庫やエアコンは，庫内や室内を冷却するが，それ以上の熱を外部に放出している装置である．どちらも多大なエネルギーが必要である．

> **Topic　冷蔵庫のしくみ**
>
> 　冷蔵庫の壁は，クーラーボックスと同様の断熱パネルでできていて，冷媒といわれる物質が，パイプの中を通って庫内と庫外を循環している（図 4.36(a)(b)）．
>
> 1. 冷媒は，庫外にあるコンプレッサー（圧縮機）に気体の状態で入る．ここで冷媒は一気に 5 atm 程度に圧縮され，温度が 50～60℃ に上昇する．
> 2. 次に，冷媒は放熱器に送られる．放熱器は長く細いパイプで外気と接触しており，冷媒は外気温と同程度に下がり，液体になる．
> 3. 液体になった冷媒は，キャピラリーチューブとよばれる細い管を通ったあと，広い空間に出て霧状になって飛び散る．このとき冷媒の圧力は一気に 0.5 atm 程度にまで下がり，再び気体に変化する．この際に，冷媒は気化熱として周囲から熱を奪うので，ここが冷却装置になる．冷却機は −40℃ 程度にまで冷やされ，これが庫内を冷却する．
> 4. 冷却機を出た冷媒は，再びコンプレッサーに向かう．
>
> 　エアコンも冷蔵庫と同様のしくみである（図 4.36(c)）．室外機のコンプレッサーで圧縮された冷媒を室内に送り，室内では冷媒の蒸発熱で冷房を行う．逆に利用すれば，暖房を行うことができる．冷蔵庫やエアコンなど，冷媒を循環させて熱を輸送する装置を**ヒートポンプ**という．

冷媒（refrigerant）
液体から気体になる沸点は，圧力によって変わる（⟹ 4.1.2 項）．圧力が低ければ沸点は下がり，圧力が高ければ沸点は上がる．冷蔵庫で用いられる冷媒（イソブタン）の沸点は，表 4.4 のようになる

表 4.4　冷媒（イソブタン）の沸点

0.5 atm	−60℃
1 atm	−11.7℃
5 atm	40℃

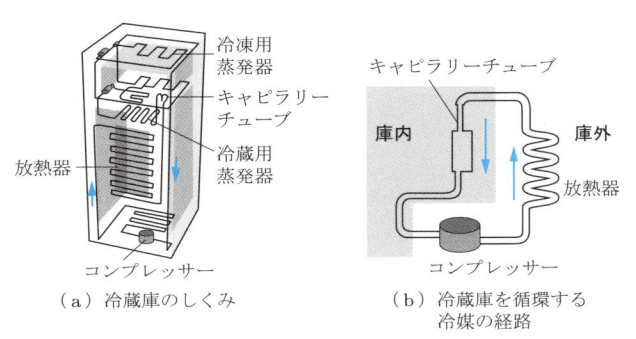

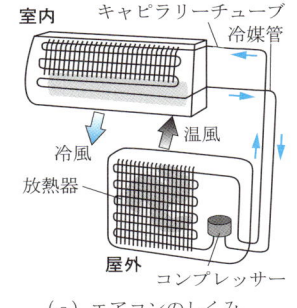

（a）冷蔵庫のしくみ
（b）冷蔵庫を循環する冷媒の経路
（c）エアコンのしくみ

図 4.36　冷蔵庫・エアコンのしくみ

モノを冷やすのには，多大なエネルギーが必要である．エアコン，照明，冷蔵庫の三つで，家庭の電力消費の半分以上を占める（⟹ コラム 26）．

コジェネレーション
(cogeneration, combined heat and power)

■ コジェネレーション

いかにして熱効率を上げるかを追求した結果，最近は，熱機関から出る**排熱を利用**して，動力，温熱，冷熱を取り出し，エネルギー効率を上げる装置である**コジェネレーション**が普及し始めてきている．

また，給湯装置として**大気の熱を利用**して冷媒を一部加熱するヒートポンプもある．大気からの熱の分だけ圧縮機の消費電力が抑えられるので，エネルギー的に得になる．

ガソリンで走る自動車と電気自動車の中間として，エンジンと電気モーターの両方をもつハイブリッド車が，燃費の点で人気である．ハイブリッド車は，エンジンの熱を利用して発電したり，ブレーキをかけたときに運動エネルギーを電気エネルギーに変えて蓄電する回生ブレーキを備えている．

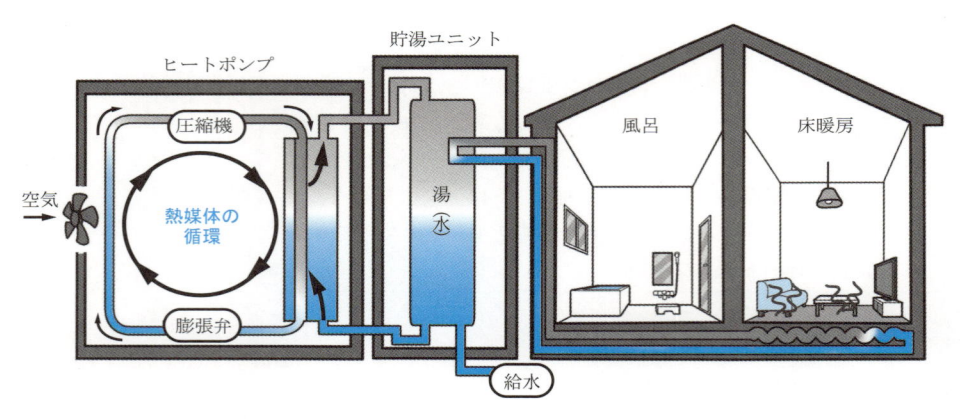

図 4.37 大気の熱を有効利用して熱媒体を循環させるヒートポンプ　給湯器は冷蔵庫と逆のしくみで，熱媒体を加熱するときに大気熱を利用する．

調 4.7　排熱の有効利用に向けて，企業がどのような努力をしているか調べよう．
調 4.8　排熱の有効利用に向けて，各家庭でどのような努力ができるのか調べよう．
調 4.9　ガソリン自動車とハイブリッド自動車，および電気自動車，燃料電池自動車のしくみと燃費を調べよう．

4.3.2 永久機関は可能か

■ 永久機関

不老不死，錬金術と並び，永久機関は人類の大きな夢の一つだった．図 4.38 のように，一度回転を始めると，その勢いで同時に反対側のおもりを持ち上げ，ずっと回転し続ける装置が考案された．また，水力発電でつくられた電気でモーターを回し，水を汲み上げることにより，永久に水力発電機を回すことができそうにも思われた．このような，外部からのエネルギー供給がないのに仕事をする装置を**第 1 種永久機関**という．

熱力学第一法則やエネルギー保存の考え方が確立すると，第 1 種永久機関は不可能であることが認識される（⟹ 問 4.19）．それならば，外部からのエネルギーをすべて仕事に変える機関（**第 2 種永久機関**）ならば，エネルギー保存則に違反しないので実現可能なのではないかとも考えられた．つまり，熱効率 100% の機関は可能かという問いかけである．

永久機関
(perpetuum mobile)

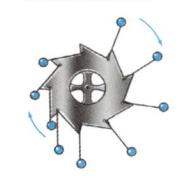

図 4.38 ずっと回転し続ける永久機関の案

■ カルノーの理想機関

カルノーは，最も熱効率がよくなる熱機関（理想機関）として二つの条件を考えた．

- 理想機関は，（完全にもとに戻ることができる）可逆サイクルであるはずだ．
- （効率が最もよい）等温過程を利用するはずだ．

熱サイクル（⟹129 ページ）で説明したように，このような装置は，高温熱源 H と低温熱源 L の二つの熱源（熱浴）が必要で，熱効率 η は，両者の温度差によって

$$\eta = 1 - \frac{T_\mathrm{L}}{T_\mathrm{H}} \tag{4.14}$$

となることが示された．すなわち，次の法則が成り立つ．

図 4.39 カルノー
Nicolas Léonard Sadi Carnot (1796–1832)

> **法則** 　**熱力学の第 2 法則**
>
> 熱効率が 100% の熱機関は，実現できない．

熱力学の第 2 法則
(second law of thermodynamics)

熱力学の第 0 法則
⟹116 ページ
熱力学の第 1 法則
⟹126 ページ

■ エントロピー

エントロピー
(entropy)

クラウジウス
Rudolf J. E. Clausius
(1822–88)

可逆変化
(reversible process)
不可逆変化
(irreversible process)

ニュートンの物理法則は時間反転に対して不変なのに，物理現象の進む方向は決まってしまっている．このことを「時間の矢」とよぶ．

熱機関は，高温と低温の二つの熱源を必要とする．熱には必ず流れが必要なことがわかってきた．このことを定量的に示したのが，クラウジウスによる**エントロピー** ΔS である．これは，

$$\Delta S = \frac{\Delta Q}{T} = \frac{加熱量}{温度} \tag{4.15}$$

として計算される量で，熱の流れを示し，必ず増大していく．

エントロピーは分子や原子の運動の**乱雑**さと結びついた量である．コーヒーに注いだミルクは拡散していくだけで，再び集まることはない．ブレーキを踏んで発生した熱エネルギーを集めて再び運動エネルギーに変えることはできない．ほとんどすべての物理現象には，摩擦，粘性，拡散などの**不可逆な作用**が存在するので，エントロピーは増大する．

熱力学第 2 法則には，以下のようなさまざまな表現が存在するが，いずれも同じ内容である．

- 仕事が熱に変わる現象は不可逆である．
- 高温物体から低温物体への熱の流れは不可逆現象である．
- エントロピーは増大する．
- 第 2 種永久機関をつくることはできない．

コラム 25　水飲み鳥は永久機関か？

コップに入れた水をときどき飲みながら，何時間も振動を続ける「水飲み鳥」の玩具をみたことがあるだろうか．何もエネルギーを供給せずに動き続けるので永久機関と考えてしまいそうだ．実際に鳥は水を飲んでいるわけではなく，水で頭を冷やす一種の熱機関である．サイクルは次のようになっている．

1. 頭部から水が蒸発し，蒸発熱により頭部の温度が下がる．
2. 頭部のジクロロメタン蒸気が凝集し気圧が下がる．
3. 気圧差により胴体から頭部へ管内の液面が上昇する．
4. 液体が頭部に流れ込むことで重心が上がり，前方へ傾く．
5. 傾いて胴体部の空気が管内を頭部へ移動する．
6. 鳥はこの瞬間に頭部を水に浸し，頭部と胴体の気圧が平衡になる．
7. 液体が胴体へ戻り，重心が下がって，もとの直立状態に戻る．

したがって，運動のエネルギー源は，頭部から水が蒸発することであり，周囲の環境が熱源である．

図 4.40　水飲み鳥

コラム 26　エコロジカルに暮らすには

もともと生物学の生態学という意味だった ecology という言葉は，最近では自然環境と人間が共存していく思想を表す言葉としても使われる．大量にエネルギーを消費し，自然環境を破壊するような暮らしを続けていけば，人類の未来はない．できるだけエコロジカルな生活を行い，**持続可能**な（サステイナブル，**sustainable**）未来社会を築いていこう．

各国の経済活動の規模を土地や海洋の表面積に換算するエコロジカル・フットプリント (ecological footprint) を計算すると，日本人は一人あたり 4.3 ha になり，世界的な割り当て値 1.8 ha を大きく上回るという．日本人のような生活を世界中の人々が始めたら，地球が 2.4 個必要になる計算だ．

エコロジカルに暮らすためには，一人ひとりがエネルギー消費をできる限り控えることが求められる．電気，ガス，ガソリンなどの節約を行い，無駄な廃棄物を減らす生活の実践だ．

全国地球温暖化防止活動推進センター (JCCCA) によれば，各家庭での消費電力量の内訳は，冷蔵庫，エアコン，給湯器などの加熱，冷却装置で 50% を超えている（図 4.41）．節電のためにも節約のためにも，

- 冷暖房の温度設定に気をつける．
- 必要なときにだけ，電気を使う．

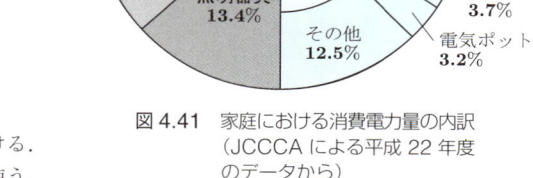

などの工夫が考えられる．

図 4.41　家庭における消費電力量の内訳（JCCCA による平成 22 年度のデータから）

古い製品を使い続けるよりは，新製品のほうが節電になる場合がある．また，最近の電気製品は，使用していないときでも待機電力を消費するものが増えている．必要がないときには，コンセントからプラグを抜いておくことで節電になる．

ガスやガソリンの使用量を減らす方法も一度調べてみるのもよいだろう．

化石燃料の使用と地球温暖化が関連しているという指摘もある（直接の因果関係があるかどうかは異論があるが，相関があるのは事実である）．東日本大震災で原子力発電の安全神話が崩れたいま，原子力発電に代わる発電方法，そして熱機関に頼らないエネルギーの供給方法が，最近注目されている．**自然エネルギー**あるいは**再生可能エネルギー**とされるものには，発電，熱の直接利用，燃料化の三つの用途があるが，発電に関しては，**太陽光発電，風力発電，バイオマス発電，地熱発電，水力発電**の五つが柱となっている．それぞれの利点・欠点などを調べてみよう．

問 4.19　図 4.38 に示す永久機関は，なぜ永久に動かないのか．

問 4.20　暑かったので，冷蔵庫を開け放して部屋を冷やそうと考えた．1 時間後，部屋の温度はどうなるか．(a) 上がる．(b) 下がる．(c) 変わらない．

■物理学史年表【4】　（【3】は 90 ページ．【5】は 182 ページ．）

　鉄鋼業が始まると，高炉の温度を知る必要が生じた．光のスペクトルと温度の関係を調べることにより，光のもつエネルギー的に理解しがたい性質が判明する．また，電磁気学が完成しても，光が真空中でも伝わる理由が不明だった．1900 年に「小さな二つの暗雲」とケルビンが説明したこれらの事実は，その後の物理学を覆すことになる．

年代	人名	できごと	分野	ページ
1847	ブランジェ（仏）	力積の概念を導入	力学	
1848	ケルビン（英）	絶対温度の概念，温度 K 目盛を提唱	熱	110
1849	キルヒホフ（独）	電気回路のキルヒホフの法則	電磁	
1849	フィゾー（仏）	地上での光速の測定	光	23
1850	クラウジウス（独）	熱力学の第 2 法則	熱	134
1851	フーコー（仏）	振り子の実験で地球の自転を証明	力学	88
1853	ランキン（英）	エネルギーの概念	力学	
1858	プリュッカー（独）	陰極線の発見	電磁	
1860	マクスウェル（英）	気体分子の速度分布則	熱	
1864	マクスウェル（英）	電磁場の概念，光の電磁波説	電磁	220
1865	クラウジウス（独）	熱現象の不可逆性，エントロピーの概念	熱	134
1869	メンデレーエフ（露）	元素の周期律発見	原子	
1873	ファン・デル・ワールス（蘭）	実在気体の状態方程式	熱	
1877	エジソン（米）	円筒式蓄音機の発明	電磁	159
1879	エジソン（米）	白熱電灯の発明	電磁	
1877	ボルツマン（墺）	統計力学，エントロピーの解釈	熱	
1879	シュテファン（墺）	放射エネルギーについて実験	光	115
1884	ボルツマン（墺）	シュテファンの実験を理論的に説明	光	115
1885	バルマー（瑞西）	水素原子のスペクトル系列発見	光	
1887	マイケルソン（米）ら	エーテルの検出実験	電磁	
1887	ヘルツ（独）ら	光電効果の発見	原子	
1888	ヘルツ（独）	電磁波の実験的証明	電磁	220
1890	リュードベリ（瑞典）	スペクトル系列の定式化	光	
1892	ローレンツ（蘭）	ローレンツ力発見，電子論確立	電磁	214
1895	レントゲン（独）	X 線の発見	光	229
1895	マルコーニ（伊）	無線通信実験	電磁	
1896	ベクレル（仏）	ウラン放射能の発見	原子	240
1897	J.J. トムソン（英）	電子の粒子性確認，比電荷測定	電磁	
1898	キュリー夫妻（仏）	ポロニウムとラジウムの発見	原子	
1900	プランク（独）	エネルギー量子説を提唱	原子	115
1902	ラザフォード（英）ら	放射能による原子崩壊説の提唱	原子	

仏：フランス，英：イギリス，独：ドイツ，露：ロシア，蘭：オランダ，墺：オーストリア，瑞西：スイス，瑞典：スウェーデン，伊：イタリア

第5章
波　水・音・光

　池に石を投げ込むと，同心円上に波が広がっていく．よくみてみると，池の水は流れて動いているわけではなく，水面の振動が周囲に伝わっていることがわかる．このように，物質が移動するのではなく，振動が伝わる現象を**波**あるいは**波動**という．スポーツ観戦などで，観客席にいる多くの人が順々に一斉に立ち上がる「ウェーブ」も，（1回きりの現象かもしれないが）波といえる．

　波には，反射，屈折，回折，干渉などの特徴がある．**干渉**とは，波が重なると，互いに強めあったり弱めあったりする性質である．図 5.1 は，水面に生じる干渉縞のイメージである．

　水の波だけではなく，音も光も波である．水や光は横波で音は縦波という違いはあるものの，いずれも波として共通の特徴がみられる．音がドップラー効果（$\Longrightarrow$ 5.2.4 節）を起こすのはよく知られているが，光にも生じる．光が屈折するのはよく知られているが，音も屈折する．音も光も重なると弱めあって振動しなくなることもある．

　まったく違うものが，共通のふるまいをする楽しさを味わっていただこう．

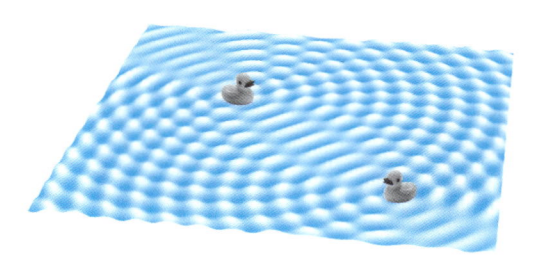

図 5.1 波の干渉　二つの波が重なると，強めあって振幅が大きくなるところと，弱めあって振幅がゼロになる場所がある．

5.1 波の特徴
波は何をどう伝えるのか

波が伝えるものは振動だ．では，波はどのように振動を伝えるのか，波を表す物理量をまとめ，波の性質をみてみよう．

5.1.1 波を表す物理量

◼ 波の基本的な量

池に石を投げ込むと，同心円上に波動が広がっていく．このとき，波が生じた場所を**波源**といい，波を伝える物質（水）を**媒質**という．波は物体が動いているわけではなく，振動している状態が周囲に伝播していく現象である．

音も波である．音を伝える媒質は空気である．糸電話の媒質は糸，地震波の媒質は地面である．

波 (wave)
波源 (source)
媒質 (medium)

振幅 (amplitude) A
振動中心から測った山の高さ
波長 (wave-length) λ
山から山の長さ
単位
振幅・波長は [m].

> **定義　振幅・波長**
>
> 波形のうち最も高い（低い）ところを**山（谷）**といい，振動の中心からの山の高さ（谷の深さ）を**振幅 A**（単位は [m]）という．山から山（谷から谷）の長さを**波長 λ**（単位は [m]）という．

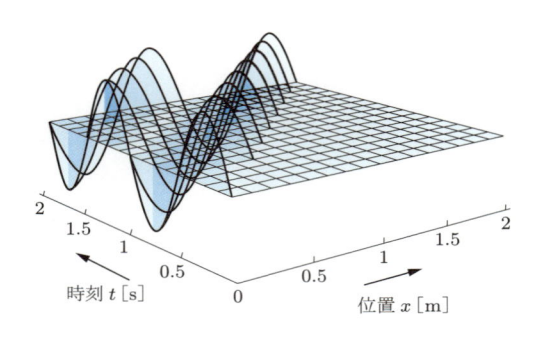

（a）正弦波

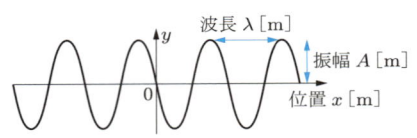

（b）時刻 $t=2$ でみた波のスナップショット

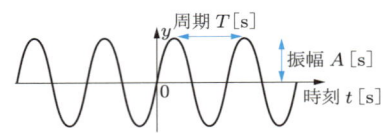

（c）位置 $x=0$ でみた波の時間変化

図 5.2　正弦波の伝わる様子　ある時刻で写真を撮っても，1ヶ所で止まって時間変化を観測しても，周期的な変動になる．(a) 位置 $x=0$ で単振動している波源から，x 軸の正の向きに正弦波の伝わる様子を 1/4 周期ごとの波形を並べて示した．(b) x 方向に進む振幅 A，波長 $\lambda = 1$ m の波を時刻 $t=2$ でみた図．(c) この波を位置 $x=0$ で観測したもの．周期 $T=1$ s であることがわかるので，この波の速さ v は，$v = \lambda/T = 1$ m/s である．

5.1 波の特徴—波は何をどう伝えるのか

図 5.2 は,波の全体図をある時刻でみたとき(写真を撮ってみた場合)と,波の振動をある一つの場所で記録した場合の図である.横軸が x 軸の空間軸であるか,t 軸の時間軸であるかの違いであるが,波の振動の形は,同じように記録される.振幅も波長も周期も,どちらの場合でも同様に定義される.

> **定義　周期・振動数(周波数)**
>
> 一つの場所で波を観察するとき,山から山が伝えられる時間を**周期** T(単位は [s])という.1 秒間に何回振動するかを**振動数**または**周波数** f(単位はヘルツ [Hz])という.両者の関係は,次の式のようになる.
>
> $$f = \frac{1}{T} \qquad 振動数\,[\mathrm{Hz}] = \frac{1}{周期\,[\mathrm{s}]} \tag{5.1}$$

周期 (period) T [s]
振動数・周波数 (frequency) f [Hz]

単位
周期は [s].振動数は [Hz](ヘルツ).

長さの量(波長 λ)と時間の量(周期 T)が決まったので,波の速さ v を $v = \dfrac{\lambda}{T}$,すなわち $v = f\lambda$ として決めよう.

> **定義　波の速さ**
>
> 波の伝わる速さ $v\,[\mathrm{m/s}]$ は,次式で決められる.
>
> $$v = f\lambda \qquad 速さ\,[\mathrm{m/s}] = 振動数\,[\mathrm{Hz}] \times 波長\,[\mathrm{m}] \tag{5.2}$$

波の速さ (velocity) v [m/s]

問 5.1* 音や光の典型的な振動数,波長について,表 5.1 の (a)〜(g) を埋めよ.

表 5.1　典型的な波の速度,振動数,波長

波	速度 v	振動数 f		波長 λ
光	$c = 299792458\,\mathrm{m/s}$	赤い光	(a) Hz	750 nm
		紫の光	(b) Hz	380 nm
電磁波	$c = 299792458\,\mathrm{m/s}$	電子レンジ	2450 MHz	(c) cm
		FM	80 MHz	(d) m
		AM	666 KHz	(e) m
音	$v = 340\,\mathrm{m/s}$(温度で変化)	A(ラ)の音	440 Hz	(f) cm
		高い A(ラ)の音	880 Hz	(g) cm

5章 波—水・音・光

■ 縦波と横波

縦波
(longitudinal wave)
横波
(transverse wave)

波には，**縦波**（振動方向と進行方向が同じ波）と**横波**（振動方向と進行方向が垂直な波）がある．音波は縦波，水面を伝わる波は横波である．

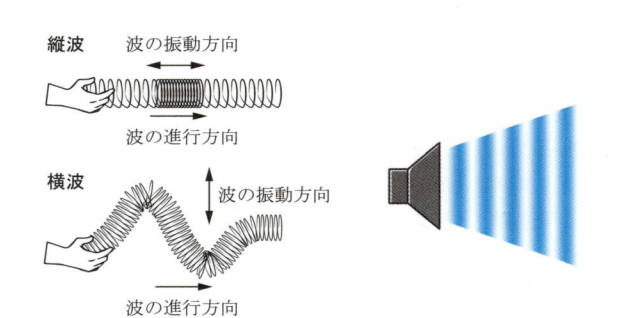

縦波のことを**疎密波**
(compression wave)
ともいう．

図 5.3 スピーカーの前にロウソクを置くと炎が揺れる．音が空気中を縦波として伝わる様子がわかる．

（a）縦波と横波　　（b）音波は空気振動を伝える縦波

図 5.4 波の振動方向と進行方向

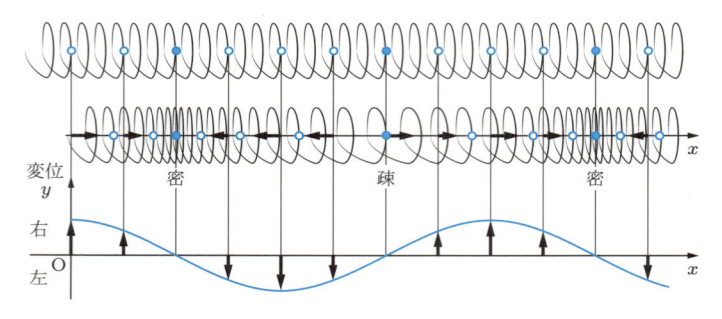

図 5.5 縦波も各点の変位を縦軸にすれば，正弦波のように表すことができる

図 5.6 ボイルの実験装置

Topic　真空では音は伝わらない

真空では音は伝わらないことを実験で示したのは，気体の法則を見出したボイルである．ガラス瓶の中に鈴を入れ，中の空気を抜いてしまうと，鈴の音が聞こえないことを確かめた．波を伝える媒質がないと波は伝わらない．したがって，宇宙空間では音は伝わらない．

問 5.2　次に挙げる波はそれぞれ縦波と横波のどちらか．
　　電磁波（電波，光），地震波，弦を伝わる波，管を伝わる波，膜を伝わる波

5.1 波の特徴—波は何をどう伝えるのか

| Advanced | 波の式 |

池に石を落とすと同心円状に波が広がっていく．ある一点で通過していく波をみたときも，時間を止めてみた波も，三角関数の正弦波で表すことができる．

- $x=0$ の原点で，波が振幅 A で振動している**変位** y は，周期を T で表すと，ある時刻 t では，次式のようになる[†]．

$$y(x=0, t) = A\sin\underbrace{\left(2\pi \frac{t}{T} + \alpha\right)}_{\text{位相}} \tag{5.3}$$

- 波は空間的にも周期性をもつ．波の伝わる速度を v とする．原点での波の変位が，位置 x のところに伝わるまでには，時間が x/v だけ必要である．したがって，位置 x での波の変位は，式 (5.3) で，t を $t - x/v$ にすればよい．ゆえに，次式のようになる．

$$\begin{aligned} y(x, t) &= A\sin\left(2\pi \frac{t - x/v}{T} + \alpha\right) \\ &= A\sin\left(2\pi\left(\frac{t}{T} - \frac{x}{\lambda}\right) + \alpha\right) \end{aligned} \tag{5.4}$$

正弦波
(sinusoidal wave)
位相 (phase) ⟹ 142 ページ

[†] 式 (5.3) の位相の中に登場した α は，$t=0$ のときの波の位相を表すための定数で**初期位相**とよばれる．

式 (5.4) の式変形には，式 (5.2) を代入した．式 (5.4) は，位置 x で，時刻 t のときの波の変位を表すことができる式である．

コラム 27　緊急地震速報のしくみ

地震の発生直後，各地での強い揺れの到達時刻や震度を予想し，可能な限り素早く知らせる緊急地震速報が運用されている．地震波には P 波と S 波の 2 種類があり，その伝わる速度の違いから震源地を予測することができる．

P 波 (primary wave) は，弱い揺れを引き起こす縦波で，地表近くでは秒速 5〜6 km で進む．S 波 (secondary wave) は，大きな揺れを引き起こす横波で，秒速 3〜4 km で進む．P 波の到着から S 波の到着までを初期微動継続時間というが，この時間が 10 秒あれば，その場所から震源までの距離はおよそ約 80 km であることがわかる．震源地が特定できたら，遠くの都市に揺れが到達する前に，地震発生を知らせることができるのだ．

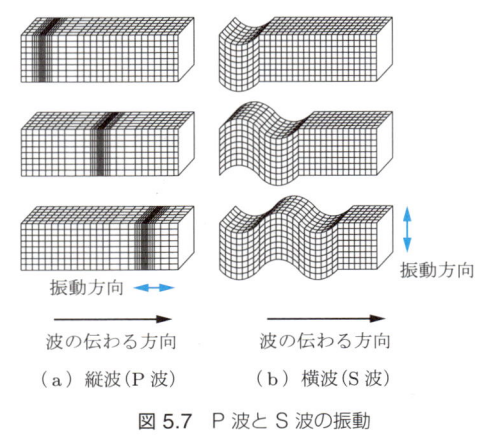

図 5.7　P 波と S 波の振動
（a）縦波（P 波）　（b）横波（S 波）

P 波は地震発生の衝撃，S 波は断層のずれそのものから発生している．縦波・横波の区別は，進行方向に対する振動方向の違いであり，地震の縦揺れ・横揺れを意味しているのではない．しかし，直下型の大きな地震のときは，足元から P 波がきて縦揺れに，その後 S 波が到達して横揺れを感じることになる．

5.1.2 波の特徴—重ね合わせと干渉
■ 重ね合わせの原理

二つの波が左右から進んできたとしても，波は互いをすり抜けて進んでいく．波が重なるところでは，波の変位はそれぞれのもとの波の変位を足し合わせた**合成波**になる．これを重ね合わせの原理という．

重ね合わせ
(superposition)

> **法則　波の特徴：重ね合わせの原理**
>
> 波が重なるときの変位は，もとの波の変位を足しあわせた値になる．

> **Advanced　式による重ね合わせの原理**
>
> 波を三角関数で表すならば，重ね合わせは二つの三角関数の和として表される．すなわち，時刻 $t=0$ から同時に振動している振動数が f_1 と f_2 の波が重なると，$y_1(t) = A_1 \sin(2\pi f_1 t)$ と，$y_2(t) = A_2 \sin(2\pi f_2 t)$ の和であるから，次式が得られる．
>
> $$\begin{aligned} y(t) &= y_1(t) + y_2(t) \\ &= A_1 \sin(2\pi f_1 t) + A_1 \sin(2\pi f_2 t) \end{aligned} \tag{5.5}$$

二つの波を重ね合わせた結果，どのような振幅になるのかは，波の位相（どのタイミングで山がくるか）によって決まる．

- 同じ位相の二つの波を重ね合わせるとき，波は強めあう（大きく振動する）（図 5.8）．
- 逆位相の二つの波を重ね合わせるとき，波は弱めあう（図 5.9）．

以上，二つの例は，単純に

山 (crest)
谷 (trough)
腹 (loop)
節 (node)

- 山＋山＝強めあって大きく振動（**腹**という）．
- 山＋谷＝弱めあってほとんど振動しない（**節**という）．

として理解することができる．このように，合成された波が互いに強めあったり弱めあったりする現象を，**干渉**という．

干渉 (interference)

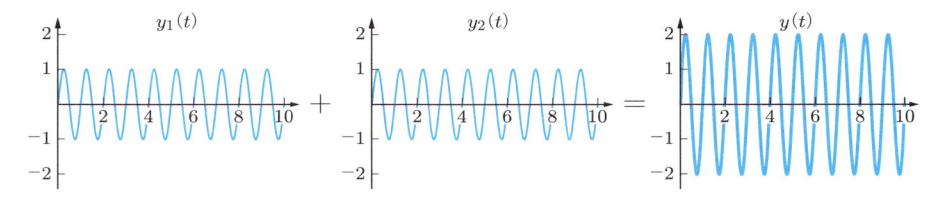

5.1 波の特徴—波は何をどう伝えるのか

図 5.8 左二つの波を足すと右の波になる　$y_1(t) = \sin(2\pi t)$, $y_2(t) = y_1(t)$ としたときの，$y(t) = y_1(t) + y_2(t)$ の図．

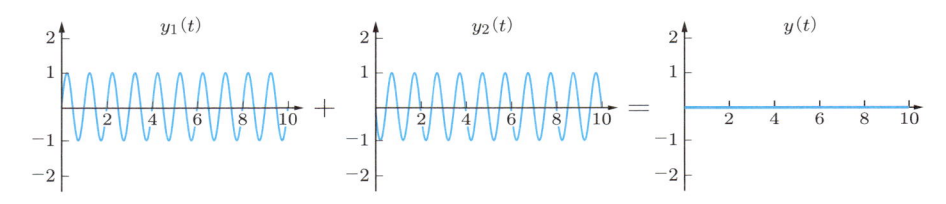

図 5.9 左二つの波を足すと右の波になる　$y_1(t) = \sin(2\pi t)$, $y_2(t) = -\sin(2\pi t)$ としたときの，$y(t) = y_1(t) + y_2(t)$ の図．

> **法則　波の特徴：干渉**
>
> 合成された波が，互いに強めあったり弱めあったりする現象を，干渉という．

■ 二つの波の干渉

二つの波源から波を発生させると，二つの波が常に強めあうところと，弱めあうところが生じて，模様がみられる．

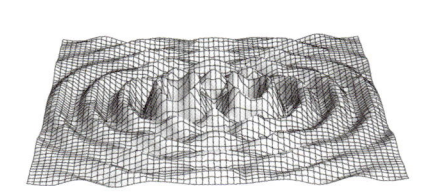

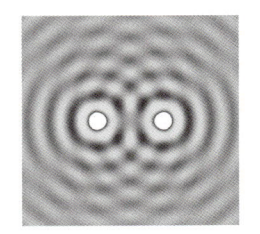

（a）斜め上からみた図　　（b）下から光を当てて上からみた図

図 5.10 二つの波の干渉の様子　二つの波源から同じタイミングで波を発生させたシミュレーション結果．どちらも波が干渉しあって，強めあうところとまったく振動しないところが存在する．

■ 干渉条件

二つの波源 A と B から，同じパターンの波（同じ位相の波）が出されるとしよう．ある場所 P で，二つの波の合成が強めあうか弱めあうかの条件は，二つの波源からの距離で決まる．PA と PB の距離の差が波長の整数倍であれば（山と山，谷と谷が一致するので）強めあい，距離の差が波長の半波長分ずれていれば（山と谷が一致するので）弱めあう．

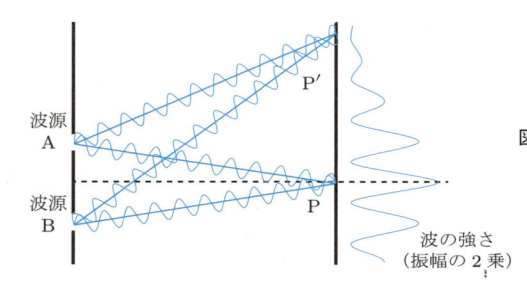

図 5.11 干渉条件　強めあうか弱めあうかは波源からの距離の差で決まる．A と B の波源を通過して P に着いた波は，山と山（谷と谷）の合成なので強めあう．P′ では二つの波が，山と谷となるので弱めあう．右側のグラフは波の強度（振幅の 2 乗）を示す．

Advanced　干渉条件の計算式

二つの波源 A と B から，同じ位相の波が出されるとする．ある場所 P での干渉条件は，波長を λ，n を整数 ($n = 0, \pm 1, \pm 2, \ldots$) として，

$$|\overline{\mathrm{PA}} - \overline{\mathrm{PB}}| = \begin{cases} n\lambda & \text{(強めあう)} \\ \left(n + \dfrac{1}{2}\right)\lambda & \text{(弱めあう)} \end{cases} \quad (5.6)$$

となる．距離の差が半波長 ($\lambda/2$) の偶数倍なら強めあい，奇数倍なら弱めあうとして覚えてもよい．

■ 定常波

定常波
(stationary wave)
定在波
(standing wave)

同じ波長，周期，振幅の二つの正弦波が互いに逆向きに進んで重ね合わさると，合成波は場所によって単振動するだけのような波になる．このような状態を**定常波**（定在波）とよぶ．

問 5.3　音の波が干渉を起こすとき，どのような現象が期待されるか．

問 5.4　光の波が干渉を起こすとき，どのような現象が期待されるか．

問 5.5　図 5.10 に示したように，二つの波源から同じ位相で（同じ時刻に山となる）同じ周期の波が出されている．波源から等距離のある位置 A では波が強めあっていた．二つの波源から逆の位相（同じ時刻に山と谷）で同じ周期の波が出されたら，同じ場所 A では，どのような波を観測するか．

5.1 波の特徴—波は何をどう伝えるのか　**145**

■ 自由端・固定端

　波が反射する様子は，端の点で媒質が自由に動けるか，固定されているかによって異なる．前者を**自由端**，後者を**固定端**という．**自由端反射**の場合，反射波はそのまま折り返すことになるが，**固定端反射**の場合，反射波は上下反転して折り返して進む．

自由端 (free end)
固定端 (fixed end)

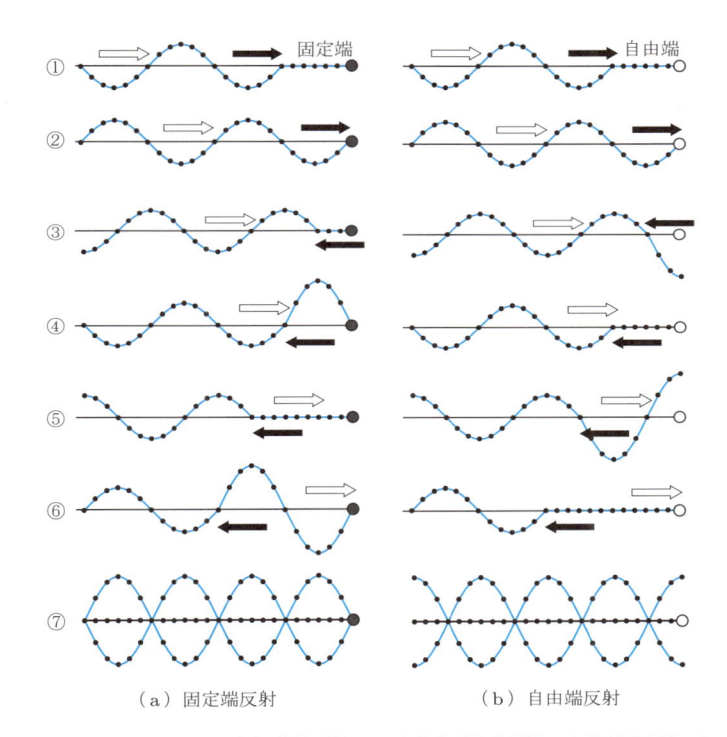

（a）固定端反射　　　　（b）自由端反射

図 5.12　左からきた正弦波が折り返してできる合成波の様子　右端が固定端のときと，自由端のとき．①②…⑥の順に時間が進む．⑦は最終的な定常波になったときの波形．右端の点の振動状態に注目．

> **Topic　岸壁で大きな波**
>
> 　自由端では，もとの波の振幅よりも大きな振幅で振動することになる．海岸の岸壁では，やってくる波よりも大きな波が立つので注意．

図 5.13 岸壁でザブーン

ホイヘンスの原理
(Huygens' principle)
素元波
(elementary wave)

図 5.14 ホイヘンス
Christiaan Huygens
(1629–95)

5.1.3 波の特徴：反射，屈折，回折

■ ホイヘンスの原理

波の伝わり方の特徴として，異なる媒質での境界面で反射したり屈折したりする現象や，すき間や障害物の後ろに回り込む回折現象がある．これらは，**ホイヘンスの原理**を使って統一的に説明することができる．

> **法則　ホイヘンスの原理**
>
> 波面は無数の波源の集まりとみなすことができ，波の各点を波源として球面状に広がっていく波（**素元波**）の重ね合わせとして，次の瞬間の波面が形成される．

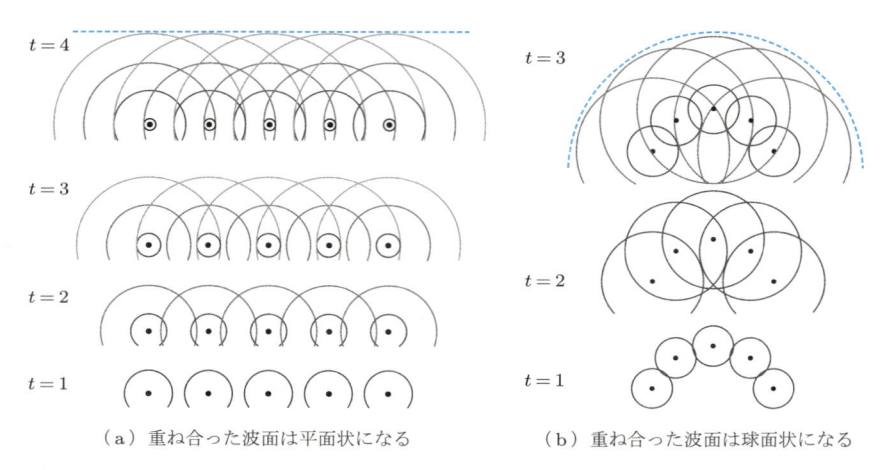

（a）重ね合った波面は平面状になる　　（b）重ね合った波面は球面状になる

図 5.15　平面状の波面と球面状の波面　それぞれの波面から出た素元波の重ね合わせとして，次の波面が形成されていくと考えることができる．

反射 (reflection)
屈折 (refraction)

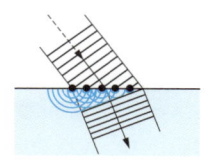

図 5.16　波が屈折するのも素元波で説明ができる

■ 反射の法則，屈折の法則

媒質が異なる物質中へ波が進むとき，波は，一部は**反射**し一部は**屈折**して進む．異なる媒質中では，波の伝わる速さも異なる．図 5.16 は，波の速さが遅くなる媒質に進んだ波の屈折の例である．素元波で考えると，波面が角度を変えて進むことが説明ができる．

屈折角や反射角は，媒質面の法線を基準に角度を測ることにする（図 5.17）．真空の場合を 1 として，それぞれの媒質中での（絶対）屈折率を考えて，その比として屈折角を表すのが，次の屈折の法則である．

> **法則　反射の法則，屈折の法則**
> - 反射の法則：入射角 θ_0 と反射角 θ_0 は等しい．
> - 屈折の法則：媒質 0（絶対屈折率 n_0）での波の速さを v_0，波長を λ_0，媒質 1（絶対屈折率 n_1）での波の速さを v_1，波長を λ_1 とすると，
> $$\frac{\sin\theta_0}{\sin\theta_1} = \frac{v_0}{v_1} = \frac{\lambda_0}{\lambda_1} = \frac{n_1}{n_0} = n_{01} \tag{5.7}$$
> が成り立つ．n_{01} は相対屈折率とよばれる．

屈折率が大きいことは，波にとっては「進みにくい」ことに対応する．素元波の速度が遅くなると，波は境界面からより垂直に進むようになる．「波は屈折率の大きな物質に向かって進む」と覚えておけばよい．

> **Topic　砂浜に打ち寄せる波は海岸線に平行**
> 海面の波の進む速さは深さによって決まる．浅いほうが海底からの抵抗を受けるため進みにくい．これは，浅い海岸にいくほど屈折率の大きな場所を進むことと同じである．したがって，緩やかな砂浜では波はしだいに海岸線に向かって進むようになるため，打ち寄せる波は海岸線に平行になる．

> **Topic　夜汽車の音が遠くまで届く**
> 音も屈折現象を起こす．空気中の音速は温度によって変わり，温度が高いほうが音速は速い．日中は地上ほど温度が高く，夜間は地上のほうが温度が低い．したがって，音波は，日中は上空に向かって屈折し，夜間は地上に向かって屈折する．夜汽車の音が遠くから聞こえるのは音の屈折現象によるものである．

屈折率 (refractive index)

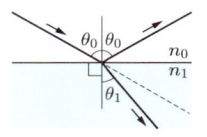

図 5.17　反射と屈折
入射角 θ_0 と反射角 θ_0 は同じ．屈折角 θ_1 は，式 (5.7) で与えられる．

表 5.2　絶対屈折率

氷 (0℃)	1.309
水 (20℃)	1.333
光学ガラス	1.43 ～2.14
水晶	1.544
ダイヤモンド	2.417

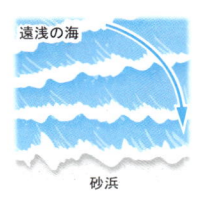

図 5.18　遠浅の海では波も屈折する

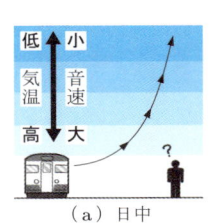

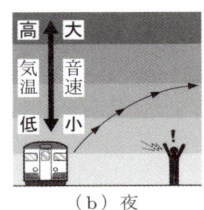

(a) 日中

(b) 夜

図 5.19　夜，遠くの電車の音が聞こえるのは，音の屈折現象である

■回 折

回折 (diffraction)

波はすき間や障害物の後ろにも回り込む．この現象を**回折**という．回折現象は，すき間や障害物の幅と波の波長が同程度のとき，顕著にみられるようになる．

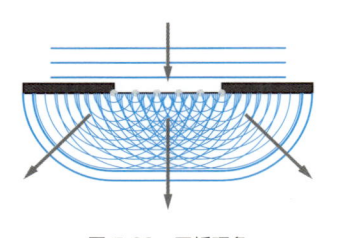

図 5.20 回折現象

図 5.21 壁に耳あり

Topic　壁に耳あり

ひそひそ話す声は意外に遠くまで聞こえてしまう．小さい声で低く話すと，振幅が小さくて振動数が低い波になる．振動数が低い波は波長が長いことに対応し，よく回折する．授業中のひそひそ話はよく聞こえるし，「壁に耳あり」ということわざにも一理あるようだ．

実験 18　　筒笛をつくろう

152 ページで説明するように，弦や管の長さで発生する音の振動数が決まる．ストローや厚紙で筒を次の長さに切り，笛をつくってみよう．筒のすぐそばから息を吹くのがコツである．

表 5.3

音	筒の長さ	音	筒の長さ
ド	13.0 cm	ソ	8.7 cm
レ	11.6 cm	ラ	7.7 cm
ミ	10.3 cm	シ	6.9 cm
ファ	9.7 cm	ド	6.5 cm

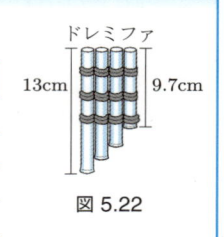

図 5.22

問 5.6* ヘリウムを吸い込むと声が高くなるのは，ヘリウムによって音速が変わるからである．声帯は同じ振動をするが，空気より軽いヘリウムの中では音速が速くなる．いま，空気中での音速が 330 m/s とし，ヘリウム中での音速が 970 m/s とする．（実際には 100%のヘリウムだと窒息してしまうが．）このとき，普通なら $f = 440 \text{ Hz}$ に聞こえる声を出した人は，口から何 Hz の音を出すことになるか．

5.2 音
音楽は数学かも

空気中を伝わる振動のうち，鼓膜で感じられるものが音である．この節では，音の違いはなにか，音を出す楽器，音楽を録音する技術，音を再現する技術など，いろいろなところにみられる物理現象を紹介しよう．

5.2.1 音の3要素
私たちは鼓膜で空気の振動を感じ，音を認識する．

> **定義　音の3要素**
> 音には，**大きさ**，**高低**，**音質（音色）**の三つの要素がある．
> - 音の**大きさ**を決めるのは，音波の振幅である．
> - 音の**高低**（音高）を決めるのは，音波の振動数（周波数）f [Hz] である．たとえば，A（ラ）の音は，440 Hz, 880 Hz, 1320 Hz, … の振動数である．
> - **音質**（音色）を決めるのは波形である．楽器や個人の声の違いは波形の違いである．

音波
(sound wave)

音の3要素
　大きさ（volume）
　高低（pitch）
　音質（音色）(tone, timbre)

以下では三つの要素を順に説明しよう．

■ 音の大きさ

音の大きさ（強さ）を表す単位としてデシベル [dB] がある．ベルは，10進法における桁の差を表す量で，3ベルなら 10^3 倍の差があることを示す[†]．ベルの単位に 10^{-1} 倍を表す接頭語デシをつけたものがデシベル [dB] で，3ベル＝30 dB となる．

音の強さは，人間の聴力の限界といわれる程度の小さな音を基準として，その何倍の強さかで表される．ささやき声の強さは約1000倍なので，30 dB（聴力検査はこの値），通常の会話は約100万倍なので60 dB となる．人間が耐えられる最大の音は約1兆倍（10^{12} 倍）であり，120 dB となる．1000 Hz で 30 dB の音の場合，空気振動の振幅は 300万分の 1 mm であり，空気の圧力変動は，1億分の 1 atm 程度である．

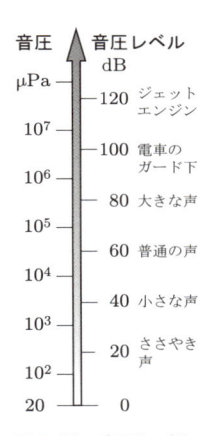

図 5.23　音圧レベル

[†] 電話の発明者ベル（A. Graham Bell, 1847–1922）が考えた単位である．

■ 音の高低

人間の可聴領域は，振動数で 20 Hz から 20000 Hz といわれる．NHK の時報で時刻を知らせる音は，440 Hz の A の音（ラの音）と 1 オクターブ高い 880 Hz の A の音である．健康診断の聴力検査では，1000 Hz の音と 4000 Hz の音をヘッドフォンで聞かせ，聞こえたかどうかを調べている．また，成人の歌声は普通 200 Hz から 600 Hz 程度の範囲だという．約 3 オクターブ分である．

> **Topic　モスキート音**
>
> 人間は若い人のほうが高音が聞き取れる．20 代前半くらいまでは，17000 Hz の音が聞こえるという．蚊の飛ぶときのような音で，モスキート音とよばれている．最近の携帯電話ではモスキート音を通知音にすることができるようだ．授業中でも学生は受信通知が聞き取れるが，先生には聞こえない（はず）．

■ 音の波形

数学的には，周期的な波形はどんなものでも，振動数の異なるいくつかの三角関数の組み合わせで表すことができることが知られている（フーリエ級数展開という）．どの振動数の成分が強いのかを調べれば，個人の声を特定でき，それを**声紋**という．図 5.25 は声紋を表すスペクトログラムというグラフである．横軸を時間，縦軸を振動数とした平面上に，音声信号に含まれるエネルギーの振動数分布を示したものだ．

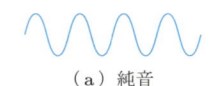

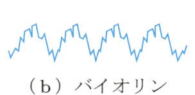

（a）純音
（b）バイオリン
（c）フルート
（d）母音（ア）
（e）騒音

図 5.24　いろいろな音の波形

フーリエ
Jean B.J. Fourier
(1768–1830)

声紋 (voiceprint)

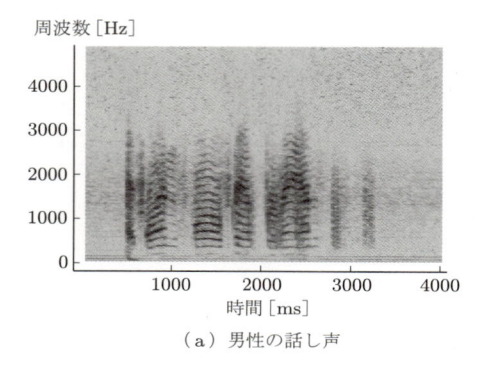

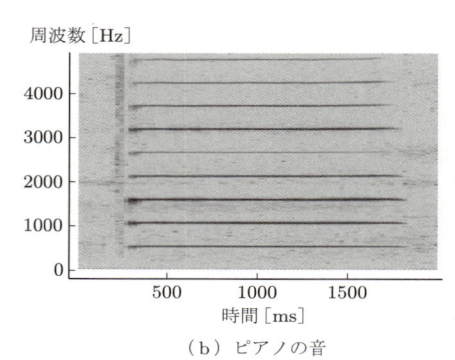

（a）男性の話し声
（b）ピアノの音

図 5.25　スペクトログラムの例　(b) のピアノの音は倍音（基本となる音の整数倍の周波数の音）が混じっているのがわかる．

5.2.2 音階

振動数が倍になると，1オクターブ上がる．その間に7音を設定するのが西洋の音階である．それぞれの音の間の振動数間隔は，全音か半音の差として設定されるが，その入り方は長調と短調で異なる．

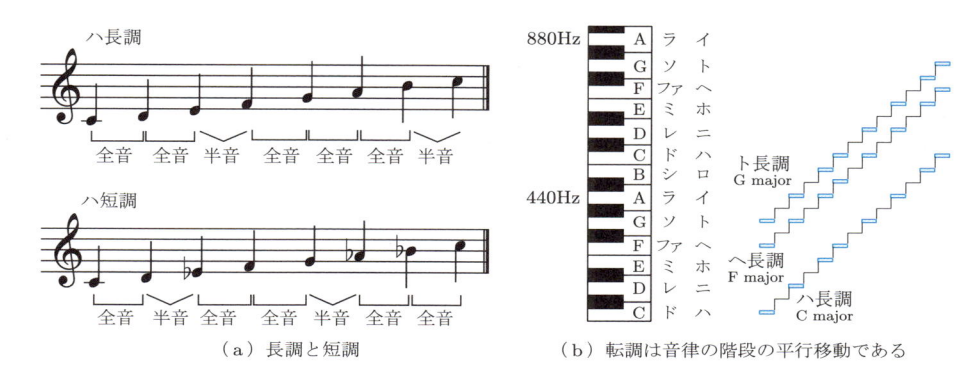

(a) 長調と短調

(b) 転調は音律の階段の平行移動である

図 5.26 音階

振動数の比が単純な整数比で構成される音律を**純正律**という．うなりを伴わない純正な和音をつくることができるが，転調・移調が困難であり，全音に 2 種類あるため，音階が不均等な印象を与えてしまう欠点がある．これに対して，1 オクターブの音程を均等な振動数比で分割した音律を**平均律**という．2 倍になる振動数比を半音 12 個分で分けるので，半音の間隔は振動数比で $\sqrt[12]{2} = 1.059463$ 倍になる．

純正律
(just tuning, just intonation)

平均律
(equal temperament)

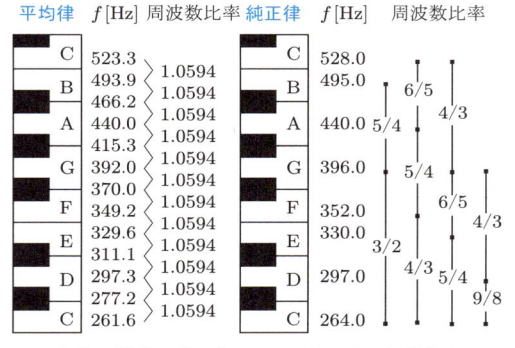

(a) 平均律・純正律のそれぞれの音の振動数と隣あう音どうしの比

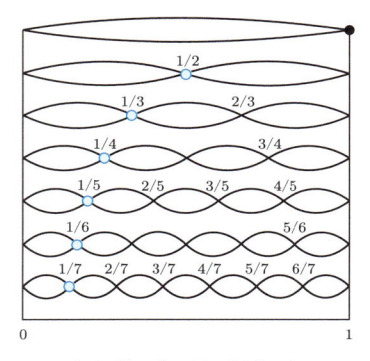

(b) 純正律は弦の振動比をもとに決められた

図 5.27 平均律と純正律

■固有振動

弦楽器や管楽器を使って音を出すとき，弦や管の長さによって発生する音の振動が決まってくる．

- 両端が固定された**弦**の場合（図 5.28(a)），両端の固定端では振動しない点（**節**）になり，中央で振動が最大となる点（**腹**）となる基本振動が存在する（図の $n=1$ のもの）．ところが，これ以外に，腹の数が 2 個，3 個，4 個，…の振動状態が存在する．これらをまとめて，**固有振動**という．弦の長さを変えれば，音の高低が変わることになる．

- 一方だけが開いている**管**の場合（図 5.28(b)），一方が固定端で節，もう一方が自由端で腹となる振動が発生する．基本振動（図の $n=1$ のもの）の次には，波長が $1/3, 1/5, \cdots$ となる固有振動が存在し，これらを 3 倍振動，5 倍振動，…という．

実際に音を奏でると，基本振動数のほかに，その整数倍の音（倍音という）が混入していることになる（$\Longrightarrow$ 図 5.25(b)）．

腹 (loop)
節 (node)
固有振動
(characteristic vibration)

固定端・自由端
$\Longrightarrow$ 145 ページ

弦楽器の弦の長さの $1/2, 1/3, 1/4, \cdots$ の位置を軽く押さえて弾くと，押さえた箇所が節となる倍音が発生する．ギターでは 12, 7, 5 フレットが弦の長さの $1/2, 1/3, 1/4$ に対応している．

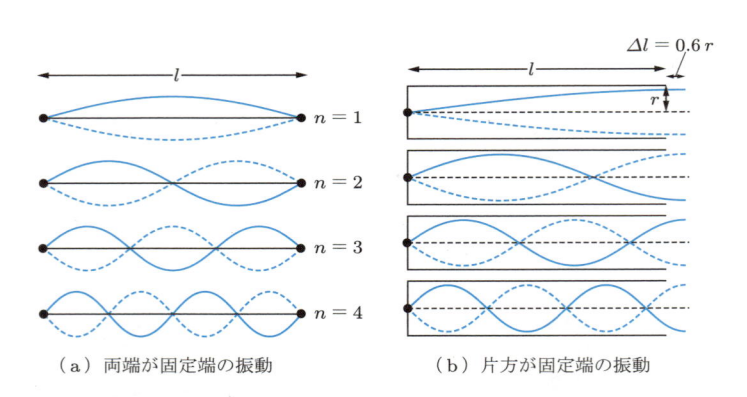

（a）両端が固定端の振動

（b）片方が固定端の振動

図 5.28 弦の振動と管内の空気の振動　(a) 長さ l の弦に生じる振動．両端が固定端となる．$n=1$ が基本振動（波長 $2l$），$n=2, 3, 4\ldots$ の順に短い波長（波長 $l, \frac{2}{3}l, \frac{1}{2}l, \cdots$）の波が発生する．(b) 長さ l，半径 r で一方が開いている管に発生する固有振動．片方が固定端で節，管が開いているほうが腹となる振動が発生する．生じる波長は，図の上から順に $4l, \frac{4}{3}l, \frac{4}{5}l, \frac{4}{7}l$．実際には，開口端の少し外側（$0.6r$ 外側）に振動の腹ができる（開口端補正という）．

> **Advanced** 基本振動数・固有振動数
>
> 弦の場合（図 5.28(a)），固有振動の波長 λ_n は $\lambda_n = 2l/n$ となる．音速を v とすれば，発生する音の振動数 f_n は，
>
> $$f_n = n\frac{v}{2l} \qquad (n = 1, 2, 3, \ldots) \tag{5.8}$$
>
> となって，基本振動数 $f_1 = v/(2l)$ の n 倍の振動が存在する．
>
> 管の場合（図 5.28(b)），固有振動の波長は $\lambda_n = 4l/(2n-1)$，発生する音の振動数 f_n は，
>
> $$f_n = (2n-1)\frac{v}{4l} \qquad (n = 1, 2, 3, \ldots) \tag{5.9}$$
>
> となって，基本振動数 $f_1 = v/(4l)$ の $2n-1$ 倍の振動が存在する．

n は自然数を表す $(n = 1, 2, 3, \ldots)$．

● 和 音

音が重なるとき，心地よく聞こえる**和音**になるときと，そうでない場合（**不協和音**）がある．和音になるかどうかは，重なる音の振動数が簡単な整数比かどうかで決まる．

たとえば，ドミソの 3 音は和音となるが，各音の振動数は $1 : 5/4 : 3/2$ の比になっている．整数比では $4 : 5 : 6$ である．

和音 (chord)
不協 (discord)

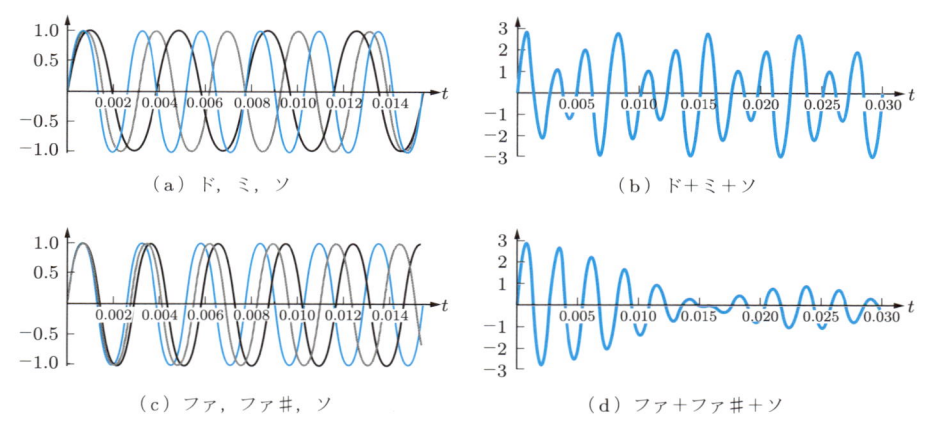

図 5.29　さまざまな和音　(a) ド，ミ，ソの 3 音の振動数で三角関数を重ねたもの．ドが 4 周期目，ミが 5 周期目，ソが 6 周期目で再び揃う．(b) ドミソの 3 音の和の波形を描いたもの．振動数比が簡単であれば，短い時間で周期的な波になることがわかる．
(c) ファ，ファ♯，ソの 3 音の振動数で三角関数を重ねたもの．(d) ファ，ファ♯，ソの 3 音の和の波形を描いたもの．3 音の和の波形は，もとの音の周期に比べてかなり長い時間をかけないと，繰り返しの波形にならない．したがって，人々は雑音に近いように感じてしまう．

Topic　駅での発車メロディ

最近は，駅で聞く列車の発車がベルではなく，メロディになっている．これは以前のベルが耳障りだったこともあるが，発着の多い都会の駅では，どのホームのベルかわかりにくい，という理由もあった．メロディが開発されたときには，行き先方面ごとにメロディをつくり，しかも，どの部分が重なっても不協和音にならないように工夫をしたそうだ．

図 5.30　駅での発車メロディ

Topic　「ピ・ポ・パ」の電子音 DTMF

DTMF (Dual-tone multi-frequency signaling)

プッシュ式の固定電話をかけるときの，「ピ・ポ・パ」の音は，二つの音の合成でつくられる．たとえば，「1」の音は，697 Hz の音と 1209 Hz の音を同時に流したときの音として定義されている．ほかの数字は以下の表のようだ．

電話局は音で番号を認識するので，これらの合成音が出せれば，番号を電話機で入力する必要はない．

表 5.4　DTMF 信号の合成

	1209 Hz	1336 Hz	1477 Hz	1633 Hz
697 Hz	1	2	3	A
770 Hz	4	5	6	B
852 Hz	7	8	9	C
941 Hz	*	0	#	D

図 5.31　声で電話をかける　以前，絶対音感のある姉妹がテレビ番組で，声で合成音をつくり，電話をかけていた．すばらしい．

■ うなり

うなり (beat)

少しだけ振動数の違う波を重ね合わせると，合成波はうなりを生じる．

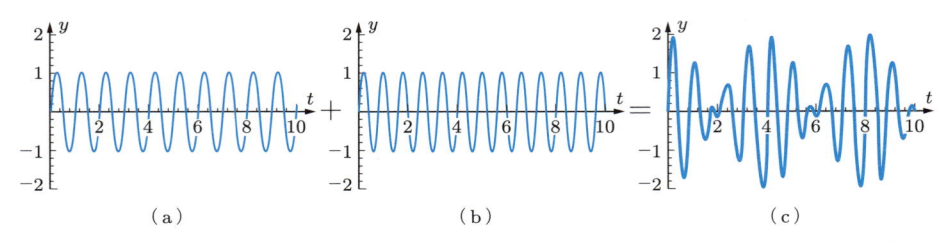

図 5.32　左二つの波を足すと右の波になる　$y_1(t) = \sin(2\pi t)$, $y_2(t) = \sin(2.5\pi t)$ としたときの，$y(t) = y_1(t) + y_2(t)$ の図．

Topic　チューニング

オーケストラのコンサートでは，演奏直前に各楽器の音合わせが行われる．まず，オーボエが A の音を出し，それぞれの楽器が A の音を出して揃えていく．楽器の音は，弦の締め方や管の長さで音の高低（振動数）が微妙に変わってしまう．調整が悪いと，うなりが聞こえてしまい，和音にならないからだ．ちなみに，いつもオーボエから始まるのは，オーボエは管の長さを調整できないからである．

実験 19　目でみるうなり

同じ太さで間隔が少しだけ異なる線を重ねると縞模様がみえるが，これは「うなり」と同じ．歯の間隔が少しだけ異なる「くし」を重ねてもみることができる．

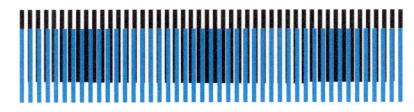

図 5.33　うなり，みえますか？

問 5.7* 図 5.27(a) に記載された 1 オクターブの周波数について，それぞれ波長を求めよ．音速を 340 m/s とする．

調 5.1 日本で古来使われていた音階を調べてみよう．

調 5.2 人の声を聞き分けたり，人の声を合成する機械は，どのようなしくみか調べてみよう．

調 5.3 スピーカーの近くにラップをぴんと張り，塩をまく．音を出すと，音に応じて塩の分布が変わって模様ができる．これはクラドニ図形（Chladni figure）とよばれるものだが，このしくみを調べよう．

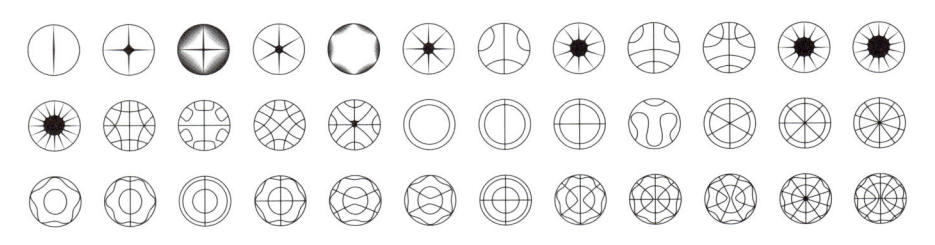

図 5.34　クラドニ図形の例　クラドニ (Ernst Chladni, 1756–1827) が著書『Discoveries in the Theory of Sound（音楽の理論における発見）』(1787 年) で初めて示した．

共振（共鳴）
(resonance)

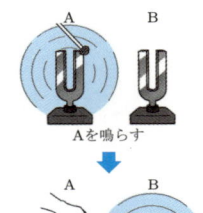

図 5.35 おんさの実験
Aを鳴らす
Aを止める
Bは鳴り続ける

強制共振
(forced oscillation)

図 5.36 ブランコの背中押し　結局，振動を支配しているのは親のほうだ．

■ 共振・共鳴

　弦や管などには，サイズに応じて振動しやすい固有振動数が存在することを説明した．この固有振動数にあわせた外力を加えると，小さな力でも大きく振れる．この現象を**共振**あるいは**共鳴**という．

　二つの同じおんさを用意し，一方だけをたたいて音を出すと，他方もわずかに振れて音を出す．しかし，振動数の異なるおんさでは，そのような共振現象はみられない．

　共振現象は音だけではなく，あらゆる波動現象に共通に生じる．

> **Topic　テレビやラジオのチャンネル選択**
>
> 　電気回路でも共振現象をつくることができる．回路内のコンデンサ・コイル・抵抗などを調整すると，その回路に流れやすい振動数（周波数）を設定することができる．テレビやラジオのチャンネルを選択することは，受信した電波の中から放送局の特定の周波数のものを取り出す操作である．このためには，受信機の回路内のコンデンサ容量を調整して，特定の共振振動数をもつようにしておけばよい．目的のチャンネルの電波にだけ共振した電流が流れ，信号を取り出すことができるようになる．

> **Topic　強制振動**
>
> 　非常に小さな力でも，固有振動数と一致していれば，やがて大きな振幅の振動を引き起こす．お寺にある鐘でさえ，親指の小さい力だけでも長時間継続的に一定振動数で力を加えていけば，徐々に大きく揺らすことができる．このような現象を**強制振動**という．
>
> 　たとえば，子供がブランコをこいでいるとき，親が背中を押す姿をみかけるが，よく観察してみると，親が背中を押している周期でブランコが往復している．これも強制振動である．

実験 20　共振の実験

ボール紙で長さが 9 cm，12 cm，15 cm，幅 3 cm の紙を切り取り，ビルと見立てて下敷きに下端を固定する．手で下敷きを揺らすと，1 枚だけ揺らすことができる．

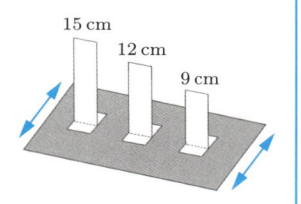

図 5.37　共振の実験

コラム 28　共振によるつり橋の落下

共振によって，大きな災害になることがある．有名な例として 1850 年 4 月に起きたフランスのアンジェ (Angers) にあったバス・シェーヌ (Basse-Chaîne) 橋の大惨事がある．478 人の軍隊が足踏み揃えて橋を行進したところ，橋が強制振動で共振を引き起こして落下．226 名が死亡したという．つり橋が共振で落ちる事故はほかにも多々みられたが，この惨事の後で「つり橋の上で歩調をとるべからず」という教訓が浸透した．

橋は設計段階で改良を重ねられていったが，1940 年 11 月には，開通後わずか 4 ヶ月しか経っていないアメリカ・ワシントン州のタコマ (Tacoma) 橋が落下する事故が起きている．この橋は風速 60 m/s まで耐えられるように設計されたつり橋だったが，当日の風速はわずか 19 m/s だった．風によって橋のまわりに渦ができ，渦からの周期的な力が橋のねじれ振動を励起させた．インターネットで探すと，落下する直前に激しく振動している橋の動画映像をみることができる．

地震でも共振による被害が出る．数十秒周期の長い周期で揺れる震動は「長周期地震動」とよばれるが，この周期は超高層ビルの固有振動数と一致しやすい．震源地から遠く離れた所で，しっかりと建てられたビルが思いもよらず大きく揺れるのは，共振現象の現れである．2003 年の十勝沖地震では苫小牧市の石油コンビナートで火災が発生したり，2004 年の新潟県中越地震では東京の六本木ヒルズでエレベーター 6 機が損傷しているが，これらは共振による被害といわれている．

コラム 29　聞くだけで太鼓の形がわかるか

数学者のカッツ (Mark Kac, 1914–) は，1966 年，『Can one hear the shape of a drum? (太鼓の音を聞いて太鼓の形がわかるか)』と題した論文を発表した．太鼓の形を決めれば，数学的には波動方程式を解けばどのような音がでるのかは計算できる．だが，逆に音の情報だけをすべて集めたとして，太鼓の形がわかるのかという問題提起である．いわゆる**逆問題**である．

耳目を集めるタイトルだが，カッツ自身が答えを得ていたわけではない．だがこの論文は，**スペクトル解析**の数学分野を発展させた．1992 年になって，異なる形状の境界条件で解かれた波動方程式の固有振動の組が，まったく同じになる例が発見され，この問いかけに対する答えは「ある程度，形状を特定することはできるが，完全には無理である」ということになった．

5.2.3 サウンド技術

■マイクロフォン・スピーカー

マイクロフォンは空気振動を電気信号に変換する．ダイナミック型とよばれるマイクロフォンでは，振動板が音によって前後に動くと，その動きが磁場中に置かれたコイルの振動につながり，コイルに電流が流れるという**電磁誘導**の原理を用いている．コンデンサ型は，振動板の前後の振動で，コンデンサの極板間隔を変え，それに応じて電流を流すしくみである．

スピーカーは，マイクロフォンとは逆の原理で，コイルに流れる電流を変化させ，電磁石の強さを変えることで永久磁石が装着されたコーンを振動させるしくみである．

電磁誘導
⇒216 ページ

（a）ダイナミック型マイクロフォン　（b）コンデンサー型マイクロフォン　（c）スピーカーの断面図

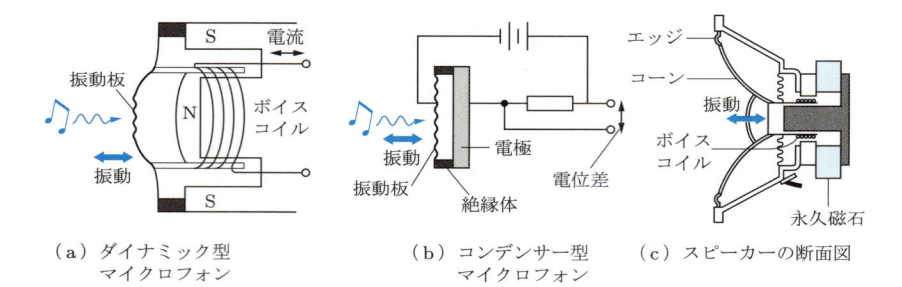

図 5.38 マイクロフォンやスピーカーのしくみ　(a) 音が振動板を前後に揺らすと磁場中にあるコイルも振動する．電磁誘導現象によってコイルに電流が発生することで音を電気信号に変える．(b) 音が振動板を前後に揺らすと電極に蓄えられている電荷の量が変わることで音を電気信号に変える．(c) スピーカーは，電気信号で振動板を前後させて音を出す．マイクロフォンとは逆のしくみ．

Topic　ノイズキャンセル機能のあるヘッドフォン

周囲の騒音を「防ぐ」のではなく「消す」ヘッドフォンが発売されている．周囲の音を集めるマイクが耳のところにあり，自分が聞いている音楽の中に，それらの周囲の音と逆の波形（山と谷を逆転させた波形）の音を重ねるのである．波の重ね合わせの原理により，周囲の騒音はキャンセルされ，自分の聞きたい音楽だけが残るという発想だ（図 5.39）．

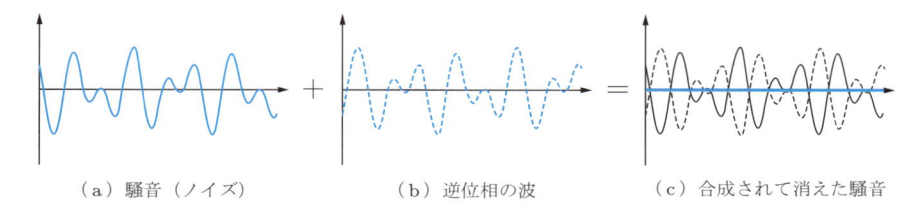

(a) 騒音（ノイズ）　　　(b) 逆位相の波　　　(c) 合成されて消えた騒音

図 5.39　騒音と逆位相の波を足して騒音をキャンセルする

● 蓄音機

音を記録して再生するという発明は，エジソンが最初である．

- 1877 年，エジソンが錫箔円筒式蓄音機「フォノグラフ」を完成させた．「話す機械」として大いに評判をよんだが，評判のわりに性能が悪く，実用化にはほど遠かった．
- 1885 年，ベルリナーは，録音と再生の針を別にしたり，保存の効かない錫箔をワックス塗りに変えたり，再生にゴム管を使い音声が明瞭に聞こえるようにしたりといった改良を加えた，「グラモフォン」を誕生させた．

その後，エジソンは実用に耐える円筒式蓄音機を，ベルリナーは円盤形蓄音機を発売し，30 年以上にわたってこの分野の覇権争いをした．最終的には安価に大量生産できる円盤形が普及した．

図 5.40　エジソン
Thomas A. Edison
(1847–1931)

図 5.41　ベルリナー
Emil Berliner
(1851–1929)

(a) エジソンのフォノグラフ　　(b) ベルリナーグラフォン
　　（円筒式蓄音機）　　　　　　　（円盤式蓄音機）

図 5.42　蓄音機

■ 録音技術

円盤形レコードは，何回も再生すると，針とレコード盤の接触によって盤が摩耗し，波形を記録した溝が壊れてしまうという宿命があった．そこで，レコードに替わるさまざまな録音媒体が開発されてきた．

- **磁性材料**の粒子を塗布したテープを用いて，録音（録画）する技術が開発され，つい最近まで利用されていた．しかし，何回も再生したり，長時間経つと磁力が弱くなるという弱点があった．

- 1982年，ソニーが，音の波形を**デジタル化**して光ディスクに記録する **CD** (compact disc) を完成させた．デジタル化とは，音の波形を「0」「1」の数字に符号化することである．

デジタル化は，時間的な刻みをどの程度でとるか，という**標本化（サンプリング）**を行い，さらに，連続する信号をどの程度の荒さで矩形に近似するかという**量子化**を行うことで実現する．CD のサンプリング周波数は 44.1 kHz であり，CD の再生帯域は，その半分の周波数となる．CD には「0/1」の信号が焼き付けられ，光を当てて「0/1」を読み取るので，音質が劣化することがない．

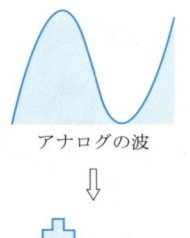

図 5.43 アナログ信号のデジタル化

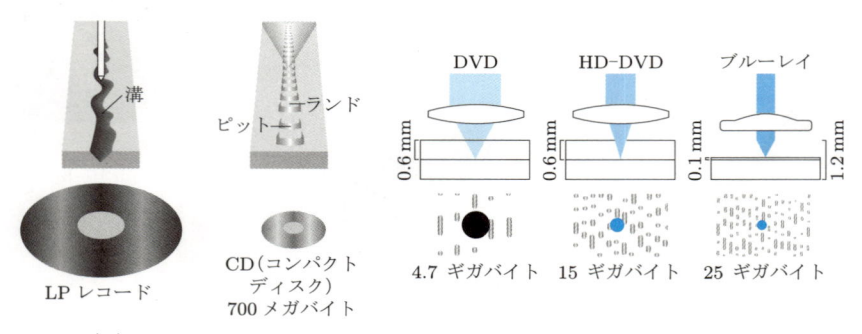

（a）レコードから CD へ

（b）DVD からブルーレイへ

図 5.44 録音技術の進歩　CD から DVD・ブルーレイへの進化は，読み取るレーザー光の波長を短くして記録面の密度を上げることで実現した．

画像も記録できるように改良されたものが，DVD である．CD/DVD では赤いレーザー光を用いていたが，青紫色のレーザー光線にして光束を細くすることが可能になり，容量が約 5 倍のブルーレイ (Blu-ray) が開発された．

レーザー
⟹224 ページ

■ デジタル信号の圧縮

デジタル信号を圧縮する技術も進んだ．データの圧縮とは，普通の人には聴こえない程度の小さな音（最小可聴限界以下）のデータを消去したり，相対的に小さな音を消去する（マスキング効果）ほかに，2 進数の数字の並びを，ある規則に従って短くする工夫である．最近では，MP3 といわれる圧縮技術が広く普及しており，ハードディスクに音源データを保存する携帯型プレーヤーの小型化・大容量化も進んでいる．

MP3 (MPEG Audio Layer-3)

普通の人の可聴周波数領域は 20〜20000 Hz であり，CD の音源では 20000 Hz 以上の高音はカットされている．しかし，聴こえないはずの音でも再生したほうが臨場感のあふれた音になることが再確認されつつあり，最近ではハイレゾと命名されたカテゴリーで音楽データがダウンロードできるようになってきた．

ハイレゾ（high resolution, 高解像度）

表 5.5　CD とハイレゾ規格の比較　さまざまな規格があり，CD のものを超えていればハイレゾとよばれる．

	CD	ハイレゾ	ハイレゾ
サンプリング周波数（1 秒分のデータの分割数）	44.1 kHz	96 kHz	192 kHz
ビット深度（1 データの記録容量）	16bit	24bit	24bit

16 桁の 2 進数のことを 16 ビットという．
2 進数 ⟹1.3 節

（a）オリジナル　　（b）44.1 kHz/16 bit　　（c）192 kHz/24 bit

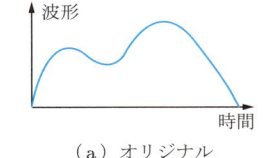

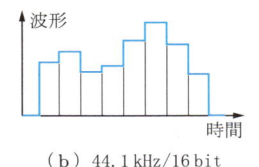

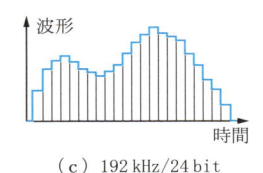

図 5.45　音声デジタル信号の高解像度化

問 5.8　スピーカーを箱にしまう理由は何だろうか．
問 5.9　美術館や博物館などでの音声案内（ラジオ電波）は，非常に狭いところだけ案内メッセージが聞こえるようになっている．どんな工夫が施されているのだろうか．

5.2.4 ドップラー効果

救急車や消防車が近づくときや遠ざかるときに、聞こえる音の高さ（つまり、振動数）が変化する．これは、音源が動くことによって、1秒間に伝わる波の数が増えたり減ったりするドップラー効果とよばれる現象である．

ドップラー効果
(Doppler effect)

ドップラー
Johann C. Doppler
(1803–53)

ドップラー効果で議論しているのは，音の高低の変化，すなわち振動数の変化である．音が大きくなったり小さくなったりするのは，音波の振幅の変化の影響であり，ドップラー効果ではない．

> **法則　ドップラー効果**
>
> 波源や観測者が移動することによって，本来伝わる波の振動数が大きくなったり，小さくなったりして観測される現象のことを**ドップラー効果**という．
> - 音源と観測者が相対的に近づくとき，振動数は大きくなる．音波の場合は波源の出す音よりも高い音として聞こえる．
> - 音源と観測者が相対的に遠ざかるとき，振動数は小さくなる．音波の場合は波源の出す音よりも低い音として聞こえる．

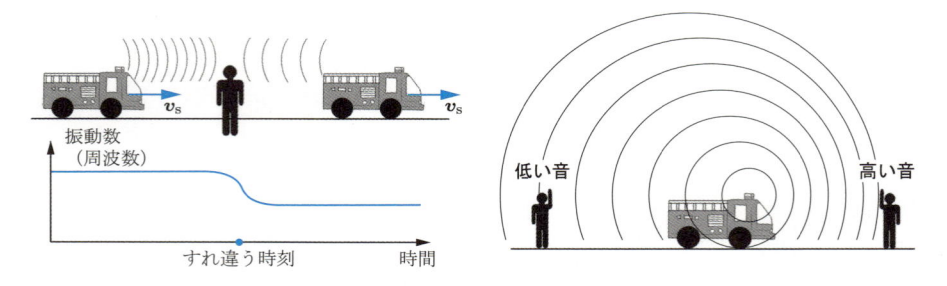

図 5.46　ドップラー効果

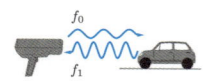

図 5.47　スピード違反の取り締まり　ドップラー効果で $f_0 < f_1$ となるが，その変化の割合からスピードがわかる．

> **Topic　スピード測定器**
>
> 野球でピッチャーが投げたボールの速さがすぐに表示されたり，自動車のスピード違反を検出したりするために使われているスピード測定器の原理は，ドップラー効果である．10^{10} Hz の電波（マイクロ波）を移動物体に当てて，その反射波をとらえることで，移動物体の速度がわかるしくみである．

Advanced　ドップラー効果の式

音速を V [m/s]，音源の移動速度を V_S [m/s]，観測者の移動速度を V_O [m/s] とする．音源の音の振動数を f_0 [Hz]，観測者の受け取る音の振動数を f' [Hz] とすると，

$$f' = \frac{V + V_O}{V - V_S} f_0 \tag{5.10}$$

が成り立つ．V_O と V_S の前の符号 $(+, -)$ は，互いに近づくときの符号である．互いに離れるときは符号を逆にすればよい．

■ 光のドップラー効果

音だけではなく，光でもドップラー効果は生じる．次章で説明するが，光の振動数は色に対応している．したがって，以下のことがわかる．

- 光源と観測者が相対的に近づくとき，波源の出す光よりも青色側に変化して観測される（青方偏移という）．
- 光源と観測者が相対的に遠ざかるとき，波源の出す光よりも赤色側に変化して観測される（赤方偏移という）．

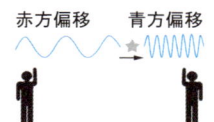

図 5.48　光のドップラー効果

青方偏移
(blue shift)
赤方偏移
(red shift)

> **Topic　宇宙膨張の発見は星の色のドップラー効果**
>
> 宇宙全体が膨張していることの発見は，1920 年代の終わり，ルメートルやハッブルによって報告された．遠方の星や銀河を観測すると，遠方のものほど本来の色より赤方偏移していることがわかり，宇宙全体は風船がふくらむように，全体が膨張していることが明らかになった．
>
> アインシュタインは，自らが創り上げた一般相対性理論の式が，宇宙は膨張しているという答えを出していたのにもかかわらず，宇宙膨張説には懐疑的だったが，観測結果を知ってようやく宇宙膨張を認めるようになったという．

ルメートル
Georges-Henri
Lemaitre
(1894–1966)
ハッブル
Edwin P. Hubble
(1889–1953)
アインシュタイン
Albert Einstein
(1879–1955)
$\Longrightarrow$ 7.2 節

問 5.10* 時速 90 km で走る救急車が 960 Hz と 770 Hz の音でサイレンを出している．救急車が近づくときと遠ざかるとき，止まっている人が聞く周波数はいくらか．音速を 340 m/s とする．

問 5.11　私たちの銀河系の隣にあるアンドロメダ銀河は青方偏移している．何を意味しているか．

5.3 光
色の正体と虹のしくみ

普段直接感じることはないが，光も波である．色の違いは波長の違いである．屈折や反射，重ね合わせや干渉など，波のもつすべての性質を観察することができる．

光速 c は常に一定
⟹ 1.4.2 項

電磁波
⟹ 6.3.5 項
紫外線
(ultraviolet rays)
赤外線
(infrared rays)

5.3.1 電磁波の分類

光は電磁波である．光の速度は一定で約 30 万 km（正確には 299792458 m/s）であり，光速には c の文字を使う．

- 人間の目に感じることができる光を**可視光**とよび，赤い色から青い色まで分布する．振動数が大きいと（波長が短いと）光は青く，エネルギーも高い．逆に，振動数が小さいと（波長が長いと）光は赤く，エネルギーは低い．
- 青い光より振動数が大きい光を**紫外線**，逆に，赤い光より振動数が小さい光を**赤外線**という．赤外線領域には電波がある．紫外線領域にはレントゲン線がある．

波の速さの式 (5.2) は，光の場合

$$c = f\lambda \tag{5.11}$$

となる．f は振動数，λ は波長である．

コラム 30　紫外線対策

紫外線を浴びることは骨をつくるのに重要なビタミン D の生合成というよい面をもつが，長時間，大量に浴びると肌に以下のような影響を与える．

- 可視光より少し波長が短い紫外線 A (UVA) は，肌の奥まで侵入し，肌を黒くする日焼け（サンタン），しわ，たるみ（光老化）の原因となる．**日焼け止めの PA 値** (Protection grade of UVA) は，UVA を，どれほど防ぐかを示す．「PA+/PA++/PA+++」の順に効果が高くなる．
- さらに波長の短い紫外線 B (UVB) は，強いエネルギーで肌表面の細胞を傷つけ，肌を赤くする日焼け（サンバーン）や皮膚癌の原因となる．**日焼け止めの SPF 値** (Sun Protection Factor) は，UVB を，個人にとって何倍の時間防ぐかを示す．日焼け止めを塗らずに 20 分紫外線を浴びれば日焼けする人の場合，SPF15 は「$20 \times 15 = 300$ 分（5 時間）」紫外線 B を防いでくれる．SPF 値が高いほど肌への刺激も大きいので，単純に大きければよいというわけではない．
- さらに波長の短い紫外線 C (UVC) は，生物に大きなダメージを与える．地球を取り巻くオゾン層は，宇宙線による UVC 被曝を防ぐはたらきをしている．

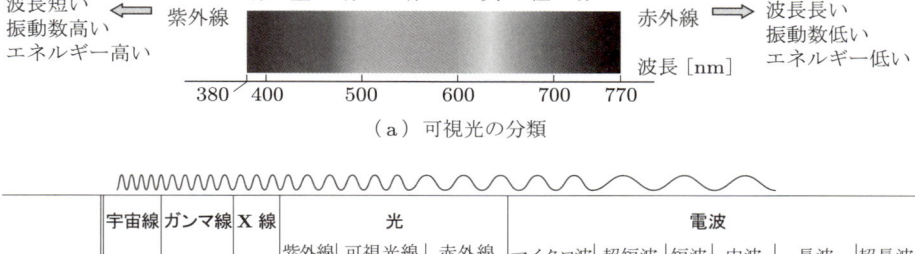

5.3 光—色の正体と虹のしくみ **165**

(a) 可視光の分類

	宇宙線	ガンマ線	X線	光			電波					
				紫外線	可視光線	赤外線	マイクロ波	超短波	短波	中波	長波	超長波
波長[m]	10^{-13}	10^{-10}	10^{-9}	3.8×10^{-7}		7.7×10^{-7}	10^{-4}	1	10	10^2	10^3	10^4
波長[nm]				380		770						
振動数[Hz]		3×10^{18}	3×10^{17}				3×10^{12}	3×10^8	3×10^7	3×10^6	3×10^5	3×10^4
利用例	医療／食品照射	医療／X線写真	殺菌	光学機器		赤外線写真	携帯電話	電子レンジ	テレビ／FMラジオ	短波ラジオ	AMラジオ	電波時計	飛行機の通信

(b) 可視光を含めたさまざまな電磁波の分類

図 5.49 電磁波の分類 〔カラーページ参照〕

5.3.2 色

ニュートンは，プリズムを通すと，太陽の**白色光**はさまざまな色に分割できることを発見した．このように光を分割することを**分光スペクトル**といい，分割された光を**スペクトル光**という．

ニュートンは，さらに次の事実を発見した．

- 白色光を分光し，再び重ねると白色になる．
- 白色光を分光し，赤色の光を除いて再び重ねると緑色になる．
- 白色光を分光し，緑色の光を除いて再び重ねると赤色になる．

このようにして，赤色と緑色は，**補色**の関係にあることがわかってきた．太陽光は分光するが，自然界には**単色光**もある．たとえば，高速道路のトンネルで使われているナトリウムランプのオレンジ色の光は単色光である（運転者の目に負担がかからないように，オレンジ色を使っているそうだ）．赤は**単色**の場合もあり，**混色**の場合もある．ほかの色も同様である．

なお，光自体に色彩はなく，あくまでも色彩は，網膜の感覚器官に光が反応して認識される．「赤い光」が存在するのではなく，人間に「赤と認識される光」が存在すると考えるのがよい．

白色光 (white light)
スペクトル (spectrum)

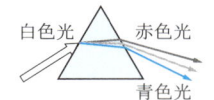

図 5.50 白色光はプリズムを通すと分光する

補色 (complementary color)
単色光 (monochromatic light)

(a) 色相

(b) 明度

(c) 彩度

図 5.51 色相，明度，彩度〔カラーページ参照〕

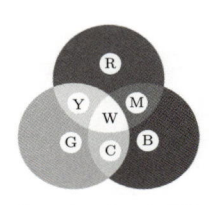

図 5.52 光の 3 原色（加法混色（RGB））〔カラーページ参照〕

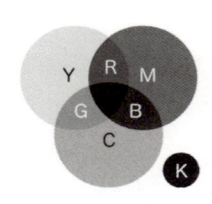

図 5.53 色彩の 3 原色（減法混色(CMYK)）〔カラーページ参照〕

LED ⟹ 207 ページ

■ 色彩の客観的な表示

色彩を指定するためには，3 種類の情報を指示する必要がある．

- 色相（色，Hue）．
- 明度（明るさ，Brightness/Value）．反射率の高さ．白が最も明るく，黒が最も暗い．
- 彩度（鮮やかさ，Chroma）．色彩に混じる白や灰色の成分．

■ 3 原色

最も基本的な色は，三つに絞られることが知られている．

- 光の 3 原色は，「赤，緑，青」(RGB; Red+Green+Blue)．3 色を重ねると白色になる．明るさも増す．光の混色は**加法混合**（加法混色，加算混合）という．

  テレビやディスプレイなど発光体の色の基本である．

- 色彩の 3 原色は，「赤，青，黄」．3 色を重ねると黒色になる．明るさは減る．色彩の混色は**減法混合**（減法混色，減算混合）という．

  インクや絵の具など，元の光を遮る形で反射して色を識別させる場合の基本である．印刷業界では，シアン（澄んだ青緑色），マゼンタ（ピンクに近い紫），イエローと黒，すなわち CMYK (Cyan+Magenta+Yellow+Key) の 4 色が利用される．実際の印刷順は，YMCK の順になる．

> **Topic　青色 LED の発明**
>
> 2014 年のノーベル物理学賞は，「高輝度でエネルギー効率のよい白色光を実現する青色発光ダイオード (LED) の開発」の業績で，赤崎勇，天野浩，中村修二の 3 氏が受賞した．この 3 氏は，青色 LED の開発と量産化に貢献したのだが，ノーベル財団は，青色 LED が完成したことによって，それまでにできていた赤色 LED，緑色 LED と合わせ，光の 3 原色が揃ったことを『人類に最大の利益をもたらす発明』と評価した．

● RGB 表色

原色を R (赤, 700 nm), G (緑, 546.1 nm), B (青, 435.8 nm) とする表色系が，パソコンにて最も多く用いられている．1 色ごと 0〜255 階調で，その組み合わせは，$256^3 = 1677$ 万 7216 色になる．

なお，RGB 表示では知覚できる色を完全に合成できないことも知られている．図 5.54 は，知覚できる色の領域の中で，RGB 表示できる部分を三角形で示したものである．

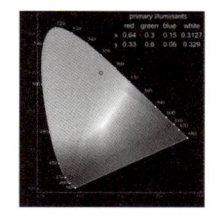

図 5.54 CIE（国際照明委員会）の xy 色度図〔カラーページ参照〕

> **Advanced** すべての色を数学的に表現する
>
> すべての色を数学的に表現する方法がある．CIE（国際照明委員会）が定めた XYZ 表色は，RGB 表示系の係数 (R, G, B) から計算される 3 刺激値 (X, Y, Z)
>
> $$\begin{aligned} X &= 2.7689R + 1.7517G + 1.1302B \\ Y &= 1.0000R + 4.5907G + 0.0601B \\ Z &= 0.0565G + 5.5943B \end{aligned}$$
>
> を使う．Y は輝度を表す係数，X と Z は明るさのない架空の色彩に対応する係数である．これらより
>
> $$x = \frac{X}{X+Y+Z}, \quad y = \frac{Y}{X+Y+Z}, \quad z = \frac{Z}{X+Y+Z}$$
>
> とすれば，$x + y + z = 1$ となる係数が得られ，すべての色は，$C = xX + yY + zZ$ として表現することができる．図 5.54 のヨットの帆のように塗られた部分は，(x, y) 表示された断面である．

表 5.6 RGB 表色の代表的な色〔カラーページ参照〕

(R,G,B)	16 進数表示	色	(R,G,B)	16 進数表示	色
(255,0,0)	#ff0000	赤	(0,0,0)	#000000	黒
(0,255,0)	#00ff00	緑	(126,126,126)	#7e7e7e	
(0,0,255)	#0000ff	青	(255,255,255)	#ffffff	白
(255,255,0)	#ffff00		(126,126,0)	#7e7e00	
(255,0,255)	#ff00ff		(126,0,126)	#7e007e	
(0,255,255)	#00ffff		(0,126,126)	#007e7e	

調 5.4 あなたが考える赤色と，隣人が考える赤色が同じ色かどうか，判定することはできるだろうか．赤色という色の名前は，教育されて知ることだが，感じる色バランスには個人差があるのだろうか（著者にとって長年の謎なので，調査課題とした（笑））．

調 5.5 人間の色彩感覚と補色の関係について調べてみよう．

5.3.3 光の屈折・反射
■ 反射の法則，屈折の法則

光も波であるから，反射・屈折・回折現象を引き起こす．

屈折の法則は式 (5.7) で示したが，もう一度記しておこう．

$$\frac{\sin \theta_0}{\sin \theta_1} = \frac{v_0}{v_1} = \frac{\lambda_0}{\lambda_1} = \frac{n_1}{n_0} = n_{01} \tag{5.7}$$

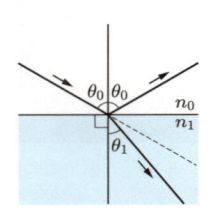

図 5.55 反射と屈折
図 5.17 と同じ．

屈折率 n は，真空での値を 1 としたときの，その媒質の「進みにくさ」を表す．空気の屈折率は 1.000270（20°C のとき），水は 1.33，ガラスは 1.5 程度である．図 5.55 では，上側が空気で下側が水あるいはガラスと考えよう．

屈折が起きるのは，光の速度が遅くなるからだ．屈折率 n の物質中では，光の速度は c ではなく c/n になる．水中ならば真空中の約 3/4 になる．ホイヘンスの原理（⟹5.1.3 項）から，波は素元波の速度が遅くなるほうへ屈折する．したがって，光は屈折率の大きな物質に向かって進む．

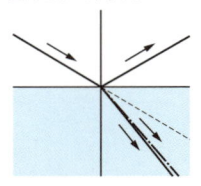

図 5.56 正確には，光の波長（色）ごとに屈折率が異なる

プリズム（ガラス）で光が分光するのは，光の波長（色）ごとにわずかに屈折率が異なってくるからである（図 5.56）．

> **Topic　蜃気楼と逃げ水**
>
> 空気の屈折率は，温度が上がるとわずかに下がる[†]．冬の海は海水温が低く，海の近くの空気の屈折率は高い．したがって，光は上向きに凸の形で進むことになる．遠方の海岸線の光景が浮き上がったり反転したりしてみえる蜃気楼の発生は，屈折率の違いによって光が曲がって進むからである．
>
> 夏の舗装道路や砂漠の表面では温度が高く，このようなときは逆に，光は下向きに凸の形で進む．「逃げ水」とよばれる現象は，遠くの道路をみたときに，上から屈折してきた光が反射して加わっているようにみえる現象である．近づくと，この反射がなくなって水が逃げたようにみえる．
>
> （a）蜃気楼　　　（b）逃げ水
>
> **図 5.57　蜃気楼と逃げ水**

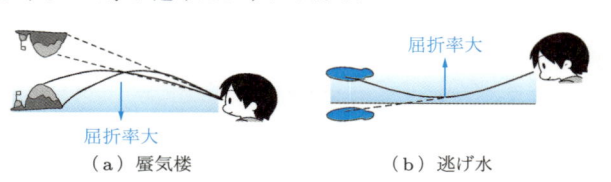

[†] 空気の屈折率は，温度が 1°C 上昇で -1.0×10^6 変化する．さらに，気圧が 100 Pa 上昇すると $+0.3 \times 10^6$ 変化し，湿度が 10% 上昇すると -0.1×10^6 変化する．当然，色によっても若干変化する．

> **Topic　プールに入った人の足が短くみえるのは**
> 私たちの目は，光が届く方向（見かけの角度）を基準にして距離を把握している．誰かがプールに立っているとき，足先から出た光は屈折してきているが，みた人は，光は直進して届いたと誤解してしまう．そのため，水の上に出ている頭と接続して映像にすると，短足にみえてしまうのである．

図 5.58 グラスに入れた箸の屈折

■ 全反射

光が屈折率の大きい媒質から小さい媒質へ入射するとき，入射角によっては屈折角が 90 度になることがある．この角度を **臨界角** という．式 (5.7) より，臨界角 θ_c は，$n_0 = 1$ とすれば，

$$\sin \theta_c = \frac{1}{n_1} \tag{5.12}$$

で与えられる．水 ($n = 1.33$) の場合，$\theta_c = 49$ 度程度である．臨界角を越えると，光はすべて反射する．これを **全反射** という．

臨界角 (critical angle)
全反射 (total reflection)

> **Topic　全反射を利用した光ファイバー**
> 家庭用のインターネット回線に，光ファイバーが普及してきた．光を全反射させながら遠方へ情報を伝えるケーブルである．従来の電話線と異なり，多くの光を重ねて通信できるので，格段に送受信できる情報量が増えるメリットがある．ただし，ケーブル内で全反射を繰り返すためには，光ファイバーは決して折り目をつけてたたんではいけない．

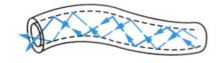

図 5.59 光ファイバー

> **Topic　魚眼レンズ**
> 水中から水面より上を見上げると，光の屈折により，見込んだ角度よりも大きな範囲の光が目に入ることになる．魚からみると，上から狙っている人間がよくみえているということだ．このような映像を写すレンズが魚眼レンズである．やや歪むが空一面を撮影することができる．

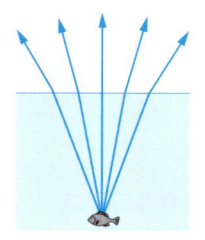

図 5.60 魚眼レンズのしくみ (fisheye lens)

図 5.61 半円を描く主虹と副虹 （写真提供：長谷川能三）〔カラーページ参照〕

■虹のしくみ

雨上がり，強い太陽光が空気中に漂う雨粒に反射して虹がみえる．これは，光は雨粒内を「屈折，反射，屈折」して私たちの目に届くからだ．

丸い水滴は，太陽光線の入射方向から 42 度の向きに最も光が強く反射する（図 5.62(a)）．色によって反射角は少しずつ異なり，これらの光が目に入るときには，外側が赤，内側が紫色の虹（**主虹**）としてみえることになる（図 5.62(c)）．

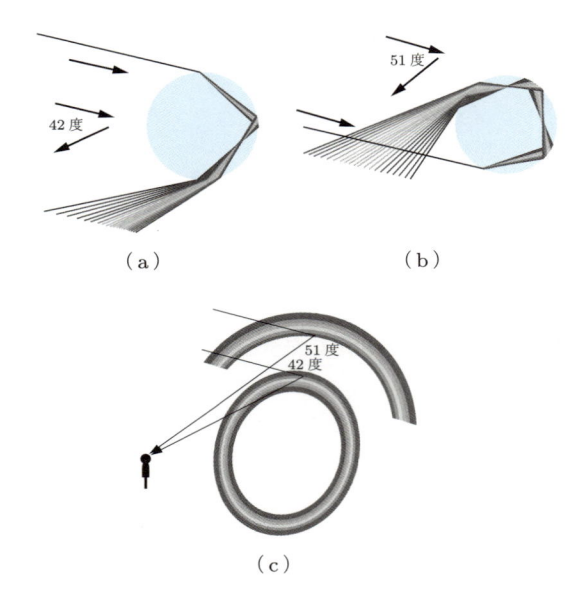

図 5.62 虹の原理　(a) 主虹をつくる光の経路．太陽光線から 42 度の方向が最も強い反射光になる．(b) 副虹をつくる光の経路．51 度の方向が最も強い．(c) 条件がよければ，主虹の外側に色の順が逆転した副虹がみえるはず．山の上ならば，円形の虹がみえる可能性がある．〔カラーページ参照〕

雨粒内を 2 回反射して私たちの目に届く光の経路も考えられ（図 5.62(b)），こちらは反射角が 51 度の向きになる．色の順も逆になって，やや薄い虹が外側にみえることになる（図 5.62(c)）．これが**副虹**である．雨あがりの直後，まだ太陽高度が高くて，光が強いときには，副虹を探してみよう．

ちなみに，副虹もみえる場合，主虹と副虹の間の空は暗くなる．主虹の内側が最も明るく，副虹の外側がやや暗い．また，雨

主虹 (rainbow)
副虹 (secondary rainbow)
正確には，主虹のみえる仰角は 40.5 度（紫）から 42.3 度（赤），副虹は 50.6 度（赤）から 53.5 度（紫）である．

粒の大きさがそろっていない場合には，別の虹がみえることもある．

> **Topic　ブロッケンの妖怪＝阿弥陀如来の光輪**
>
> 霧に囲まれた山の中で背後から陽の光が射すと，自分の前には虹色の光の輪に囲まれた影が出現する．影は自分と同じように手を振る．ドイツのブロッケン山 (Brocken) では妖怪として恐れられていた．日本では，阿弥陀如来が出現して御光がさしたとありがたがられている．これらは図 5.62(c) にあるような円形の虹をみているものだと考えられる．

図 5.63　後光がさして光輪に囲まれた妖怪

> **コラム 31　虹の色は何色？**
>
> 私たちは，虹は 7 色だと思っている．しかし，それは幼い頃，親からそう教わったからだ．虹の色は，太陽の光（合成された白色光）がプリズム分光されたものと同じなので，波長によってさまざまに，数えられないくらいのグラデーションになっている．
>
> 虹の色を何色と数えるかは，文化によって異なるそうだ．言語圏によっては 5 色，4 色とするところもあるという．イギリスでは 6 色と数えるのが普通だが，ニュートンは 7 色と数えたようだ．
>
> 表 5.7　虹の色の区別
>
> | 日本，フランス | 7 色 | 赤，橙，黄，緑，青，藍，紫 |
> |---|---|---|
> | イギリス，アメリカ | 6 色 | 赤，橙，黄，緑，青，　　紫 |
> | ドイツ | 5 色 | 赤，　　黄，緑，青，　　紫 |
>
> 参考：鈴木孝夫『ことばと文化』（岩波新書，1973 年）

問 5.12　分厚いガラスのビールジョッキを横からみると，屈折によって実際のビールの量よりも多くみえるか少なくみえるか．

問 5.13*　深く海に潜って水面を見上げると，真上から円形の部分だけが明るく，その外側は全反射により暗くみえる．水深 1 m の地点から見上げたとき，明るい部分の円の半径はいくらか．海水の屈折率は 1.34 で，臨界角は約 48 度である．

調 5.6　月までの距離を測る方法として，アポロ宇宙船が置いてきた反射板に地球から光を当て戻ってきた光の時間差を測るという方法がある．このとき，どんな角度から光を当ててももとの経路に反射してくる鏡が必要である．どのようなしくみか調べてみよう．

調 5.7　屈折率が負の物質があったとすると，どのような現象を示すだろうか．

5.3.4 光の散乱・偏光・干渉

■ 光の散乱

太陽から地球に届いた光線は，空気中の分子と衝突して一部は散乱してしまう．**レイリー散乱**とよばれるこの現象は，波長が短いほど散乱されやすい（正確には，散乱される確率は波長の4乗に反比例する[†]）．

散乱
(scattering)
レイリー散乱
(Rayleigh scattering)

レイリー
John W.S. Rayleigh
(1849–1919)

[†] 可視光線の赤色と紫色とでは波長が1.8倍違うので，紫色の光のほうが，$1.8^4 = 13$ 倍も散乱される．

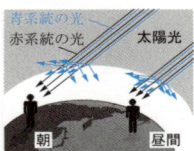

図 5.64 朝焼け・夕焼けの空が赤い理由

Topic　朝焼け・夕焼けの空が赤いのは？

昼間の空は青くみえる．これは，波長の短い紫や青色の光がたくさん散乱しているからだ（紫色の空になりそうだが，人間の視覚細胞が青色に感度が高いため，青くみえる）．雲が白いのは，水滴の粒子が大きくて太陽光のどの色もほぼ同じ割合で散乱するからである．

逆に朝や夕方は，太陽からの光は，昼間よりも長く空気中を通って私たちの目に届く．そうなると，先に散乱された青い光は遠いところにあり，手前には赤色が多く散乱されることになって空が赤くみえることになる．

図 5.65 皆既月食で赤く光る月（写真提供：槌谷則夫）〔カラーページ参照〕

**Topic　昼間にみえる白い月？
皆既月食で赤くみえる月？**

上弦の月は昼間に出て深夜に沈む．午後には白い月がみえる．これは，月からの光の色と青空の色が重なるためである．夜は無色の空を通ってくるので，黄色味を帯びた月になる．

満月で輝く月が地球の影にすっぽり入ると皆既月食になる．皆既月食中の月はうっすらと赤い．これは，地球の大気で屈折した光が月に当たり，その反射光をみている現象である．赤くなるのは，大気を通過する距離が長く，夕焼けや朝焼けと同じように赤い色の光だけが残っているからだ．

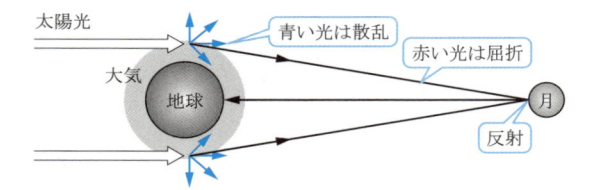

図 5.66 皆既月食が赤くみえるのは，地球の大気を長く通った光の反射をみることになるから

5.3 光—色の正体と虹のしくみ 173

> **コラム 32　皆既月食で食糧を得たコロンブス**
>
> アメリカ大陸の存在をヨーロッパに伝えたコロンブス (Christopher Columbus, 1451–1506) は，4回目のアメリカ探検にて，船員のふるまいが悪く，原住民から食糧配給をもらえなくなり，窮地に立たされた．そこで，皆既月食が起きるのを利用して「月が血のように赤くなれば，君たちの行いに対して，神様が怒っている証拠だ」と脅して原住民を騙し，食糧をもらえるようにしたそうだ．真偽は不明だが，実際にコロンブスがアメリカ大陸にいた1504年3月1日には現地で皆既月食がみられ，当時でも月食予報はきちんとされていた．

■ 偏 光

　光は横波である．太陽光や電球から出た光は，進行方向に対して横向きに（あらゆる方向に）振動している．このような光を**自然光**という．光を偏光シートに通すと，横向きの振動のうち，結晶構造に沿った一つの方向のみに振動する光を抽出できる．このように，振動の向きが偏っている光を**偏光**という．

偏光
(polarization)
自然光
(natural light)

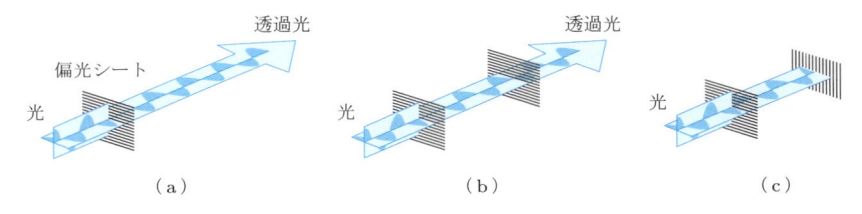

図 5.67　偏光シート　(a) 偏光シートは光の偏光方向を選び出す．(b) (c) 偏光シート2枚を通過するときは，偏光方向が合わないと通過できない．

> **Topic　立体映像をみせる偏光板メガネ**
>
> 人間は左右の目の受け取る光のわずかな角度差で立体感覚をもつ．映画館などで配られる立体映像視聴用のメガネの中には，偏光板を利用したものがある．偏光の向きを縦方向と横方向に分けて右目用と左目用のレンズ代わりにする．そうすると，もとの映像に右目用の画像と左目用の画像を混ぜても分離されて目に届くしくみだ．

図 5.68　偏光板を用いた3D映画のメガネ

立体テレビのしくみ
⟹ 225 ページ

液晶 (liquid crystal)

> **Topic　液晶のしくみ**
>
> 　電卓などの液晶は，90 度ずつ違いにずれた偏向板の間に液晶分子を 90 度ねじれて配置したしくみになっている（図 5.69）．液晶分子に沿って光は通るので，スイッチを入れる前の液晶画面は透明である．しかし，電源を入れると液晶分子は一直線に並ぶため，光は 2 枚の偏向板を通り抜けることができなくなり，黒い色になる．

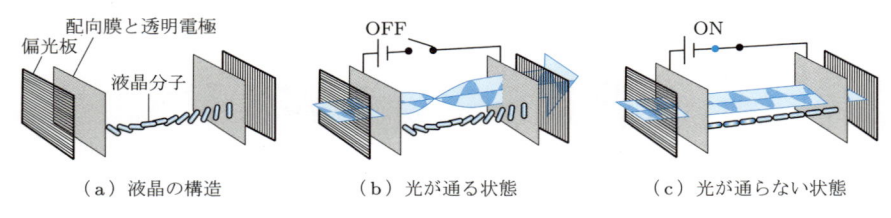

（a）液晶の構造　　（b）光が通る状態　　（c）光が通らない状態

図 5.69　液晶のしくみ　(a) 液晶分子は 90 度ねじれて配列されている．(b) 電源が OFF だと，光は曲がり，偏光板を通過して白色になる．(c) 電源が ON だと，分子が揃い，光が通過できず黒色になる．

光の 2 重スリット実験

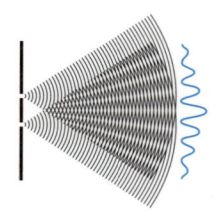

図 5.70　2 重スリットからの光の干渉

■光の干渉（2 重スリット）

　光は波であるので，音や水の波と同様に，干渉して，強めあったり弱めあったりする．二つのスリットを通った光は回折し，スリットから同心円状に広がっていく．二つのスリットからの距離に応じて，光の波の山と山が重ねあうときは強めあい（明るく光り），山と谷が重なるところでは弱めあう（暗くなる）．結果として，暗線がみえることになる．干渉条件は，144 ページで説明したことがそのまま成立する．

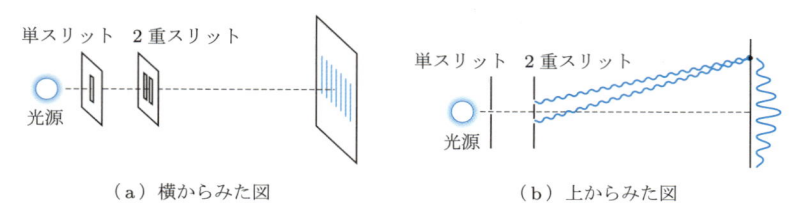

（a）横からみた図　　　　　　　（b）上からみた図

図 5.71　光の 2 重スリット実験（ヤングの干渉実験）　(b) 右端の波線はスクリーン上の明るさ（強度）を示す．

5.3 光—色の正体と虹のしくみ

■ 回折格子

　ガラス板の片面に，等間隔で細い筋を平行につけたものを，**回折格子**という（実際には，1 cm あたり 400〜10000 本程度の割合で溝を等間隔に刻んだ回折格子をつくる）．筋を付けられていないところを通る光が多重スリットの役割をして，光の干渉縞をつくり出す（図 5.72）．実際には，回折格子を抜け出て屈折する光の角度は，光の色（波長）によって若干異なる．そのため，角度によって強めあう色合いは少しずつ異なり，結果として虹のように色が分光してみえることになる．

回折格子 (diffraction grating)
図 5.72(b) の経路差 d が半波長の整数倍となる角度 θ 方向に光が強めあって，分光したものがみえる．

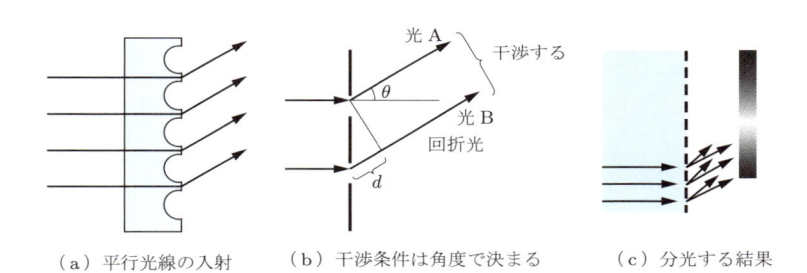

（a）平行光線の入射　　（b）干渉条件は角度で決まる　　（c）分光する結果

図 5.72　**回折格子**　(a) 等間隔の平行光線のみ格子を抜け出せるしくみ．(b) 干渉して強めあう角度がいくつか生じることになる．(c) 回折格子を抜け出て屈折する光の角度は光の波長によって異なるため，分光した光が観測できる．

Topic　CD や DVD の記録面が虹色に光ってみえる

　CD や DVD の記録面が虹色に光ってみえるのも，回折格子の原理である．デジタルの 0 か 1 かを記録する面が等間隔に細かく並んでおり，光が反射することによって分光効果が得られているのだ．

実験 21　分光シートで LED をみてみよう

　科学実験キットを販売する店で分光シートを手に入れることができる．小さい穴を通して入る自然光を分光シートでみれば虹のようにみえて光の万華鏡ができる（太陽を直接みてはいけません）．自然光ではなく LED ライトをみると，どのようにみえるだろうか．

図 5.73

■ 光の干渉（薄膜）

シャボン玉などの**薄膜**が虹色にみえるのも，干渉現象の一つである．膜の上面で反射した光と膜の下面で反射した光が干渉する（図 5.74）．

相手国のレーダーに探知されないようにつくられたステルス型戦闘機は，レーダーの反射波が干渉してなくなるように薄膜を塗布したり，別の角度へ反射するように特殊な形状で設計されたものだ．

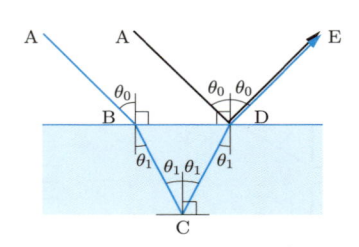

図 5.74 薄膜での干渉の例　A からきた光が，膜の上面で反射するもの（A→D→E）と，膜の下面で反射するもの（A→B→C→D→E）とが重なって，E 方向からみると干渉する．経路長の差と反射時の自由端 C か固定端 D かの違いを計算すると，E 方向での光の具合がわかる．

Topic　ホログラフィ

3次元の立体写真を撮影する技術として，ホログラフィとよばれるものがある（図 5.75）．撮影するときには対象物からの反射光と参照光の干渉縞を記録しておく．再生時にはその干渉縞に参照光を当てると，みている人は光を逆に辿ってもとの対象物を立体のようにみるというアイデアである．

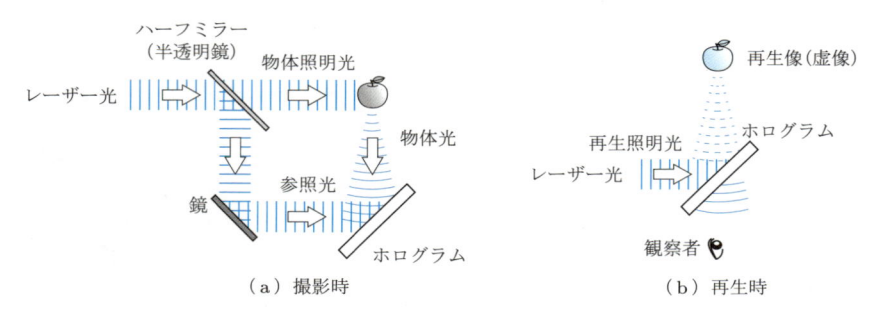

図 5.75 ホログラフィの原理　(a) 撮影時は同じ光を二つに分け，一つを参照光として，もう一つを被写体からの反射光として干渉縞を記録する（ホログラムとよぶ）．(b) ホログラムに参照光を当てると，被写体の立体像を虚像として再現する．

> **実験 22　指の間に暗線がみえる**
>
> スリットが一つでも，方向によって光は干渉縞をつくる（図 5.76）．指 2 本をぎゅっとくっつけ，その隙間から電気の光をみてみよう．単スリットの効果で，光の干渉がおき，指の間に何本かの黒い平行線がみえるはずだ． 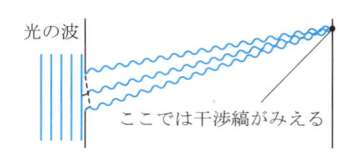
>
> 図 5.76　単スリットによる干渉縞 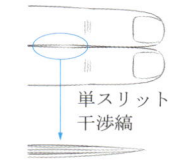
>
> 図 5.77　指の間に干渉縞

5.3.5　顕微鏡，望遠鏡
■凸レンズ

虫眼鏡でおなじみの凸レンズは，レンズの中心が膨らんだ形をしている．**光軸**（レンズの中心を通り，レンズ直交する軸）に平行に入射した光は，すべて**焦点 F** を通過する．

凸レンズを通った光は，再び集光して像を結ぶ．凸レンズを通過した先にスクリーンを置くと，倒立実像が結ばれることがわかる．人間の目もカメラもこのしくみを利用して，映像を取得している．

凸レンズ (convex lens)
光軸 (optical axis)
焦点 (focal point)

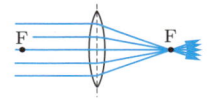

図 5.78　光軸に平行な光線は，凸レンズを通過すると焦点 F に集まる

実像 (real image)

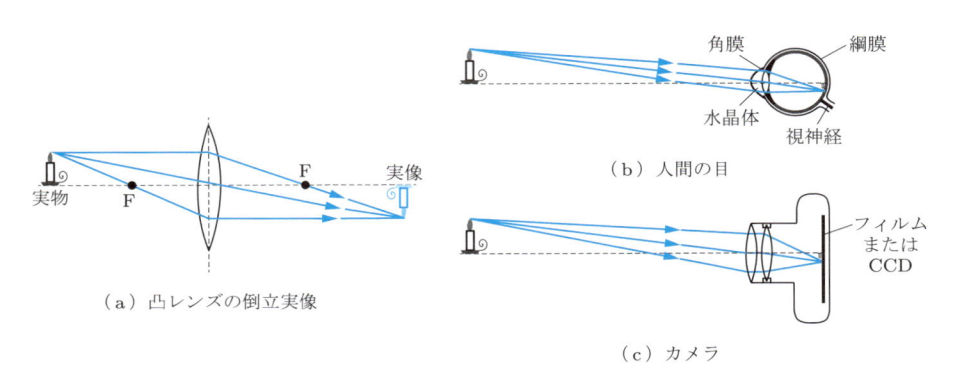

（a）凸レンズの倒立実像

（b）人間の目

（c）カメラ

図 5.79　凸レンズを通過した光による倒立実像　人間の目もカメラも同じしくみ．

■ 虫眼鏡

凸レンズを通して実物を覗き込むと，拡大された像として目に映る．この像は実際には光が集まっているわけではないので，**虚像**という．

虚像
(virtual image)

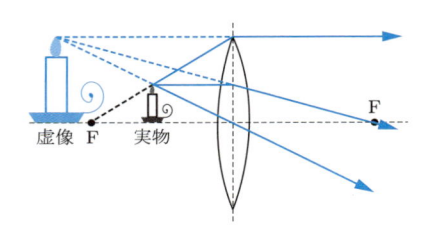

図 5.80 虫眼鏡のしくみ 凸レンズを通して実物を覗き込むと，拡大された像として目に映る．

■ 望遠鏡・顕微鏡

凸レンズ（対物レンズ）を通過して結像したものを，別の凸レンズ（接眼レンズ）で覗き込むと，遠方のものが拡大された像として目に映る．これが望遠鏡や顕微鏡の原理である．

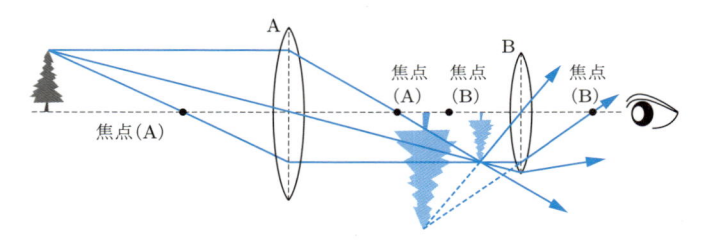

図 5.81 望遠鏡や顕微鏡のしくみ 凸レンズ（対物レンズ）を通過して結像したものを，別の凸レンズ（接眼レンズ）で覗き込むと，遠方のものが拡大された像として目に映る．

■ 凹レンズ・凹面鏡

凹レンズを通る平行光は，あたかも焦点 F から出発した光のように広がりながら進む．そのため，凹レンズを通して実物を覗き込むと，縮小された像として目に映る（図 5.82）．

凹レンズ面のような形状の（正確には放物線形状の）鏡(**凹面鏡**）に平行光線を当てると，手前の焦点に集光する．衛星放送を受信するときのパラボラアンテナは，このような原理を使って，微弱な電波を 1 点に集めている（図 5.83）．

凹レンズ
(nagative lens, concave lens)

凹面鏡
(concave mirror)

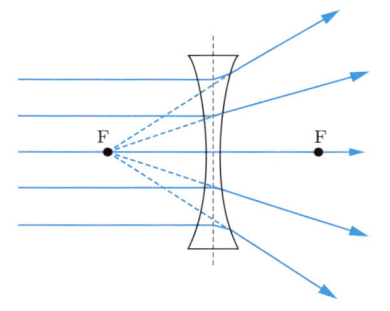

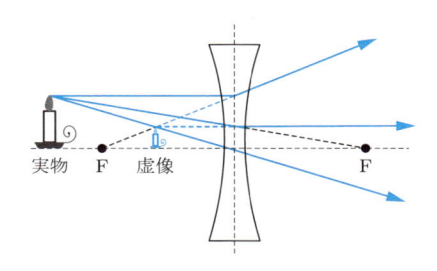

5.3 光―色の正体と虹のしくみ　　**179**

（a）光軸に平行な光線は，凹レンズを通過すると焦点 F から出発したように進む

（b）焦点より外側に置いた物体の像は縮小されて映る

図 5.82 凹レンズを通る光線　点 F は焦点である．

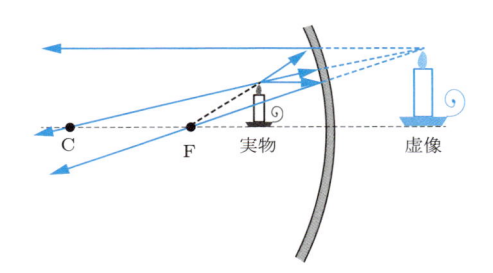

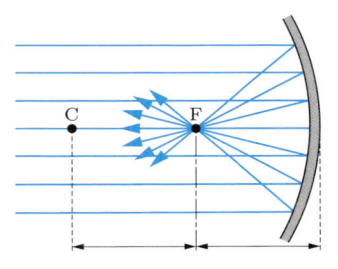

（a）平行光線を当てると焦点に集光する

（b）焦点より内側に置いた物体の像は拡大されて映る

図 5.83 凹面鏡を通る光線　点 C は鏡の中心，点 F は焦点である．

Topic　近視用眼鏡と老視用眼鏡

　遠方がみえにくい人を近視，手前がみえにくい人を老視という．近視の人は水晶体が薄くなりにくく，光が網膜の手前で集光してしまう．そこで，凹レンズを使った眼鏡で，光をいちど拡げて目に入るようにする．老視の人は水晶体が厚くなりにくく，光が網膜の後方で集光してしまう．そのため，凸レンズを使った眼鏡で，光を少し狭めて目に入るようにする．遠近両用の眼鏡は，近くをみるときに人は下を向くことから，凹レンズの下の一部を凸レンズに加工したものである．

凸面鏡
(convex mirror)

■ 凸面鏡

　道路脇のカーブミラーは凸面鏡である．見込む角度よりずっと広い角度を見渡せる．

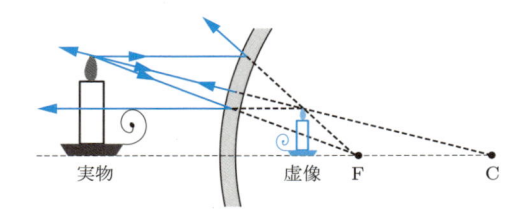

図 5.84　多くの視野が入る凸面鏡

図 5.85　鏡が上下を逆さにしないのはなぜ？

Topic　鏡は左右を逆転させるのに上下を逆転させないのはなぜ？

　よくたずねられる質問だが，これは質問自体が間違っている．鏡は左右を反転させる像を映すのではなく，前後を反転させて映している．自分の像を鏡でみて，自分の右手を上げると像の自分が左手を上げているように思うのは，頭の中で反射像の自分に向きを変えて解釈してしまうからだ．手を鏡に近づければ，像は手を前に出す．反射像の背景は動かずに同じ側であることから，前後反転であることがわかる．

コラム 33　ダイアモンドのブリリアントカット

　ダイアモンドは屈折率が大きく ($n = 2.4195$)，臨界角 24.43° 以上の入射角で全反射する．ダイアモンドを美しくみせるために，どこの面から光が入っても，必ず一度は全反射するようなカットの仕方が工夫されている．有名なのは，ブリリアントカット (brilliant cut) とよばれるもので，58 面からなり，上部から入った光は必ず全反射して上部へ出て行く．

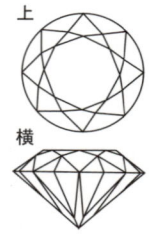

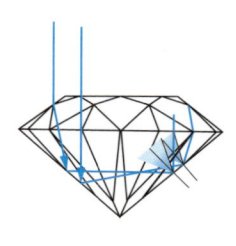

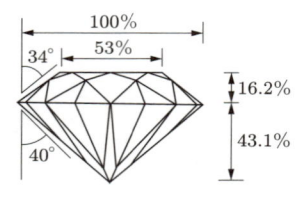

図 5.86　ダイアモンドのブリリアントカット

コラム 34　フェルマーの原理

屈折の法則が成り立つ説明として，フェルマー（Pierre de Fermat, 1607–1665）は，「光の経路は，2 点を結ぶ光学的な距離が最短になるように選ばれる」という原理を発見した．言い換えると，「光は 2 点間を最短時間で結ぶ経路を選ぶ」となる．この話は次のような問題に例えてもよい．

「海水浴の監視員が浜辺から a の距離にいる．彼が，自分からみて右に b，浜辺から c の距離におぼれている人を発見した．最短時間で救助するためには，どのような経路で向かえばよいか．ただし，彼が砂浜を走る速さは，泳ぐ速さの $n\ (>1)$ 倍である」

泳ぐより走るほうが速いので，監視員は少し砂浜を長く走り，ある地点から泳いでいくことになる．厳密に最短時間となる経路を計算すると，砂浜から海へ飛び込む場所（図 5.87 右図の点 B の位置）は，$\sin\theta_1/\sin\theta_2 = n$ を満たす場所という結果になる．この答えは，屈折率 n の媒質から 1 の媒質へ入射する光の経路と同じものだ．

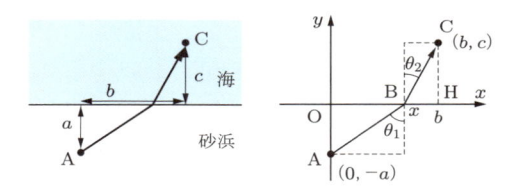

図 5.87　AC 間を最も短時間で到達する点 B の求め方は？

高校までの数学では，平面上の二つの点を結ぶ最短経路は直線であると習う．しかし，曲面上では，最短経路の候補は，直線の概念を拡張した**測地線**として得られる．たとえば，東京からニューヨークへ飛ぶ飛行機はアラスカ上空を飛ぶが，これは，このルートが地球表面での最短経路となるからだ（地球中心を含むように地球を輪切りにした「大円」が 2 点間の測地線となる）．ブラックホールや宇宙の時空構造を議論する一般相対性理論は，『光は曲がった空間での測地線を進む』という原理に基づいて構築されている．

ニュートンに始まった力学は，18 世紀末には，上記の幾何光学におけるフェルマーの原理と解析学の手法を取り入れた「解析力学 (analytical mechanics)」に発展する．力によって物体の運動を考える運動方程式の視点から，与えられたエネルギーによって「最小作用の原理」を用いて運動を議論できる数学的形式へラグランジェ（Joseph-Louis Lagrange, 1736–1813）やハミルトン（William R. Hamilton, 1805–65）らが進化させた．現代の理論物理学研究では，彼らの名前を冠したラグランジアン (Lagrangian) やハミルトニアン (Hamiltonian) というエネルギー関数を定義し，最小作用の原理を適用することからスタートする．

■ 物理学史年表 [5]　　([4] は 136 ページ．[6] は 228 ページ．)

　1905 年にアインシュタインは，その後の物理学を書き換える 3 本の論文を発表した．原子構造を解明する「量子論」と，時空構造を解明する「相対性理論」の二つは，このときに誕生した．1905 年以降の物理学を現代物理学とよぶ．

年代	人名	できごと	分野	ページ
1904	長岡半太郎（日），J.J. トムソン（英）	独立に原子模型発表	原子	
1904	ローレンツ（蘭）	ローレンツ変換公式	電磁	
1905	アインシュタイン（独）	光量子説の提唱	原子	
1905	アインシュタイン（独）	ブラウン運動の理論	原子	111
1905	アインシュタイン（独）	特殊相対性理論の提唱	時空	235
1906	ネルンスト（独）	熱力学第 3 法則	熱	
1908	ペラン（仏）	分子の実在性を証明	原子	
1908	ガイガー（独）	放射線計測管製作	原子	
1908	オネス（蘭）	He の液化に成功	物性	
1909	ラザフォード，ロイズ（英）	α 粒子を He 原子核と同定	原子	
1909	ミリカン（米）	電気素量の測定	原子	
1911	ラザフォード（英）ら	原子核の存在を実験で証明	原子	238
1911	オネス（蘭）	超伝導現象を発見	物性	
1912	ラウエ（独）ら	結晶による X 線の回折現象	原子	
1912	ブラッグ父子（独）	結晶による X 線干渉の理論	原子	
1912	ヘス（墺）	宇宙線の発見	原子	
1912	ウィルソン（英）	霧箱の発明	原子	
1913	ボーア（丁）	原子構造の量子論，原子模型を提唱	原子	
1915	アインシュタイン（独）	一般相対性理論の提唱	時空	
1919	ラザフォード（英）	原子核の人工的な変換	原子	238
1923	コンプトン（米）	コンプトン効果の発見	原子	
1924	ド・ブロイ（英）	物質波の概念	原子	
1924	パウリ（瑞西）	電子軌道の排他律	原子	
1925	ベアード（英）	テレビの発明		
1925	ハイゼンベルク（独）	量子力学（行列力学）の理論	原子	
1926	シュレーディンガー（墺）	量子力学（波動力学）の理論	原子	
1927	デビッソン（米）ら	電子の回折実験で電子の波動性確認	原子	
1927	ハイゼンベルク（独）	不確定性原理	原子	
1928	ガイガー（独）	ガイガー計数管の発明	原子	
1928	ディラック（英）	陽電子など反粒子の存在を予言	原子	
1929	ハッブル（米）	宇宙膨張の発見	時空	163

英：イギリス，蘭：オランダ，独：ドイツ，仏：フランス，米：アメリカ，墺：オーストリア，丁：デンマーク，瑞西：スイス

第6章
電気と磁気　電磁誘導

　この世界には正と負の電荷がある．また，NとSの磁極が存在する．電気のはたらく空間を**電場（電界）** (electric field, E)，磁気のはたらく空間を**磁場（磁界）** (magnetic field, B) という．まったく別のものとも思えてしまうが，両者は互いに作用し，影響を及ぼしあう．

　コイル状の導線に磁石を近づければ電流が発生し，コイルに電流を流せば電磁石になる．このような現象を**電磁誘導** (electromagnetic induction) とよぶ．現代の私たちの生活では，発電も電気による動力もなくてはならない存在だ．しかし，電気がこれほど身近になったのは，ごく最近のことである．

　ファラデーが電磁誘導現象を発見したのは，1831年のことだ．それまで電気は，静電気でパチパチと遊ぶ対象に過ぎなかった．エジソンが白熱電球を実用化したのが1879年であり，エジソンは電球の普及のために電力事業をスタートさせた．日本で初めて電灯が灯ったのは，1882年（明治15年）で，東京・銀座2丁目に設置されたアーク灯だった．二つの炭素棒の間で空気中に放電させるしくみで，ローソク2000本分の明るさだったという．東京市内のほぼ全域に電灯が普及したのは，関東大震災の前年で，まだ100年経っていない．

図 6.1　東京銀座電気灯建設之図
　　　　（明治16年　歌川重清）

6.1 電気の性質，静電気
静電気とうまくつきあう方法

電気の正体はプラスとマイナスの電荷である．実際にはマイナスの電子が実態で，電子が不足していればプラス，過剰に存在していればマイナスになる．この節では，動いていない電気（静電気）について説明する．冬場に多い，静電気のビビッとくる痛さを防ぐ方法も知っておこう．

6.1.1 電荷，帯電
■ 電荷，帯電

電気現象を生じさせるものを**電荷**という．「正の電荷」と「負の電荷」がある．電荷（よく，q で表す）の単位は [C]（クーロン）である．クーロンは物理学者の名前である（⟹ 6.1.4 項）．

物体が電気を帯びることを**帯電**といい，帯電したまま移動しない電気を**静電気**という．プラスチックの下敷きで髪の毛をこすると，髪の毛が下敷きに引き寄せられるが，これは**静電気力**が原因である．私たちのまわりの物体は，摩擦することで電気を帯び，引力や斥力を及ぼしあう．

帯電した物体どうしの間に引力と斥力の2種類が存在することから，電気には正（＋）と負（－）の2種類が存在していることもわかる．

■ エレキテル

電気をためる装置として，オランダで**ライデン瓶**が発明されたのは 1746 年とされている．ガラス瓶の内側と外側を金属（鉛など）でコーティングしたもので，現在でいう**コンデンサ**（⟹193 ページ）と同じ原理である．

同じ頃，アメリカのフランクリンは，雷を伴う嵐の中で凧を上げ，雷の正体が電気であることを示す実験を行ったとよく紹介されるが，その証拠はない．（フランクリンがアイデアを述べたことは確かだが，実験した証拠はない．フランクリンは，避雷針，燃焼効率のよいストーブ，ロッキングチェアー，遠近両用眼鏡，グラスハーモニカなどを発明した．これらの発明に関する特許は取得せず，社会に還元した．）

電荷 q
(charge)

単位
電気量は [C]（クーロン）．

帯電
(electrification)
静電気
(static electricity)

図 6.2 ライデン瓶
(Leiden jar)

図 6.3 フランクリンが描かれた米ドル紙幣
Benjamin Franklin
(1706–90)

6.1 電気の性質，静電気—静電気とうまくつきあう方法

（a）平賀源内のエレキテル　　　　　（b）百人おどし

図 6.4　江戸時代の電気の実験　(a) 森島中良編『紅毛雑話』(1787), (b) 橋本曇齋・平田稔筆『阿蘭陀始制エレキテル究理原』(1881).

　日本では，平賀源内がエレキテルを復元したことが有名である．オランダで発明され，宮廷での見世物や医療器具として用いられていた静電気を摩擦で発生させる装置「エレキテル」（オランダ語のelektriciteit（電気，電流）がなまったもの）が，1751年頃オランダ人から幕府に献上されていた．平賀源内は文献でそれを知り，長崎で破損したエレキテルを古道具屋から入手し模造製作した（図6.4(a)）．外部は木製の箱，内部に蓄電器があり，外付けのハンドルを回すと内部でガラスが摩擦され，発生した電気が銅線へ伝わって**放電**するしくみだった．

　江戸時代後期の橋本宗吉は，ガラス管を紙でこするとエレキテルと同様に静電気が発生することや，ガラス以外の多くの物質も静電気を帯びることなどを実験している．寺子屋に集まった子供たちを輪にして手をつながせ，蓄えた静電気を放電させると全員が感電してびっくりする「百人おどし」の実験をしている（図6.4(a)）．

平賀源内 (1728–80)

放電 (discharge)

橋本宗吉 (1763–1836)

> **Topic　百人おどし**
>
> 百人おどしは，いまでも各地の科学館でのイベントで人気のネタである．この実験を行うときは，足から電気が逃げないようにゴム長靴などを履くと効果的である．

コラム 35　雷の正体

　急激な上昇気流で発生した積乱雲の中では，水蒸気どうしがこすれあって，電気が発生する．正に帯電した小さい氷の粒が雲の上部に移動するので，雲の下は負に帯電する．雷は，雲と地表との間で放電する現象である．空気中では 3 万 V/cm で放電が開始する．

　1 回の落雷で，放電量は数万～数十万 A（アンペア），電圧は 1～10 億 V（ボルト），電力換算で平均約 900 GW（ギガワット）（=100 W 電球 90 億個分相当）に及ぶ．エネルギーに換算すると約 900 MJ，家庭用エアコン（消費電力 1 kW）を 240 時間連続運転できるが，落雷の発生時間は 1/1000 秒程度でしかない．

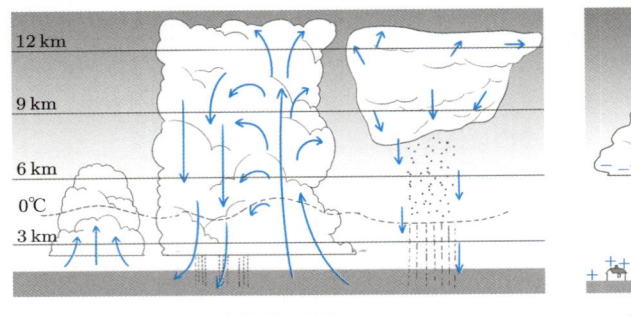

図 6.5 雷のしくみ　(a) 激しい上昇気流で積乱雲が発生し，上空で冷却されて強い雨が降る．(b) 雲の中で水分子がぶつかりあう摩擦で雲は帯電する．たまった電荷を空中放電するのが雷である．

6.1.2　電気の正体

■陽子，中性子，電子

　原子は**原子核**と**電子**からできていて，原子核は**陽子**と**中性子**から構成されている．電子は負の，陽子は正の電気をもっていて，中性子は電気をもたない．電子一つと陽子一つのもつ電気量 e は，符号が異なるが同じ大きさであり，$e = 1.6 \times 10^{-19}$ C である（この値を**電気素量**という）．

原子 (atom)
原子核 (nucleus)
電子 (electron)
陽子 (proton)
中性子 (neutron)
電気素量
(elementary electric charge)
原子核 $\Longrightarrow$ 7.1.1 項

■イオン

　普通の原子は陽子と電子の数は等しく，電気的に中性である．正負の電荷のバランスがくずれた原子・分子を**イオン**という．つまり，

イオン (ion)

$$\text{電子が不足} \Longrightarrow \text{正イオン}$$
$$\text{電子が過剰} \Longrightarrow \text{負イオン}$$

である（図 6.7）．

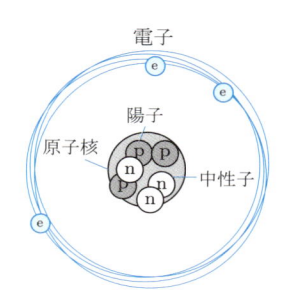

6.1 電気の性質，静電気—静電気とうまくつきあう方法　　**187**

図 6.6　原子の構造　よくこのような図が描かれるが，縮尺は正しくなく，電子は原子核サイズの 10 万倍くらいの半径を回っている．

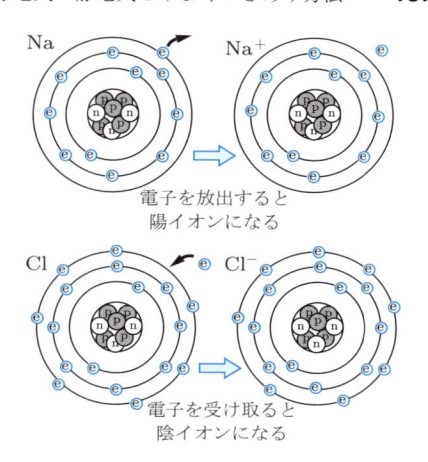

図 6.7　電子の過不足がイオンになる　電子を一つ放出すると陽イオン（＋イオン）に，電子を一つ余計にもつと陰イオン（−イオン）になる．

■ 自由電子

　金属は，規則的に並んだ原子が互いに電子を共有していて，電子が自由に動くことができる（**自由電子**という）ので，電気を伝えることができる．よく電気を伝えるものを**良導体**，伝えにくいものを**不導体**（**絶縁体**），Si（シリコン，ケイ素）など両者の中間的な性質をもつものを**半導体**という．

導体
(conductor)
絶縁体
(insulator)
半導体
(semiconductor)

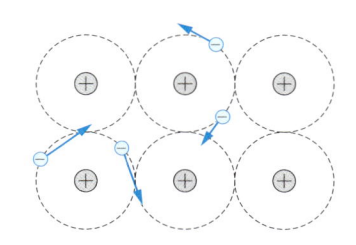

図 6.8　金属結合では，電子が共有されて自由に動ける

6.1.3 静電気

■ 帯電列

帯電列
(triboelectric series)

　二つの物体を接触させると，摩擦によって正と負の電気をそれぞれ帯電する．どちらの電気をためやすいかを順に示したものが，**帯電列**である．

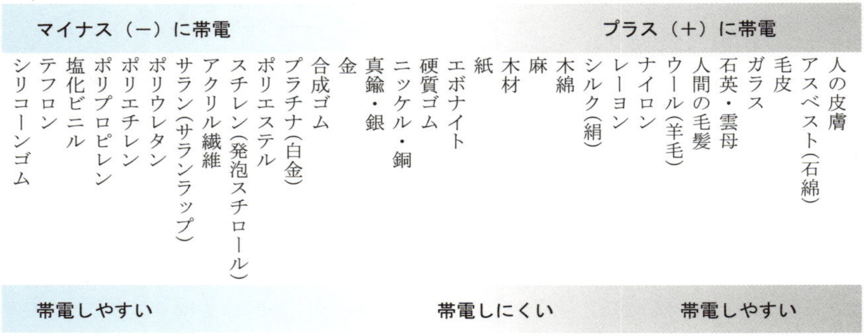

マイナス（－）に帯電		プラス（＋）に帯電
シリコーンゴム／テフロン／塩化ビニル／ポリプロピレン／ポリエチレン／ポリウレタン／サラン（サランラップ）／アクリル繊維／スチレン（発泡スチロール）／ポリエステル／プラチナ（白金）／金	合成ゴム／真鍮・銀／ニッケル・銅／硬質ゴム／エボナイト／紙／木材／木綿／麻／シルク（絹）／レーヨン／ナイロン／ウール（羊毛）／人間の毛髪／石英・雲母／ガラス／毛皮／アスベスト（石綿）／人の皮膚	
帯電しやすい	帯電しにくい	帯電しやすい

図 6.9　帯電列（摩擦帯電列）　二つの物質をこすりあわせたとき，相対的にプラスとマイナスのどちらの電荷が帯電しやすいかを並べた列．塩化ビニルを紙でこするより，毛皮でこするほうが，より多くの静電気が発生する．

　冬になると，指先がパチッと静電気を放つことがある．「静電気によって火花放電が起きた」というのが，正しい表現である．着ている衣服がこすれあって発生した静電気を蓄えた人間が，指先で物体に触れると，そこから一気に電気が流れる現象である．

接地（earth）

■ 接地（アース）

　地球は巨大な導体で電気を逃がす．地面に打ち込んだ金属棒を通して，電気の逃げ道をつくることを**接地（アース）**という．アースすることで，電位が安定する．

　多くの国では電気コンセントは三口であり，一つはアース用である．日本の家庭用コンセントでは，水周りやエアコン周りにしかアースがない場合が多い．洗濯機の内部は回転することによって電気をためやすい．感電を防止するために洗濯機をアースすることが必要である．電気コンセントにアースがなければ，水道の蛇口につないでおくのでもよい．

Topic　静電気除去シート

　火花放電や静電気によるほこりの付着は，精密な電子機器にとっては大敵である．コンピュータの部品には人間の帯電している静電気によって壊れてしまうものもあり，扱うときには注意しなければいけない．セルフガソリンスタンドでは，静電気の放電が火災を引き起こすことがあるため，給油の前には静電気除去シートに触れて，体に帯電している静電気を逃がす必要がある．地面に触れても同じ効果である．

図 6.10　ガソリンスタンドの静電気除去シート

コラム 36　静電気と上手くつきあう方法

冬になると空気が乾燥し，どうしても静電気が発生しやすくなる．静電気をなくすことはできないので，なんとか軽減する方法を考えるしかない．次のような方法がある．

1. 組み合わせる衣服の素材に注目する．
   まず，帯電列の離れたものどうしが接触するほど静電気が発生しやすい．たとえば，アクリルのセーターにウールのコートなどを組み合わせると静電気が発生しやすい．帯電列の近くにある衣類どうしでは静電気の発生量が少なくなるので，コーディネートを工夫することで多少は防ぐことができる．
2. 静電防止加工を施した製品を利用する．
   最近は，導電糸を使って，発生した静電気を逃げやすくした製品が販売されているので，試してみるのもよいだろう．
3. 静電防止スプレーなどを利用する．
   マイナスイオンをふりかけることで「プラスになりやすい人間の肌」から静電気が多少失われる．地面やアースに触れることでも同じである．
4. 湿度を高くする．
   加湿器などで，湿気を多く含んだ状況をつくり出すことにより，静電気の発生を抑えたり，発生した静電気を逃げやすくすることができる．
5. 洗濯に柔軟剤を使う．
   衣類が柔らかければ，着衣時の摩擦が減って，静電気の発生が少なくなる．

　静電気は害ばかりではない．コンロやライターなどには，放電のエネルギーを利用した点火装置が使われている．身近にみられるコピー機やレーザープリンタの原理も静電気である．また，火力発電所などで発生する煤塵の除去には，電気集塵機も使われている．すすなどの細かい塵にイオンを吹き当てて帯電させ，電荷をもった集塵板に付着させるしくみである．

Topic　コピー機

コピー機やレーザープリンタの原理は静電気である．次のようなしくみである．

1. 内部には感光体（光が当たると電気を通しやすくなる物質）でできた金属製のドラムがあり，ドラムを正に帯電させる．
2. 原稿の明暗に応じて感光体に光を当てると，暗い部分だけ電荷が残る．
3. 負に帯電させたトナーの粉末をふりかけると電荷の残った部分に付着する．
4. 付着したトナーを紙に転写し，熱を加えて定着させる．

コピー機から出てくる紙が熱いのは，トナーを熱定着させるからである．

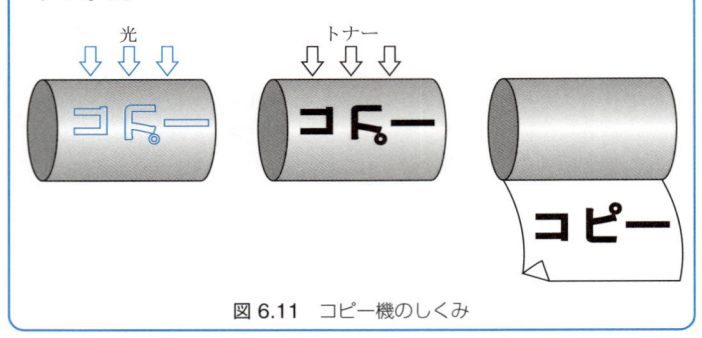

図 6.11　コピー機のしくみ

実験 23　静電気で蛍光灯をつける

ガラスと布をこする合わせると，ガラスはプラスに帯電する．電気を接続していない蛍光灯（⟹206 ページ）を布でこすると，わずかに光り出す．蛍光灯内のガスに電子の流れが生じ，管内の水銀蒸気から紫外線が放出され，その紫外線がガラス管内側の蛍光塗料と反応して光るからである（蛍光灯が光るしくみそのものである）．

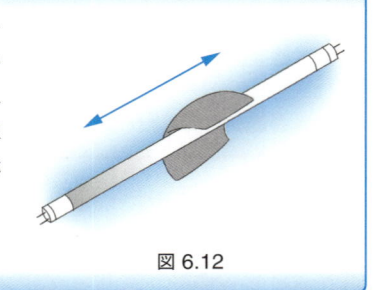

図 6.12

問 6.1　電気にプラスとマイナスの 2 種類があることは，どのような実験でわかるか．

問 6.2　ガソリン輸送車が，鎖を地面に引きずって走っていることがあるが，理由は何か．

調 6.1　携帯機器や切符の自動販売機，銀行の ATM などでタッチパネルが使われるようになっている．どのようなしくみか調べてみよう．

■ 電 流

> **定義　電流**
>
> 持続する電気の流れ（電荷の移動）を**電流**という．単位は [A]（アンペア）．電流の大きさ I は，導線の断面を 1 秒間にどれだけの電荷が通過したかで決める．
>
> $$I = \frac{\Delta q}{\Delta t} \qquad \text{電流の大きさ [A]} = \frac{\text{電気量 [C]}}{\text{時間 [s]}} \qquad (6.1)$$

電流の向きは，正の電荷が移動する向きとする（図 6.15(a)）．しかし，これは歴史的な理由であり，実際には，電流の正体は，負電荷を帯びた電子が，負極から正極へ移動することだとわかっている．電流の大きさの単位アンペア [A] は，物理学者アンペールの名に由来する．

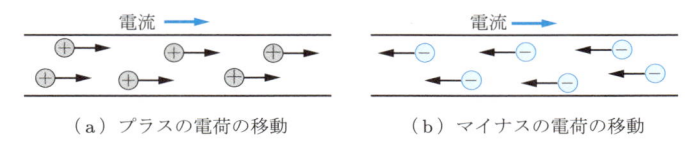

（a）プラスの電荷の移動　　　（b）マイナスの電荷の移動

図 6.15　電流の向きは，正の電荷が動いていても負の電荷が動いていても実質同じ

電流 (current)[A]

電流の正体
$\Longrightarrow$ コラム 40

図 6.13　アンペール
André-Marie Ampére
(1775–1836)

電圧 (voltage)[V]

図 6.14　ボルタ
Alessandro G.A.A.
Volta (1745–1827)

■ 電 圧

> **定義　電圧**
>
> 電流を流そうとするはたらきを**電圧**という．単位は [V]（ボルト）である．

電圧 V の単位は，物理学者ボルタに由来する．電流を流そうとする「はたらき」であるから，電流が流れなくても電圧は存在する．

乾電池や家庭の電気コンセントは電圧を供給する．

6.1.4 静電気力（クーロン力）

■ クーロンの法則

正と負の点電荷は，互いに引きあう．正と正，負と負の電荷は，互いに反発しあう．二つの電荷の間にはたらく**静電気力（クーロン力）**の大きさは，それぞれの電気量の積に比例し，互いの距離の 2 乗に反比例する．キャヴェンディッシュにより 1773 年に実験的に確かめられ，クーロンが 1785 年に法則として再発見した．

図 6.16 キャヴェンディッシュ　Henry Cavendish (1731–1810)

> **法則　クーロンの法則（1785 年）**
>
> 同種の電荷間では斥力が，異種の電荷間は引力がはたらく．この静電気力の大きさ F [N] は，電気量 q_1 [C] と q_2 [C] を帯びた二つの電荷が距離 r [m] だけ離れているとき，
>
> $$F = k_0 \frac{q_1 q_2}{r^2} \tag{6.2}$$
>
> である．k_0 は定数で，$k_0 = 9.0 \times 10^9 \, \mathrm{Nm^2/C^2}$ である．

図 6.17 クーロン　Charles-Augustin de Coulomb (1736–1806)

クーロンの法則
磁気力に関しても同様の法則がある．
⟹ 210 ページ

単位
電気量は [C]（クーロン）．

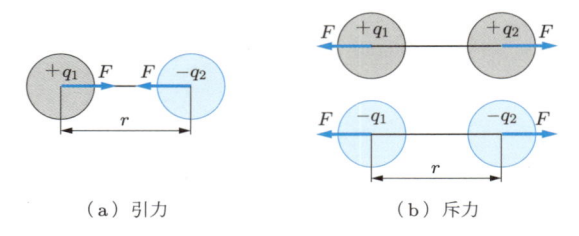

（a）引力　　（b）斥力

図 6.18　異種の電荷は引力を，同種の電荷は斥力を及ぼしあう

式 (6.2) にみられる「距離の 2 乗に反比例する力」という性質は，万有引力の法則（⟹2.4.1 項）とまったく同じ構造である．後述する磁気力の大きさも同じ関係である．

■ 電場・電気力線

電気の力がはたらく領域を**電場**（電界）という．正の電荷（試験電荷）を置いたとき，その電荷が動いていく方向に線を引いたものを**電気力線**という．目にみえる線ではないが，電場の強さを表すときに仮想的に考え，電気力線の密度の高いところが強い電場であると考える．図 6.19 は電気力線を平面で描いているが，実際は立体的である．電気力線は交わったり，分岐したりしない．

電場（電界）E
(electric field)
電気力線
(electric line of force)

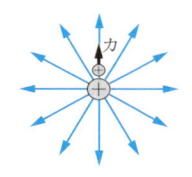

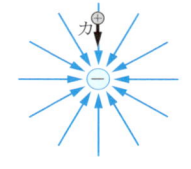

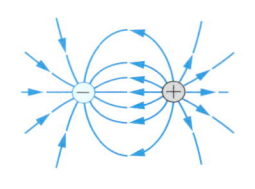

（a）正の電荷の周囲　　（b）負の電荷の周囲　　（c）正の電荷と負の電荷がつくる電気力線

図 6.19 電気力線の例　正の電荷を置いたとき，その電荷が移動していく方向を示す．

図 6.19(c) の電気力線の図は，棒磁石のまわりに砂鉄をまいたときにみられる磁力線（N 極から S 極の向き）の形状とまったく同じである．

■ コンデンサ

電気を一時的に蓄える装置（素子）を**コンデンサ**という．184 ページで紹介したライデン瓶もコンデンサである．

2 枚の導体板（金属板，極板）を平行に置いたものを，平行板コンデンサという．図 6.21 のように二つの極板に乾電池からの導線を接続してスイッチをいれる．スイッチをいれた直後は回路に電流が流れ（極板間を超えて電流が流れることはないが），極板上には正負の電荷が互いに引きあって蓄えられていく．いずれ極板が蓄えられる容量いっぱいになると回路に電流は流れなくなる．極板上の電荷は，スイッチを切っても残り，電気を蓄えた状態になる．

コンデンサ
(capacitor)

回路記号：─┤├─

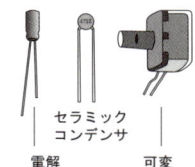

電解コンデンサ　セラミックコンデンサ　可変コンデンサ

図 6.20 コンデンサ

194 6章 電気と磁気―電磁誘導

（a）コンデンサ回路

（b）時間 – 電流

（c）時間 – 蓄えられる電荷

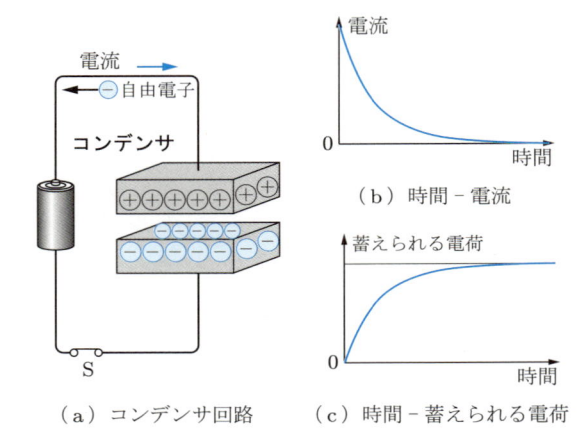

図 6.21 コンデンサにつないだ回路に流れる電流と蓄えられる電荷量は，いずれも時間が経つと一定値に落ち着いていく

電荷を蓄えた極板間に，今度は電球をつないでみよう（図 6.22）．電荷は電流となって流れ出し，電球を明るく光らせ，エネルギーがなくなったところで電流は止まる．つまり，コンデンサは，一時的な電池になったといえる．

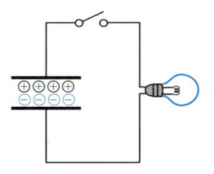

図 6.22 コンデンサは一時的な電池

実験 24　静電気をライデン瓶でためよう

まず，ライデン瓶をつくろう．プラスチックのコップの外側にアルミホイルを，しわにならないように巻きつけて覆い，セロハンテープで留める．このコップを二つつくって重ねよう．コップに挟まれたアルミホイルの部分に短冊状のアルミホイルを挟めば完成だ．短冊の部分に静電気をもったモノを接触させれば，電気が蓄えられていく（内側と外側のアルミホイルは接触しないように注意．シワがないほど静電気が多くためられる）．

次に静電気をつくろう．細長い風船（または塩化ビニルのパイプ）をティッシュペーパーでこすると静電気が発生する．風船を髪の毛に近づけて確かめることができる．風船をライデン瓶の一方のアルミホイルに接触させれば，マイナスの電気がたまっていく．もう一方のアルミホイルにはプラスの電気がたまっていく．

蓄えた電気を「百人おどし」（⟹ 185 ページ）に使ってみては？

図 6.23 ライデン瓶のつくり方

■ 静電誘導と誘電分極

導体では，同種の電荷は反発し，異種の電荷は引きあうように自由に移動する．そのため，帯電した物体（帯電体）を導体に接近させると，帯電体に近い側に帯電体とは逆の極性の電荷が引き寄せられる現象がみられる．この現象を**静電誘導**という（図 6.24(a)）．

静電誘導
(electrostatic induction)

正の帯電体　導体　負の帯電体　　正の帯電体　不導体　負の帯電体

分極した構成粒子　構成粒子

（a）静電誘導　　　　　　　　（b）誘電分極

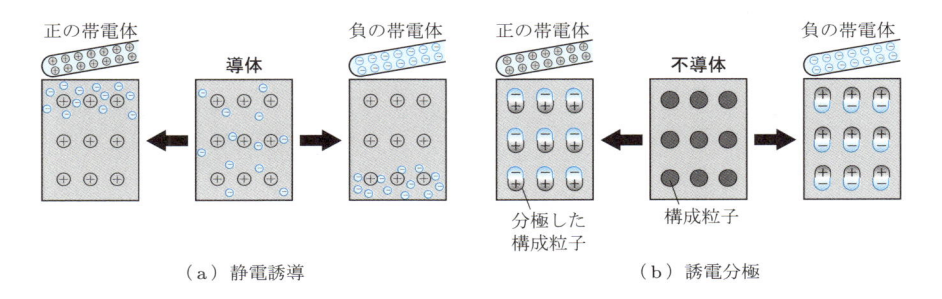

図 6.24　静電誘導と誘電分極　(a) 導体に静電気を近づけると，導体中では電荷分布に偏りが生じる．
(b) 不導体に静電気を近づけると，電気的な性質が現れる．

紙のような不導体では電子が自由に動くことはできないが，帯電体を近づけると，空間の電気的な性質によって不導体中の原子中の電子軌道が少しずれ，電荷の正負のバランスが若干ずれる．全体として近づけた電荷と逆符号の電荷が現れ，引力を及ぼすようになる（図 6.24(b)）．このような現象を**誘電分極**という．電気を通さない紙片も，静電気でくっつくのは，誘電分極が理由である．

不導体
(nonconductor)
誘電分極
(dielectric polarization)

■ 静電遮蔽

金属におおわれた箱の中では，外部から電気力線が入り込まないので，外部からの電場の影響が箱の表面でとどまることになる．このような現象を**静電遮蔽**という．

静電遮蔽
(electric shield)

> **実験 25　携帯電話をアルミホイルで包むと**
> 携帯電話はエレベータの中では使えない．静電遮蔽により，電波が届かないからである．携帯電話をアルミホイルで包んでも同じである．
> また，車の中にいれば，雷が落ちても感電する心配はない．電気が車の表面を伝わって地面へ移動するからだ．（命がけの実験になりますが…）

■ 電位・等電位面

電位
(electric potential)
電位差
(potential difference)
等電位面 (equipotential surface)

　電荷をおいたときの位置エネルギーを**電位**という．電位の単位は，ボルト [V] である．図 6.25 に，図 6.19 に対応した電位面を示す．位置エネルギーであるから，その値が大事なのではなく，二つの場所での差（**電位差**）が重要になる．図 6.19 は，無限遠での電位をゼロとしている．電位が等しい場所（**等電位面**）は，各点で電気力線に直交する．

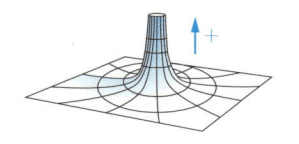

（a）正の電荷が中心にあるときの電位

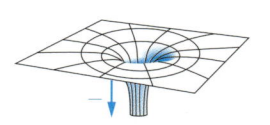

（b）負の電荷が中心にあるときの電位

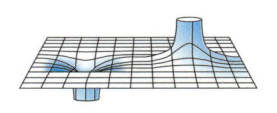

（c）正と負の電荷があるときの電位

図 6.25　電位（位置エネルギー）の例（図 6.19 の三つの場合に対応）　等電位線は電荷にとっての等高線になる．

> **Topic　スイッチを入れると電位が瞬間的に変化する**
>
> 　次節から電気回路の説明になるが，回路で接地（アース）した場合は，その点が 0 V の電位の基準になる．図 6.26 のように，乾電池と豆電球を結んだ回路では，スイッチを入れる前は，スイッチで断線しているところで，0 V と 1.5 V の領域に分かれているが，スイッチを入れた直後には，電流の流れにくい豆電球の両端で電位差が生じることになる．

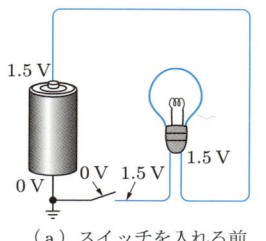

（a）スイッチを入れる前　　（b）スイッチを入れた後

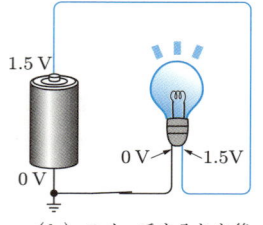

図 6.26　スイッチを入れる前後の電位の変化

6.2 電気回路
回路は素子の組み合わせ

「物体に力を加えると加速度が生じる」という言い回しと同じように「回路に電圧を加えると電流が流れる」といえる．回路は，抵抗やコンデンサ，コイルなど数種類の素子の組み合わせでできている．

6.2.1 電気回路の基本
■ 電気回路と水流の類似

乾電池やコンセントなどの電源と，電球やモーター，コンデンサなどの電気的な素子を導線でループ状につないだものを**電気回路**という．スイッチを入れるなどして，全体が一周できるように接続されていれば電源から**電流**が流れるようになる．白熱電球は，電流を流れにくくする**抵抗**であり，電子の流れを邪魔することで発熱して光を出す．エネルギーを失った電流は電源に流れ着くが，電源で再びエネルギーを供給されて流れ出す．電流を流そうとする力を起電力という．

電気回路は，ポンプで循環する水流に例えられる．水が電流に相当し，ポンプが電源に相当する．ポンプで汲み上げた水流の高さ（位置エネルギー）は，電気を流そうとする電圧に相当する．

電気回路 (circuit)
電流 (current)
抵抗 (resistance)

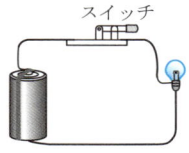

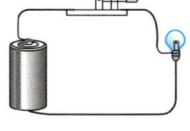

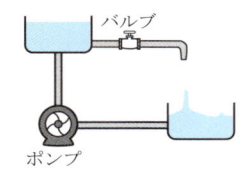

(a) 電気回路　　(b) 水流回路
図 6.27　電気回路を水流回路に例えた図

表 6.1　電気回路と水流回路の対応

	電気回路	水流回路
動くもの	電荷	水
動力源	電源	ポンプ
道	導線	パイプ
抵抗	フィラメント	狭いパイプ
切り替え器	スイッチ	バルブ
動かす力	電位差	圧力の差

方程式の上でも，回路を流れる電流の式と，ニュートンの運動方程式は対応がつく（位置と電気量，速度と電流，質量とコイル，ばねとコンデンサ，抵抗係数と抵抗，など）．このような類推（アナロジー）関係があるため，難しい力学の実験を電気回路で代用して行うこともできる．

直流電源 (DC; direct current)

回路記号: ―|＋|―

交流電源 (AC; alternating current)

回路記号: ―◯―

発電のしくみ
⟹ 218 ページ

■ 直流電源と交流電源

乾電池などは，電流の流れる向きが決まっている**直流電源**である（図 6.28(a)）．化学反応を利用して，電気エネルギーを発生させており，電子の動く向きが決まっている．

これに対して，送電所から家庭に送られてくる電気は，大きさと向きが時間とともに周期的に変化する**交流電源**である（図 6.28(b)）．発電のしくみを考えると，交流となるのが自然であるし，交流には送電時に変圧が可能であるというメリットがある．すなわち，数十万ボルトという高い電圧で発電所から供給される電気を，効率よく送電した後で，各家庭までに降圧するしくみが容易である．

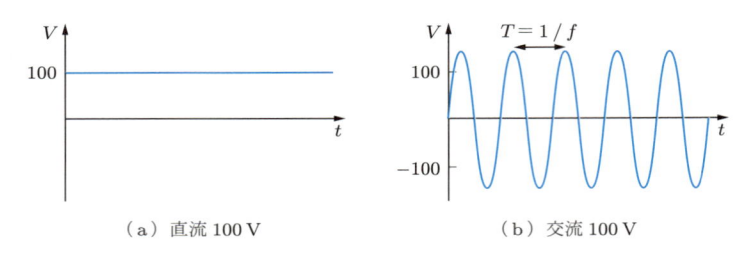

(a) 直流 100 V

(b) 交流 100 V

図 6.28 直流と交流 (a) 直流電源からの起電力 $V(t)$ は常に一定．(b) 交流電源からの起電力 $V(t) = V_0 \sin(2\pi f t)$. $\overline{V} = 100$ V の起電力は，最大 $V_0 = 100\sqrt{2} = 141$ V になる．$f = 60$ Hz は，1 秒間に 60 回振動することを表す．

整流器
⟹ 208 ページ

電気製品の中には，乾電池でも家庭用コンセントでも動作するものがある．これは電気製品の中に，整流器が入っているからだ．

> **Topic　東日本は 50 Hz，西日本は 60 Hz**
>
> 日本は静岡県の富士川と新潟県の糸魚川あたりを境にして，東側は 50 Hz（1 秒間に 50 回振動する），西側は 60 Hz の電気が発電所から送られている（図 6.29）．明治時代，関東にはドイツから 50 Hz の発電機が輸入され，関西にはアメリカから 60 Hz の発電機が輸入されたのが発端である．電気器具の中には，周波数が変わると正常に作動しなくなるものがあるので，引越の際には注意する必要がある．

図 6.29　電力会社別周波数分布

周波数が違う場所にいくと，…
そのまま使えるもの
電気こたつ，電気ポット，電気毛布，電気コンロ，電気ストーブ，トースター，アイロン，テレビ，ラジオ，パソコン
そのまま使えるが能力が変わるもの
扇風機，ヘアドライヤー，換気扇，掃除機，温風暖房機，ジューサー・ミキサー
そのままでは使えないもの
洗濯機，タイマー，電気時計，電子レンジ，衣類乾燥機，蛍光灯（インバータ式以外），ステレオ

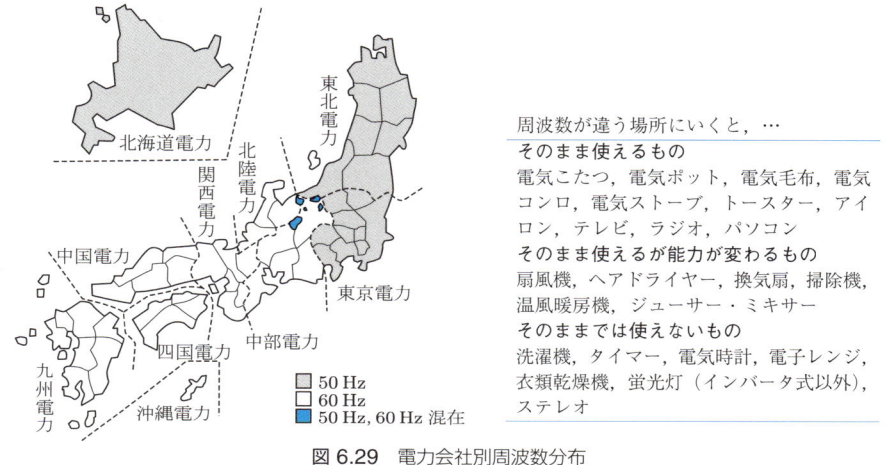

問 6.3　50 Hz で動く電気式時計を 60 Hz の地域で使用するとどうなるか．
問 6.4　切れた電線に触れると電流がながれ危険である．電線に止まっている鳥はなぜ感電しないのだろうか．

6.2.2　電池・抵抗・電力

■ 電池のしくみ

電流を発生させる最も簡単なしくみは，イオン化傾向（表 6.2）の違う金属を 2 種類，イオンの移動が容易となる液体中につけることだ．たとえば，銅（Cu）と亜鉛（Zn）をレモンに差すと電池になる．これは，

$$Zn \longrightarrow Zn^{2+} + 2e^- \quad と \quad Cu^{2+} + 2e^- \longrightarrow Cu$$

の二つの反応が両金属で起こるが，亜鉛のほうがイオン化傾向が大きいため，電解液中（レモン）を亜鉛から銅にマイナスイオンが流れる．電気回路をつくると，銅が正極となる電池になる．

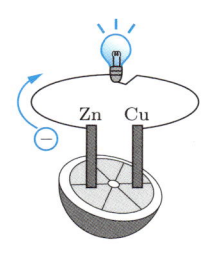

図 6.30　レモン電池
有害な Zn イオンがとけ出しているので，実験後のレモンを食べてはいけない．

表 6.2　イオン化傾向列：二つの金属を水溶液に浸したとき，イオンになりやすさの相対的な順
覚え方は，「貸 (Ca) そうか (Ka) な (Na)，ま (Ma) あ (Al) あ (Zn) て (Fe) に (Ni) す (Sn) るな (Pb)，ひ (H) ど (Cu) す (Hg) ぎ (Ag) る借金（最後は Pt で白金）」．

元素	K	Ca	Na	Mg	Al	Zn	Fe	Ni	Sn	Pb	H	Cu	Hg	Ag	Pt	Au
イオン化傾向大 ⇐														⇒ イオン化傾向小		
イオン	+1	+2	+1	+2	+3	+2	+3 +2	+2 +3	+4 +2	+2 +4	+1	+2 +1	+2 +1	+1	+4 +2	+3 +1

■ 乾電池の種類

乾電池は，化学反応を利用する**化学電池**である．一度だけ使える一次電池（マンガン電池，アルカリ電池，オキシライド電池など）と，充電することにより再度使える二次電池（ニッケル・カドミウム電池，リチウム・イオン電池など）がある．二次電池は，放電時とは逆の電気を流すことで，内部が放電とは逆の化学反応を起こし，放電前の状態に戻せるしくみだ．

表 6.3 充電式電池の比較

電池の種類	特徴
ニッケル・カドミウム電池	大電流が流せるが自己放電も多い．継ぎ足し充電では充電量が減少する．掃除機などのモーターに利用される．
ニッケル・水素電池	大容量を充電できるが自己放電も多い．継ぎ足し充電では充電量が減少する．充電式乾電池として普及している．
リチウム・イオン電池	放電電圧が高く，自己放電・充電量の減少が少ない．過充電・過放電で高温化．携帯電話，PC などモバイル機器に利用される．

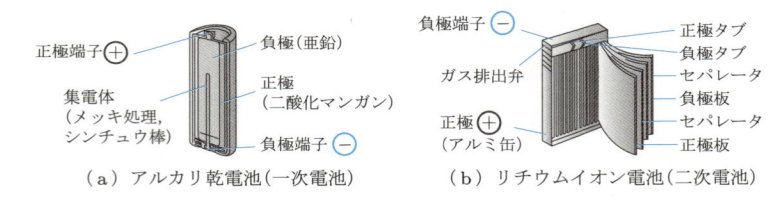

（a）アルカリ乾電池（一次電池）
（b）リチウムイオン電池（二次電池）

図 6.31　電池の内部

コラム 37　充電池と上手くつきあう方法

携帯電話，PC などを持ち歩くことが普通になり，充電式のリチウムイオン電池の世話になることが多くなった．まだ，現在の技術では，リチウムイオンの充電回数は 400 回程度しか品質の保証ができず，400 回を超えると本来の 80% 以下しかフル充電できなくなる．少しでも長く使うために，次のようにつきあうのがよいとされている．

- 電池残量を 20%〜80% で保つ．
  完全放電・完全充電状態であると劣化が激しい．最近の機種では，充電器をさすと，80% までは高速充電され，それ以降フル充電まではゆっくり充電されるように設定されているものもある．
- 冷暗所で保管する．
  リチウムイオン電池は熱に弱いので，車のダッシュボードなどに放置するのは厳禁だ．逆に，あまり寒いのもよくない．
- 月一回は電池をリセットする．
  月に一度程度は，完全放電した後で，フル充電する．電池内の電子をときどき動かすとよい．

■抵抗

電流の流れにくさを**電気抵抗**という．ほとんどすべての物質は，多かれ少なかれ電気抵抗をもつ．電気抵抗が発生する理由は，構成する原子・分子の熱運動で電気を運ぶ物質（キャリア）の移動が妨げられるからである．導体の断面積が大きいほど電気抵抗 R は小さいし，導体が短いほど電気抵抗は小さい．温度が高くなると，電気抵抗は大きくなる．式で表すと，

$$R = \rho \frac{l}{S} \quad 抵抗 [\Omega] = 抵抗率 [\Omega\mathrm{m}] \times \frac{長さ [\mathrm{m}]}{断面積 [\mathrm{m}^2]} \quad (6.3)$$

となる．抵抗の単位は $[\Omega]$（オーム）である．

電気抵抗の小さな金属（銅・アルミニウムなど）は，導線として使われる．電気抵抗の大きなものは，光や熱などを出す用途に使われる．豆電球・白熱電球は，タングステンを素材にしたフィラメント（抵抗体）が熱を出し，その熱放射で生じる光を使って光源とするものである．導線に電流が流れることによって発生する熱を**ジュール熱**という．

ラジオやオーディオ製品の音量調節にはダイヤル式のものが多いが（かつてのテレビも多くはダイヤル式だった），これは抵抗の長さを調整してスピーカーに流れる電流の量を調整するしくみだ．

Topic　抵抗の単位 Ω，コンダクタンス $\mho$

抵抗の単位は $[\Omega]$（オーム）．物理学者オームにちなむが，大文字の O だとゼロと混同するので，ギリシャ語の O である Ω を使う．

抵抗は，「電流の流れにくさ」を考えて定義された値である．逆に，「電流の流れやすさ」としてコンダクタンス (conductance) とよぶ量を使うこともある．コンダクタンスは抵抗の逆数である．以前は，この単位は ohm の綴りを逆転させて mho とし，モーあるいはムオーとよんで記号も $\mho$ としていたが，最近は物理学者ジーメンスの名をとって [S]（ジーメンス）という単位を使うようになった．

抵抗 R (resistance)
回路記号：—▭—

単位
抵抗は $[\Omega]$（オーム）．

固定抵抗器　可変抵抗器

図 6.32　抵抗

導体 (conductor)
絶縁体 (insulator)

表 6.4　抵抗率の例
ρ ($10^{-8}\Omega\mathrm{m}$)

金属	0°C	100°C
銀	1.47	2.08
銅	1.55	2.23
金	2.05	2.88
アルミニウム	2.50	3.55
タングステン	4.9	7.3
鉄（純）	8.9	14.7
鉛	19.2	27

ジュール熱
(Joule heat)

ジーメンス
Ernst W. von Siemens (1816–92)

図 6.33 オーム
Georg S. Ohm
(1789–1854)

■ オームの法則

回路に起電力 V [V] の電源があるとき,流れる電流の大きさ I [A] は電気抵抗 R [Ω] に反比例する(オームの法則).

> **法則 オームの法則**
>
> 起電力 V [V], 電流の大きさ I [A], 抵抗の大きさ R [Ω] には,
>
> $$V = IR \tag{6.4}$$
>
> 電圧 [V] = 電流 [A] × 抵抗 [Ω]
>
> の関係がある.

合成抵抗 (combined resistance)

■ 合成抵抗

二つの抵抗 R_1 [Ω] と R_2 [Ω] があるとき,直列に接続すると,合成抵抗 R は $R = R_1 + R_2$ であり,並列に接続すると,$R = \dfrac{R_1 R_2}{R_1 + R_2}$ になる.n 個の抵抗 $R_1, \cdots, R_n$ があるとき,次の式が成り立つ.

$$(直列接続のとき) \quad R = R_1 + R_2 + \cdots + R_n \tag{6.5}$$

$$(並列接続のとき) \quad \frac{1}{R} = \frac{1}{R_1} + \frac{1}{R_2} + \cdots + \frac{1}{R_n} \tag{6.6}$$

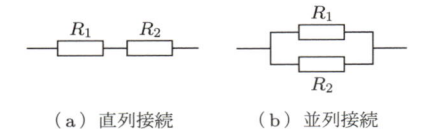

(a) 直列接続　　(b) 並列接続

図 6.34 抵抗の接続

■ 消費電力(電力)

電流が流れると,私たちは熱エネルギーや運動エネルギーを取り出すことができるから,電流はエネルギーをもつといえる.単位時間あたり(1 秒あたり)に電源からほかのエネルギーに変換される電気エネルギーの量を**消費電力(電力)** P という.電力の単位は仕事率と同じ [W](ワット)である.

6.2 電気回路—回路は素子の組み合わせ

> **定義　電力**
>
> 単位時間あたり（1 秒あたり）の電力 P [W] は，
> $$P = VI \tag{6.7}$$
> 電力 [W] = 電圧 [V] × 電流 [A]

電力 (electric power)

単位
電力は [W]（ワット）．

電力の値に時間を乗じた量を電力量とする．単位はエネルギーの単位と同じジュール [J] を用いる．

> **定義　電力量**
>
> t 秒間の電力量 W [J] は，次式で与える．
> $$W = Pt \tag{6.8}$$
> 電力量 [J] = 電力 [W] × 時間 [s]

電力量 (electric energy)

単位
電力量は秒単位では [J]（ジュール）．時間単位では [Wh]（ワット時）．

オームの法則の式を使うと，抵抗 R が t 秒間に消費する電力量は，流れる電流を I，抵抗の両端の電位差を V として，

$$W = Pt = VIt = RI^2 t = \frac{V^2}{R} t \tag{6.9}$$

である．すべてがジュール熱に変換されるなら，この電力量になる．熱の仕事当量 (1 cal = 4.2 J) を使うと，100 W の電力を 1 分間消費した場合，6000 J/4.2 = 1428.5 cal となり，100 g の水を約 14.3℃ 温度上昇させることができる計算になる．

熱の仕事当量
⟹ 125 ページ

> **Topic　タコ足配線は危険**
>
> 一つのコンセントからいくつも分岐して電気製品をつなぐことをタコ足配線というが，危険である．どんな導線もジュール熱を発生させる．多くの電気製品が並列に接続されると，大もとの導線には多くの電流が流れるようになり，ジュール熱で火災発生の危険性が増す．

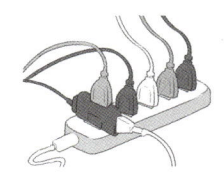

図 6.35　タコ足配線は危険

> **実験 26　家庭の消費電力を調べよう**
>
> 電気料金は，電力量で決められる．その際に使われる単位は，上記のように秒をかけるのではなく，時間 [h] をかけたワット時 [Wh] あるいはキロワット時 [kWh] である．(1 kWh は，1 J の 1000 × 3600 倍である．)

図 6.36　スイッチ

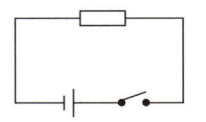

図 6.37　スイッチと電池と電球をつないだ電気回路

■スイッチ

電気を流したり止めたりするというスイッチのはたらきは，読者はすでにご存知だと思う．最も簡単な回路は，スイッチと電池と電球をつないだ電気回路だろう（図 6.37）．

> **Topic　コンセントにあるスイッチ**
>
> 最近のテレビ，ビデオ，エアコンなどの電気製品は，時計が内蔵されていたり，自動通信機能などがあるので，使用していないときでも電気を使う．節電のために，コンセントに挿したままでも電気を通さないスイッチ付きのタップが販売されている．
>
> 携帯電話の充電に，コンセントから直接ケーブルで接続している方も多いと思う．節電のために充電していないときに接続ケーブルを抜く必要があるかと質問されたことがあるが，電気が流れていなければ電力を使わないので，この場合はさしたままでも構わない．

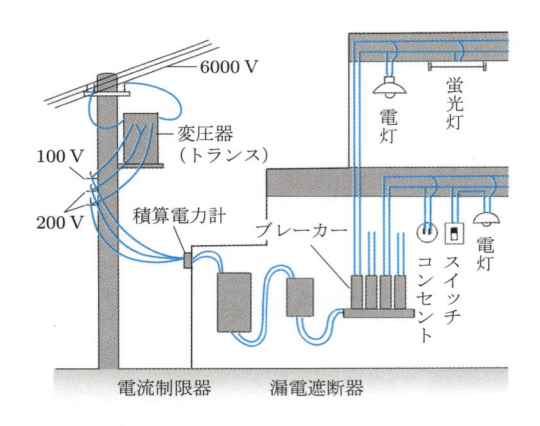

図 6.38　各家庭の電気　送電線から引き込まれた後，積算電力計を通り，電流制限器（ブレーカー）のついた分電盤を通って，各部屋につながっている．屋内配線は，並列回路である．家庭の電源では一度に大量の電気が流れると，危険防止のために電気が止まるブレーカーが入っている．かつては実際に切れる導線「ヒューズ」が使われていた．

図 6.39　トースター，コーヒーメーカーなど，温度を一定に保つためのスイッチ

> **Topic　温度を一定に保つスイッチ**
>
> トースターやコーヒーメーカーなど，温度を一定に保つために電気を流したり止めたりするスイッチは，温度によって伸縮する物質を使えば可能である．

コラム 38　階段のスイッチ

家庭の階段の電気は，1 階側でも 2 階側でもスイッチを押すことによって電気がついたり消えたりするしくみである．これは，どのような回路になっているのだろうか．階段で使われるのは，三路スイッチとよばれるスイッチで，図 6.40(a) に示すようなものだ．切り替えることによって，0-1 あるいは 0-3 のどちらかが必ずつながる構造をもっている．三路スイッチを二つ使って，図 6.40(b) のような電気回路をつくると，階段のどちらでも電気の ON/OFF ができる回路になる．

同様に，1 階，2 階，3 階のどこからでも，スイッチを押すことによって電気がついたり消えたりする回路は，どうすればよいだろうか．それには，四路スイッチとよばれるスイッチで，図 6.41(a) に示すようなものを使う．切り替えることによって「1-2 と 3-4」の結線か，「1-4 と 2-3」の結線かができるようになっている構造をもつスイッチである．四路スイッチを一つと三路スイッチを二つ使うことで，図 6.41(b) のような電気回路をつくると，異なる 3 カ所から，同時に一つの電球の ON/OFF ができる回路になる．

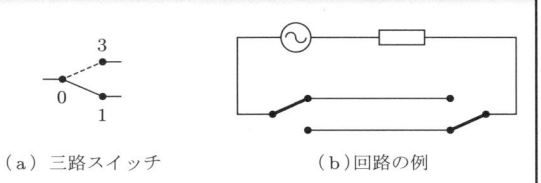

(a) 三路スイッチ　　　(b) 回路の例

図 6.40　二つのスイッチのどちらでも電球の ON/OFF を可能にする回路

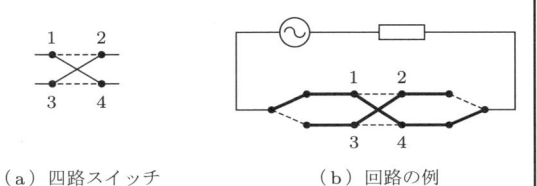

(a) 四路スイッチ　　　(b) 回路の例

図 6.41　三つのスイッチのどちらでも電球の ON/OFF を可能にする回路

問 6.5　図 6.40 のような階段の電気を ON/OFF にする回路がある．電気がついているときに，1 階と 2 階で同時に二人がスイッチを押した．どうなるか．

問 6.6　海外ではコンセントから 100 V の交流ではなく，220 V の交流が供給されている国が多い．電圧の違いは電気製品の動作にどう影響するか．

問 6.7*　100 V と 200 V のコンセントがある．それぞれに対応した 1000 W のエアコンをつなぐとき，家庭内の配線の抵抗が 1 Ω であるとすれば，この配線による電力損失はどちらが大きいか．〈やや難〉

問 6.8　乾電池一つを直列につなぐと点灯する電球がある．乾電池が二つあるとき，一つを使って電池が消耗したら取り替えるのと，電池二つを並列につなぐのでは，どちらが乾電池内の内部抵抗による消費電力を少なくできるか．〈やや難〉

問 6.9*　20℃の水 500 cc を 80℃に温めたい．1000 W の電気式ポットで，そのすべてのエネルギーがポット内の水の温度上昇に使われるとき，何秒間かかるだろうか．また，電気料金を 22 円/kWh とするとき，電気代はいくらか．[ヒント：熱量の定義を思い出そう（⟹ 116 ページ）．また，水は 1 cc あたり 1 g である．]〈やや難〉

6.2.3 電球・蛍光灯・LED

■ 白熱電球

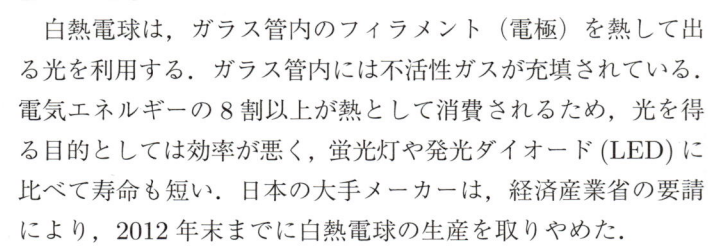

白熱電球は，ガラス管内のフィラメント（電極）を熱して出る光を利用する．ガラス管内には不活性ガスが充填されている．電気エネルギーの8割以上が熱として消費されるため，光を得る目的としては効率が悪く，蛍光灯や発光ダイオード(LED)に比べて寿命も短い．日本の大手メーカーは，経済産業省の要請により，2012年末までに白熱電球の生産を取りやめた．

■ 蛍光灯

蛍光灯は，放電で発生する紫外線を蛍光体に当てて光を得る．（蛍光灯のガラス管内に電気が流れているわけではない）．熱としての電力の損失は45%程度で，電球に比べて格段に少なく，寿命も長い．点灯するには，スターター（点灯管・安定器）とよばれる装置・回路が必要になる．電源を入れた直後に点灯管内部に放電を起こし，その放電を契機にして蛍光灯のガラス管内のガスの放電を開始する．放電するガスには，低圧の水銀蒸気が使われていて，環境には悪いのだが代替となる物質がない．いずれは，より効率のよい発光ダイオード（LED）に置き換えられていくものと考えられる．

■ 半導体とダイオード

電気をよく通す**導体**（良導体）や，通さない**絶縁体**に対して，電気的に中間的な性質をもつものを**半導体**という．

電子部品で使われるのは，人工的につくられた半導体である．**n型半導体**は，たとえばシリコン(Si)の結晶中に，リン(P)を不純物として注入（ドーピング）することによって得られる．自由電子数が過剰な状態となり，自由電子が電気を伝える役割（キャリア）をする．

p型半導体は，たとえばシリコン(Si)の結晶中に，ホウ素(B)を不純物として注入（ドーピング）することによって得られる．電子数が欠けて**ホール（正孔）**状態になっているところが，プラスの電気的な性質をもち，電気を伝える役割をする．どちらも不純物の割合は，もとの結晶中の分子に対して，10万から1000万個に一つの割合である．

図 6.42 白熱電球 (incandescent lamp)

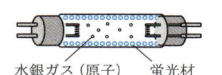

図 6.43 蛍光灯 (fluorescent lamp)

蛍光 (fluorescent) は蛍石 (けいせき fluorite) から生まれた言葉．紫外線を当てると光る蛍光鉱石に由来する（夏のホタルの発光は化学反応）．

半導体 (semiconductor)
n型半導体 (negative semiconductor)
p型半導体 (positive semiconductor)
キャリア (carrier)
ホール（正孔）(positive hole)

p 型半導体と n 型半導体をつないだもの（**pn 接合**）がダイオードである．ダイオードの p 型部分にマイナスと n 型部分にプラスの電圧をかけたとすると，それぞれ空孔と電子が加えた電圧の極性のほうに近づいてくる（図 6.45(a)）．逆に，ダイオードの p 型部分にプラスと n 型部分にマイナスの電圧をかけたとすると，この場合は空孔と電子が加えた電圧とは逆の極性に向かって動く（図 6.45(b)）．前者の場合は電気が流れないが，後者の場合は電流が流れることになる．つまり，ダイオードは電流を一方向にしか流さない素子である．この性質を**整流性**という．

ダイオード (diode)

記号： 順方向

ダイオード　発光ダイオード

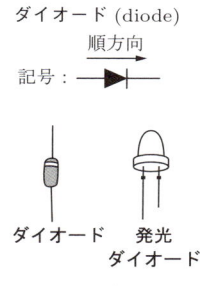

図 6.44　ダイオード

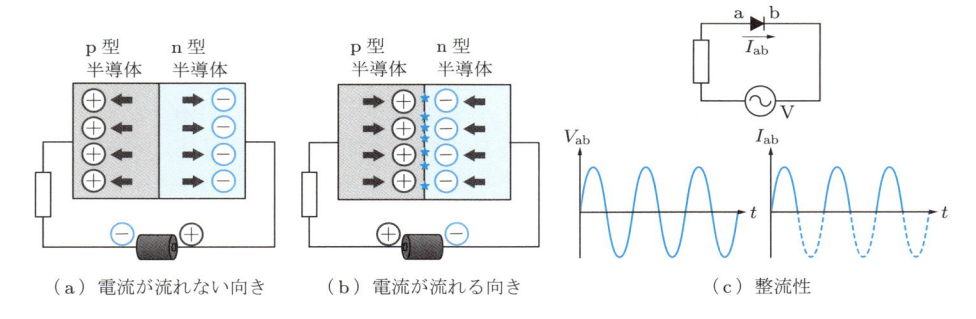

(a) 電流が流れない向き　　(b) 電流が流れる向き　　(c) 整流性

図 6.45　ダイオードのしくみ　(c) はダイオードに交流電圧を加えたときに流れる電流を示す．

● 発光ダイオード (LED)

pn 接合部での電子のエネルギー遷移を利用して発光させるのが，**発光ダイオード (LED)** である．LED は電気を直接光に変換するので，白熱電球や蛍光灯に比べてエネルギー効率がよい．最近は，白熱電球から発光ダイオードへの転換が進んでいる．

2014 年のノーベル物理学賞は，『高輝度でエネルギー効率のよい白色光を実現する青色発光ダイオードの開発』の業績で赤﨑勇・天野浩・中村修二の 3 氏が受賞した．電灯がすべて LED に置き換わると，電気の消費量を 20% 削減することができるという．

発光ダイオード
(LED: light emitting diode)

光の 3 原色
⟹166 ページ

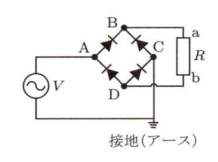

図 6.46 整流回路

● 整流器

ダイオードを使うと，交流回路を直流回路に変換することが可能になる．電気製品の中には，家庭用コンセント（交流）でも，乾電池（直流）でも動作するものが多数あるが，これらの製品には整流回路が組み込まれている．図 6.46 のような回路を組むと，電源 V は交流であっても，右側の a から b へは常に決まった向きに電圧がかかるようになる．

問 6.10* 図 6.46 の a から b へはどのような電圧が生じるか．電源が交流であることに注意して，グラフの概形を描いてみよう．

コラム 39　電球の明るさの単位はワットからルーメンに

長らく，電球の明るさを示す単位は，白熱電球の消費電力（ワット [W]）が使われていた．だが，これはおかしな話で，熱放出が少ない蛍光灯や LED は，同じ明るさでも消費電力は小さい．そこで，最近では光束（光の放射量）を示すルーメン [lm] の単位を使うことが主流になってきた．

- 光源の強さ（**光度**）を表す単位はカンデラ [cd] である．カンデラはラテン語で獣脂蝋燭を表す言葉で，英語の蝋燭 (candle) と同じ語源である．単位面積あたり（$1\,\mathrm{m}^2$ あたり）の光度（**輝度**）の単位はカンデラ毎平方メートル [cd/m^2] である．
- 光は四方八方に広がる．光の放射量（**光束**）の単位をルーメン [lm] とする（$1\,\mathrm{cd} = 4\pi\,\mathrm{lm}$ とする）．ルーメンは昼光を意味するラテン語である．単位面積あたり（$1\,\mathrm{m}^2$ あたり）の光束（**照度**）の単位はルクス [lx] である．ルクスもラテン語で光を表す．照度は光源からの距離の 2 乗に反比例して小さくなる．2 m 離れると，1 m 離れたところの 1/4 倍の照度になる（図 1.10）．

いずれの単位も人名由来ではないので，小文字で書くのが普通である．

これまで使われていたワットとルーメンの換算は，緑色（波長 555 nm）の色を基準として $1\,\mathrm{W} = 683\,\mathrm{lm}$ にする．ほかの色の場合はこの値より小さな係数を乗じることになる．家庭用の電球だと，30 W は 325 lm，50 W は 600 lm，60 W は 800 lm 程度に相当する．

表 6.5 ワットとルーメンの対応

出力	青 (473 nm)	緑 (532 nm)	赤 (635 nm)
100 W	13600 lm	54600 lm	13600 lm
50 W	6800 lm	27300 lm	6800 lm
10 W	1360 lm	5460 lm	1360 lm
5 W	680 lm	2730 lm	680 lm
1 W	136 lm	546 lm	136 lm

6.3 電気と磁気
電磁誘導こそ電磁気学の本命

プラスとマイナスの電荷にはたらく力と，NとSの磁極にはたらく力の法則はよく似ている．電気と磁気は相互に作用する．電磁誘導があるからこそ，私たちは発電でき，モーターを回すことができる．

6.3.1 磁気の性質

磁気は，次に上げるような性質をもつ．

- NとSの**磁極**が存在する．N極だけ，あるいはS極だけの単磁極は存在せず，必ずNとSのペアで存在する．
- NとN，SとSは反発し，NとSには引力が作用する．これらの力を**磁気力**といい，磁力がはたらく空間を**磁場（磁界）**という．
- 磁場中で力が作用する方向を**磁力線**として表し，向きはN極からS極への向きとする．**方位磁石のN極が向く方向が磁場の向き**である．砂鉄を棒磁石のまわりにまくと，磁力線の様子がみられる．

磁極 (magnetic pole)
単磁極 (monopole)
N極 (north pole)
S極 (south pole)
磁気力 (magnetic force)
磁場（磁界）(magnetic field)
磁力線 (magnetic line of force)

（a）磁気力　　　（b）地磁気の様子

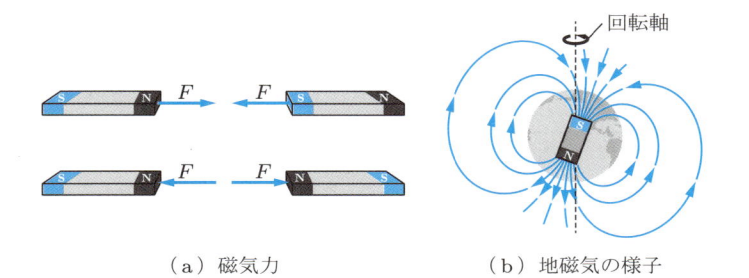

図 6.47　磁気力　地球は一つの大きな磁石である．

Topic　地球は大きな磁石

NとSが北と南を指すことから察せられるように，地球は一つの大きな磁石である．方位磁針のN極が向く北極にはS極がある．地球の回転軸上にある北極と，磁場の北極（北磁極）は一致しておらず，しかも毎年数 10 km 移動しているという．

■ 磁 化

「磁石」という言葉が使われるが，ほとんどの磁石は石ではない．磁鉄鉱という磁気をもつ鉱石はあるが，普通の磁石は遷移金属を含む合金や酸化物である．

磁力の源は，電子自身のもつ回転運動である．電荷をもつ電子が回転すると磁気が発生する．電子の回転する向きが揃えば全体に磁気が生じることになる．永久磁石は，電子のスピンの向きがずっと揃っている状態である．クリップが磁石にくっつくのは，近づけた磁極からの磁力線によってクリップ内の電子のスピンの向きが揃い，異符号の磁極がクリップに誘起され，引力がはたらくからである．クリップにさらにクリップがつくのも同じ原理だ．

地磁気があるのは，地球内部に回転電流があるからである．地球内部に高温のマントルがあり，地球の自転につられて回っている．このマントルが電荷をもっていると，回転電流によって磁気が生じることになる（地球ダイナモ説）．

地磁気に沿って鉄の棒にショックを与えると磁石になることがある．これは，鉄内部の磁場が衝撃を与えることで揃うためである．ステンレスは鉄が主成分だが，磁石につかない．普通の鉄と結晶構造が異なるため，磁性を失っているからである．

磁化 (magnetization)

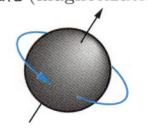

（a）磁気力

（b）スピンが揃った状態

（c）ばらばらな状態

図 6.48　磁力の源

ダイナモ＝発電機 (dynamo)

磁気力に関するクーロンの法則

単位
磁気量は [Wb]（ウェーバー）．

ウェーバー
Wilhelm E. Weber
(1804–1891)
静電気力 $\Longrightarrow$ 6.1.4 項

| Advanced | 磁気力の大きさ（磁気力に関するクーロンの法則） |

N 極と S 極の磁極の間にはたらく磁気力の大きさにも，静電気力や万有引力と同じ形の関係が成り立つ．

磁気量 m_1 [Wb] と m_2 [Wb] を帯びた二つの磁極が距離 r [m] だけ離れているとき，両者の間には磁気力 F [N] がはたらく．同種の磁極間では斥力に，異種の磁極間では引力になり，その大きさは

$$F = k_m \frac{m_1 m_2}{r^2} \tag{6.10}$$

である．k_m は定数で，$k_m = 6.33 \times 10^4 \, \mathrm{Nm^2/Wb^2}$ である．

6.3 電気と磁気—電磁誘導こそ電磁気学の本命　211

> **Topic　オーロラのみえる範囲**
>
> 北極や南極の空では，音もなく色とりどりの幻想的なオーロラが出現する．これは，宇宙から地球へ飛び込む電子が大気中の原子や分子と衝突するときに発光する現象である．酸素原子と反応すれば緑や赤に，窒素原子と反応すればピンク色になる．
>
> 地球には磁場があるため，電子は簡単には入り込めないが，高緯度では磁力線に沿って侵入することができる．そのため，オーロラはおもに高緯度で観測される．太陽活動が活発になると，大量の電子が放出されるため，オーロラは低緯度でも観測されるようになる．ちなみに，北極と南極の両方で，同時刻に逆巻きのオーロラが発生していることが知られている．
>
> オーロラ (aurora)
>
> 図 6.49　オーロラは太陽からの電子の風が地球の磁力線に沿って極地域に入り込むことで発生する

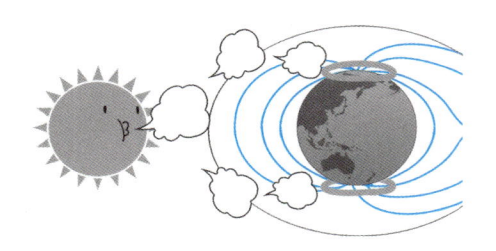

Advanced　磁束密度

実際には，単磁極は取り出せないため，静電気力のように磁気力を扱うことはできない．そこで，磁力線を主役とし，磁気量の大きさを**磁束 Φ** [Wb] とよんで扱う．単位面積あたり（$1\,\mathrm{m}^2$ あたり）の磁力線の数を**磁束密度 B** とする．磁束密度の単位は [T]（テスラ），あるいはその 10000 分の 1 の [G]（ガウス）である．（$1\,\mathrm{T} = 10^4\,\mathrm{G}$ である）すなわち，

$$\Phi = BS \qquad \text{磁束 [Wb]} = \text{磁束密度 [T]} \times \text{面積 [m}^2\text{]} \qquad (6.11)$$

[T]=[Wb/m^2] である．磁力線と同じように，N 極から S 極への向きに**磁束線**を考え，磁束密度もベクトル $\boldsymbol{B}$ として扱う．

磁場の強さ H（あるいは磁場ベクトル $\boldsymbol{H}$）は，磁束密度がどのような物質中にあるかで決まる．μ を透磁率といい，

$$\boldsymbol{B} = \mu \boldsymbol{H} \qquad \text{磁束密度 [T]} = \text{透磁率 [N/A}^2\text{]} \times \text{磁場 [A/m]} \qquad (6.12)$$

の関係がある．真空の透磁率 μ_0 は，$\mu_0 = 1.26 \times 10^{-6}\,\mathrm{N/A^2}$ である．

磁束密度 B
(magnetic flux density)

単位
磁束密度は [T]（テスラ）または [G]（ガウス）．

テスラ
Nikola Tesla (1856–1943)
ガウス
Carolus F. Gauss (1777–1855)

6.3.2 電気と磁気

■右ねじの法則

電気と磁気は相互に作用を及ぼす．まずは，電流が流れたときに磁場が発生する現象を紹介しよう．

電磁相互作用の法則 1

> **法則** 1 **電流のまわりに磁場が発生する**
>
> 直線状の導線に電流を流すと，そのまわりの空間に同心円状の磁場が生じる．磁場の向きは「電流の流れる方向に右ねじを進ませたときに，ねじの回転の向き」と同じになる（**右ねじの法則**，図6.50）．

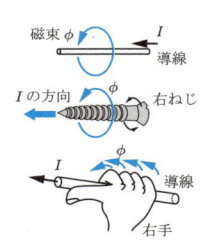

図6.50 右ねじの法則 (right-handed screw rule) 向きは，「電流の向きに右手の親指を向けたとき，右手の4本の指が巻く方向」と表現してもよい．

磁場の向きとは，方位磁針を置いたときにN極が向く方向である．

> **Advanced** 直線電流のまわりの磁場の強さ（アンペールの法則）
>
> 直線電流のまわりに生じる磁場の強さ H は，次式になる．
>
> $$H = \frac{I}{2\pi r} \qquad 磁場の強さ [A/m] = \frac{電流 [A]}{2\pi \times 導線からの距離 [m]} \qquad (6.13)$$

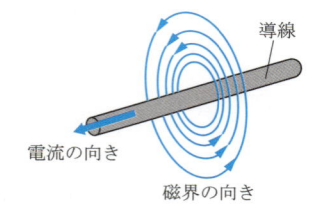

図6.51 電流のつくる磁場

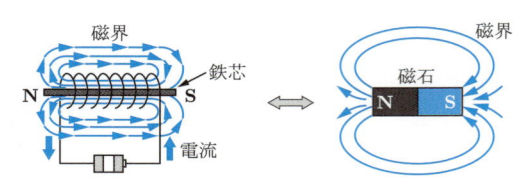

図6.52 電磁石 電流をコイル状に流すと中に置いた鉄芯が磁石になる．

■電磁石

円形の導線に直流電流を流したり，さらに円形を重ねて円筒状にコイルをつくり電流を流すと，それぞれの導線がつくる磁場が重ね合わさって，内部には強い磁場が生じる．これを利用すると，電流を流したときだけ磁石の性質をもつ**電磁石**ができる（図6.52）．

電磁石 (electromagnet)

とくに，コイルの内部に鉄芯を入れておくと，鉄による磁化の効果も加わって，強い電磁石ができる．

| Advanced | コイルに生じる磁場の強さ |

コイルに生じる磁場の強さ H は，

$$H = nI \tag{6.14}$$

磁場の強さ $[A/m]$ = 1 m あたりのコイルの巻き数 $[1/m]$ × 電流 $[A]$

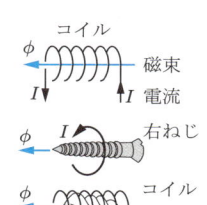

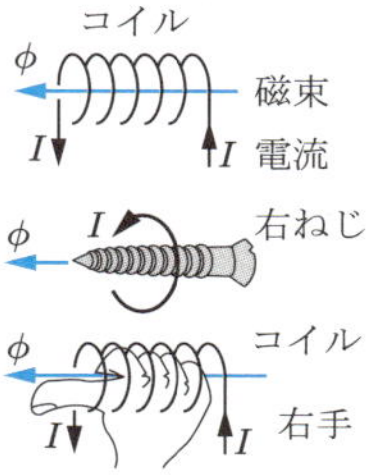

● 電磁石を使ったモーターの原理

電気を流すことによって回転運動を継続的に行うモーターをつくることができる．図 6.54 はその断面図を描いたものだ．永久磁石の N 極と S 極でつくられた磁場の中で，回転軸を取り付けた電磁石を用意する．電磁石のコイルを流れる電流の向きは，180 度ごとに逆転できるように接続部分を工夫する（整流子とよばれる装置）．そうすると，常に磁石の反発力と引力が同じ回転方向に生じるようにでき，回転が持続する．

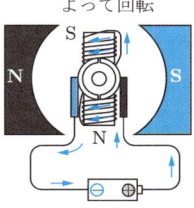

図 6.53 コイルの巻く向きと電磁石の方向
電磁石の磁極は，「コイルに電流が流れる方向を右手の 4 本の指で巻くときに親指が向く方向」が N 極．

① 電流が流れて電磁石になる
② 磁力（引力）によって回転
③ 真横になるとき電流を反転させる
④ 磁力（斥力）によって回転
⑤ 磁力（斥力）によって回転
⑥ 磁力（引力）によって回転
⑦ 真横になるとき電流を反転させる
⑧ 磁力（斥力）によって回転

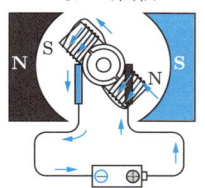

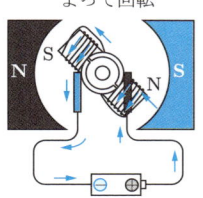

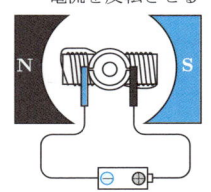

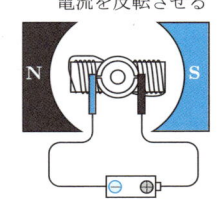

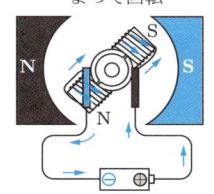

図 6.54 モーターが回転するしくみ

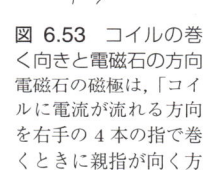

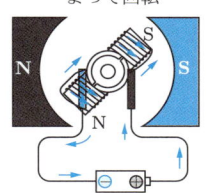

6.3.3 ローレンツ力
■ ローレンツ力とフレミングの左手則

磁場が存在するときに，電流を流した導線が受ける現象を紹介しよう．

図 6.55(a) に示すように，大きな U 字形磁石があり，上が S 極，下が N 極とする（磁場の向きは下から上）．そこへ，直線の導線を通し，直流電流を紙面の奥から手前に向かって流す．磁石の磁場と導線のまわりの磁場の重ね合わせを考えると，紙面上，導線の左側は磁場が互いに逆向きなので弱めあい，導線の右側は磁場が同じ向きなので強めあう．磁力線はなるべくまっすぐになろうとする性質があるので，強めあった磁力線は導線を左側に押し出す力を及ぼすことになる．

電磁相互作用の法則 2
ローレンツ力
(Lorentz force)

図 6.55 磁場中の電流は力を受ける
(a) 磁場中に電流を流すと，導線は力を受ける
(b) 磁力線の様子

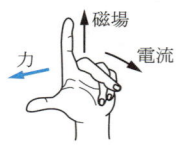

図 6.56 フレミングの左手則 (left-hand rule) 力の方向は，「電流の向きから磁場の向きに右ねじを回すと，ねじが進む方向」として説明されることも多い．

フレミング
John A. Fleming
(1849–1945)

ローレンツ
H.A. Lorentz
(1853–1923)

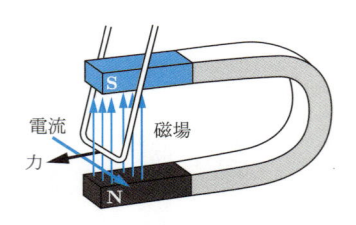

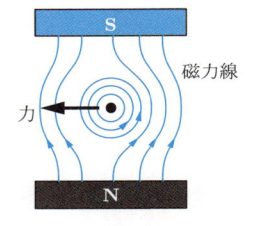

> **法則 2 電流は，磁場から力を受ける**
>
> 磁場の中に置かれた電流（導線または荷電粒子の動き）は，磁場から力を受ける．この力を**ローレンツ力**という．ローレンツ力の向きは**フレミングの左手則**（図 6.56）で表される．

フレミングの左手則は，左手の 3 本の指を拡げて，人差し指を磁場 B の向き，中指を電流 I の向きとしたとき，親指の向く方向が導線が受ける力 F の方向である．親指から順に FBI として覚えておくとよい．

Advanced　ローレンツ力の大きさ

ローレンツ力 F は静電気力とは別の力である．ローレンツ力の大きさ F は，磁束密度を B [T]，電流を I [A]，磁場中の導線の長さを l [m]，磁場と電流のなす角度を θ として，次式になる．

$$F = IBl\sin\theta \quad (6.15)$$

■ ローレンツ力による粒子の運動

電荷を帯びた粒子が磁場中に飛ぶと，常に進行方向に対して垂直な向きにローレンツ力を受けることになる．垂直な方向の力は運動方向を変える．常に一定の力がかかるのであれば，荷電粒子は円運動をすることになる．

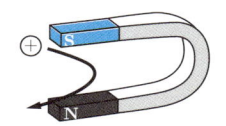

図 6.57　磁場中の荷電粒子　ローレンツ力を受けて曲がる．

円形加速器（サイクロトロン）(cyclotron)

> #### Topic　荷電粒子を加速するサイクロトロン
>
> 放射線を用いた癌の治療が広く行われるようになってきた．これは X 線や荷電粒子（電子や陽子，重粒子線）を加速させて人体に照射し，癌細胞の増加を防ぐためだが，癌細胞のところに到達するためには，10^8 V 程度の電圧で粒子を加速させることが必要で，数 100 m もの長さの装置が必要になる．そこで，磁場を使って粒子を円運動させ，同じところを何周も飛ばしながら徐々に加速させる装置が，円形加速器（サイクロトロン）である．最近では設置する病院も増えてきた．
>
> 素粒子実験では，粒子を光速に近い速度まで加速するために，巨大な装置が必要になる．スイスにある欧州原子核研究機構（CERN，サーンまたはセルン）の大型ハドロン衝突型加速器が世界最大のもので，全周 27 km もの装置である．

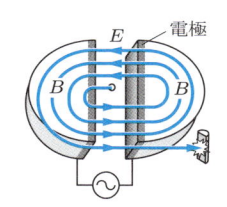

図 6.58　サイクロトロン　磁場をかけて方向を変えながら，何回も電場で加速して，速度の大きな粒子をつくる．E は電場，B は磁場のかかる場所を示す．

問 6.11　平行に置いた 2 本の導線に同じ向きに電流を流すと互いに引力を及ぼしあう．この理由を説明せよ．

問 6.12　平行に置いた 2 本の導線に逆向きに電流を流すと互いに斥力を及ぼしあう．この理由を説明せよ．

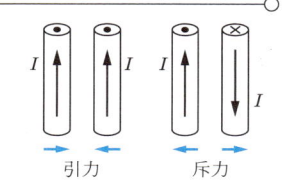

図 6.59　平行に置いた導線

> **コラム 40　電流の正体はどうやって判明したのか**
>
> 電流の流れる向きは「プラスの電荷が移動する向き」だが，実体はマイナスの電子が逆に動いている．図 6.15 で説明したように，実質的には同じことだが，ややこしい．この理由は，電流の正体が電子であることが，ずっと後にわかったからだ．「電流の向き」の定義を修正できなかったのである．
>
> 判別の原理は簡単である．図 6.60(a) のように，磁場の中に平たくて薄い導体を置き，左奥から右手前の方向に電流を流す．
>
> **図 6.60**　平たくて薄い導体を磁場中において電流を流すと，手前に帯電する電荷はプラスかマイナスか
>
> 電磁誘導の法則によれば，磁場中の電流はフレミングの左手則の向きに力を受ける．いま，電流の正体が「プラスの粒子の流れ」とすれば，図 6.60(b) のように，薄い導体の左手前に電流の実体である「プラスの粒子」が力を受けて集まってくるはずだ．逆に，電流の正体が「マイナスの粒子の流れ」であると仮定すれば，図 (c) のように，薄い導体の左手前は「マイナス」に静電誘導を受けるはずである．実験結果は後者だった．

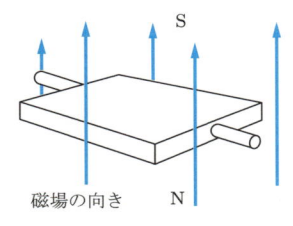

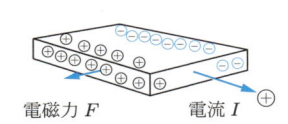

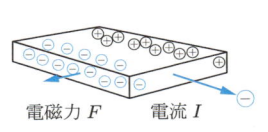

6.3.4　電磁誘導

■ ファラデーの電磁誘導の法則

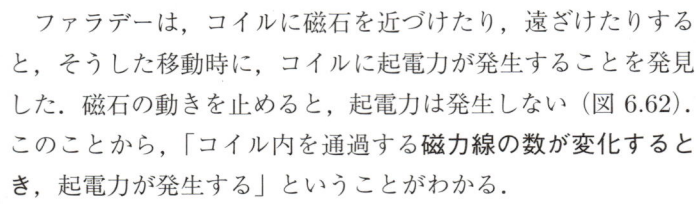

　ファラデーは，コイルに磁石を近づけたり，遠ざけたりすると，そうした移動時に，コイルに起電力が発生することを発見した．磁石の動きを止めると，起電力は発生しない（図 6.62）．このことから，「コイル内を通過する**磁力線の数が変化するとき，起電力が発生する**」ということがわかる．

　さらに，実験の結果，発生する誘導起電力の向きは，磁束の数をもとのままに保とうとするように発生していることがわかる．すなわち，次の事実がわかる．

図 6.61　ファラデー
Michael Faraday
(1791–1867)

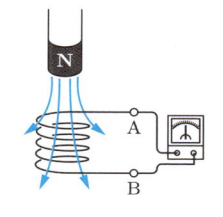

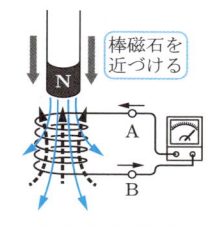

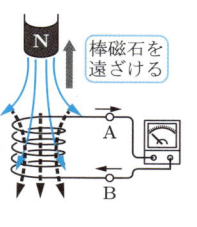

（a）棒磁石を動かさない　（b）棒磁石を近づける　（c）棒磁石を遠ざける

図 6.62　誘導起電力の発生

- 磁石の N 極を近づけると，コイルを通過する磁束が増えるので，コイルは磁束が増えないような向きに磁束を発生させるよう起電力を引き起こす．
- 磁石の N 極を遠ざけると，コイルを通過する磁束が減るので，コイルは磁束が減らないような向きに磁束を発生させるよう起電力を引き起こす．

これらを法則として，次のようにまとめる．

> **法則 3　磁束の変化が起電力を生じさせる**
>
> 閉回路（閉じた電気回路，またはコイル断面）を貫く磁束が変化すると，回路には起電力が生じる．この現象を**電磁誘導**とよび，発生する起電力を**誘導起電力**，生じる電流を**誘導電流**とよぶ（ファラデーの電磁誘導の法則）．
>
> 誘導起電力の向きは，生じた磁束の変化を打ち消すように誘導電流が流れる方向である（レンツの法則）．

電磁誘導の現象は，いわば「磁束に対する慣性の法則」といえる．磁束が現状を保とうと，「変化に対して反対」する現象を起こすのである．

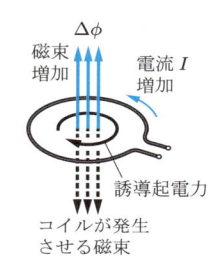

図 6.63　誘導起電力の向き　コイル内を反時計まわりに流れる電流が増加するとき．

電磁相互作用の法則 3
電磁誘導
(electromagnetic induction)
誘導起電力
(induced electromotive force)
誘導電流
(induced current)

レンツ
Heinrich F. E. Lenz
(1804–65)

Advanced　誘導起電力の大きさ

誘導起電力の大きさ V [V] は，磁束 Φ [Wb] の時間 Δt 内の変化量 $\Delta\Phi$ を用いて

$$V = -N\frac{\Delta\Phi}{\Delta t} \tag{6.16}$$

で与えられる．N はコイルの巻き数であり，右辺のマイナスは磁束の増減に反対する向きに起電力が発生することを示す負号である．

集積回路 IC
(integrated circuit)

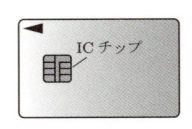

（a）接触型 IC カード

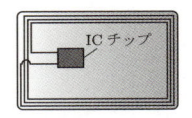

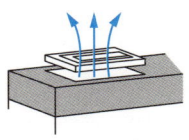

（b）非接触型 IC カード

（c）タッチするパネルから磁力線が出る

図 6.64　非接触型 IC カードの中にはコイルが埋め込まれている

> **Topic　非接触型 IC カード**
>
> 銀行 ATM カード・クレジットカード・鉄道乗車券カードなど，カードのセキュリティを上げたり，情報をたくさん蓄えたりするために，集積回路を組み込んだカードが増えてきた．
>
> IC カードの中には，駅での改札のように，直接に機械に触れなくても反応する「非接触型」がある．これは，カードの周囲にコイルが埋め込まれていて，駅の改札機に近づけると磁場が通り，カード内の回路に電流が流れる電磁誘導原理を利用している．電流が流れると，IC チップからカードの個人情報が発信され，それを改札の通信機が読み取るというしくみである．だから，カードに寿命はない．

■ 発電機のしくみ

　磁場の中で導線を動かすと起電力が発生することから，発電機ができる．発電機の基本は，図 6.65 にあるように，コイルを磁場の中で回転させることである．

　最近では，防災グッズに，手回し式発電機をよくみかけるようになったが，この原理は，交流発電機でも直流発電機でも同じだ．

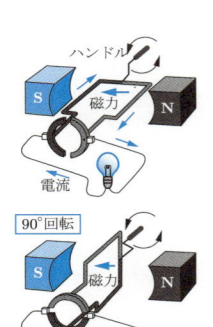

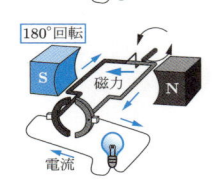

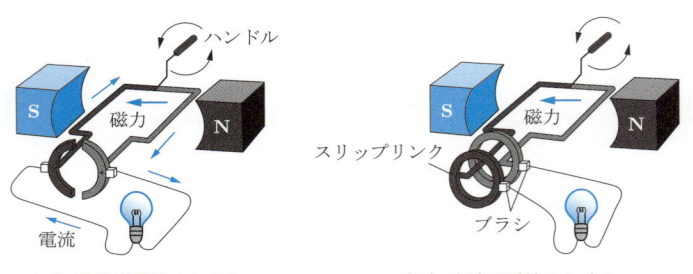

（a）直流発電機のしくみ　　　（b）交流発電機のしくみ

図 6.65　発電機のしくみ　直流発電機も交流発電機も基本は同じ．両者の違いはコイルで発生する起電力の取り出し方である．

図 6.66　発電機

　図 6.65(a) の直流発電機の場合に，コイルを回したときの様子を左図 6.66 に示す．直流とはいっても，この発電機に流れる電流は，図 6.67 に示すように，向きは同じだが，大きさは変化する．

(a) 直流発電機の波形　　　(b) 交流発電機の波形

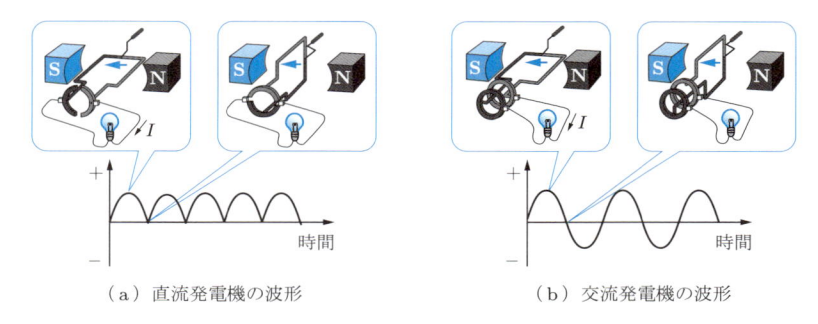

図 6.67　発電される電圧の波形

　電気会社の発電所も原理は同じで，自転車のライトの発電機を大きくしたものである（図 6.68）．水力発電，火力発電，原子力発電，風力発電問わず，タービンを回すという意味で同じ構造である．

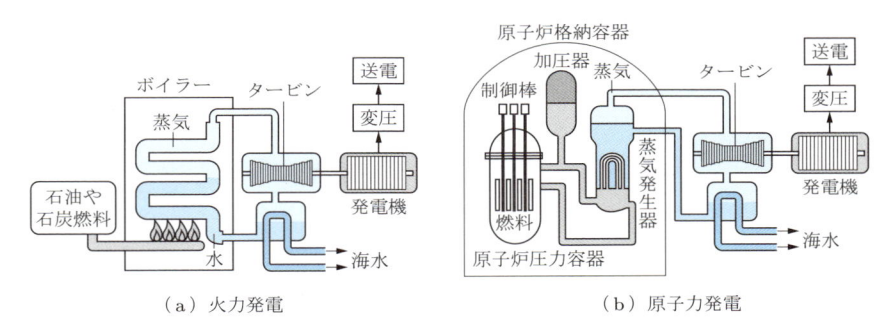

(a) 火力発電　　　(b) 原子力発電

図 6.68　発電所のしくみ

● 変圧器のしくみ

　発電所でつくられる起電力の大きさは，27.5 万 V から 6.6 万 V である．これを変電所で 11 万 V から 6.6 万 V に減圧し，さらに家庭への配電線では 6000 V に減圧する．

　電圧を変化させる変圧器は，図 6.69 のように，鉄芯に二つのコイルを巻き数を変えて巻く原理である．一方のコイルに交流電流を流すと鉄芯内に磁束が生じ，他方のコイルに誘導起電力が発生する．巻き数が $N_1 : N_2$ であれば，コイル両端の電圧比も $N_1 : N_2$ になる．

変圧器 (voltage converter)

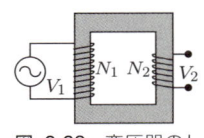

図 6.69　変圧器のしくみ

6.3.5　電磁波

■電磁波の発見

電磁相互作用の法則 4
電磁波
(electro-magnetic wave)

電場の変動が磁場をつくり，磁場の変動が電場をつくる．両者は互いに影響をしあう．理論的にこれらの法則を研究したマクスウェルは，1864 年，磁場と電場が互いに変動しながら波として伝わる**電磁波**の存在を予言した．電磁波の存在は，ヘルツの火花放電の実験によって確認された．

> **法則　4　電場と磁場は互いに電磁波として伝わる**
>
> 電場と磁場が相互に作用を繰り返すと，互いに消えずに波となって伝わる．これが電磁波である．電磁波は光速で伝わる．光も電磁波の一種である．

図 6.70　マクスウェル James C. Maxwell (1831–79)

ヘルツ Heinrich R. Hertz (1857–94)

■電磁波の発生と伝播

電磁波を発生させるには，長い導線（アンテナ）に電流を変化させながら流せばよい．電場が変化すれば，生じる磁場もそれに応じて変化する．磁場が変化すれば，その周囲に電場が誘起される．電磁波は光速で伝わり，真空でも伝わる．

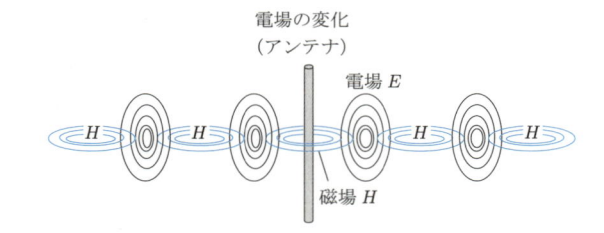

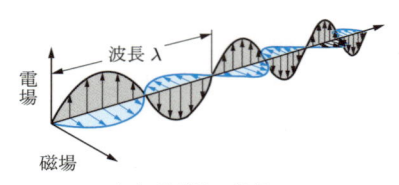

図 6.71　電磁波の発生と伝播　(a) 電場と磁場が互いに作用して遠方へ変化を伝える．(b) 電場の変化は進行方向 90 度右に磁場の変化を生じさせる．右ねじを進めるときの回転方向である．

■ 電磁波の利用

電磁波のうち，波長が 0.1 mm 以上のものを**電波**とよぶ．電磁波は波長によって（周波数によって）伝播する性質が異なっている．波長が短いほど（周波数が大きいほど），電磁波は直進性をもち，情報の伝送容量が大きくなる．逆に波長が長いほど（周波数が小さいほど），電磁波は散乱されやすく，情報の伝送容量が小さくなる．

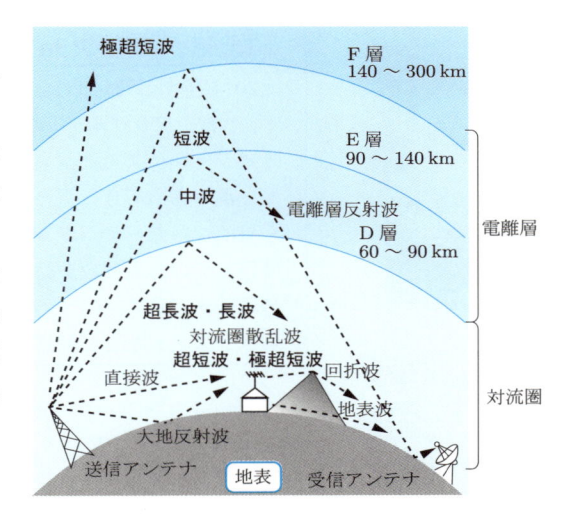

図 6.72 電磁波の伝播

表 6.6 電磁波の利用

種類		周波数帯域	波長	利用
VLF	超長波	3～30 KHz	100～10 km	電磁調理器，海底探査
LF	長波	30～300 KHz	10～1 km	船舶や飛行機の航行システム，電波時計
MF	中波	300 KHz～3 MHz	1 km～100 m	AM 放送
HF/SF	短波	3 MHz～30 MHz	100 m～10 m	国際放送，短波放送
VHF	超短波	30 MHz～300 MHz	10 m～1 m	VHF，地上波放送，FM 放送
UHF	極超短波	300 MHz～3 GHz	1 m～10 cm	UHF 放送，海事無線，電子レンジ
SHF	センチ波	3 GHz～30 GHz	10 cm～1 cm	宇宙の衛星との交信，BS 放送や CS 放送，電波天文観測
EHF	ミリ波	30 GHz～300 GHz	1 cm～1 mm	衛星間の通信携帯電話

種類の正式名称は以下のとおり：VLF: Very Low Frequency, LF: Low Frequency, MF: Medium Frequency, HF: High Frequency, VHF: Very High Frequency, UHF: Ultra High Frequency, SHF: Super High Frequency, EHF: Extra High Frequency

短波は，地表から約 300 km の高度に形成される電離層の F 層に反射して，地表との反射を繰り返しながら地球の裏側まで伝わっていくことができるため，国際放送やアマチュア無線に使われる．

6章 電気と磁気―電磁誘導

(a) ハイビジョン画質 (HD)
総走査線数 1125 本

(b) 標準画質 (SD)
総走査線数 525 本

図 6.73 テレビ画面の変化 デジタル放送化され、横方向の解像度（走査線の数）も変更された. (a) ハイビジョン画質（HD）走査線数 1125, 縦横比 9：16. (b) 標準画質（SD）走査線数 525, 縦横比 3：4.

Topic　地上アナログテレビ放送の終了

2011 年 7 月 24 日に，日本では地上アナログテレビ放送が終了し，地上デジタルテレビ放送だけに切り替わった．これは，ハイビジョンによる高画質・高音質な番組を提供する目的もあるが，混みあってきた電波の周波数帯域を効率的に利用することも目的だった．デジタル化完了後は，アナログテレビ放送時に使用していた周波数が約 2/3 に効率化され，空いた周波数を携帯電話サービス，ITS（高度道路交通システム），災害時の移動通信システムなどに利用することになっている．

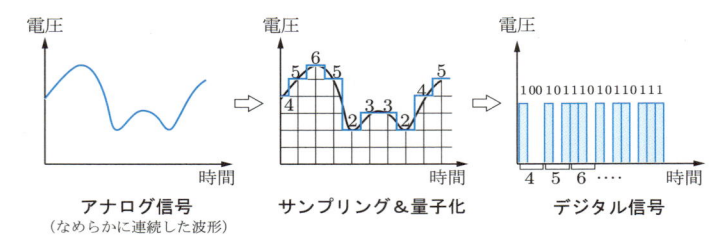

図 6.74 テレビ放送のデジタル化　アナログ信号をサンプリング化・量子化してデジタル信号に置き換えるしくみは，音楽音源のアナログレコードから CD への変化と同じである．

Topic　ワンセグ

日本の地上デジタル放送は，470～710 MHz 帯を 40 のチャンネルに分け，1 チャンネルは，6 MHz の帯域を使う．この帯域を 13 のセグメントに分けて利用するが，そのうちの 12 セグメントをハイビジョン放送に使い，残り一つを画面の大きさを 320×240 の小さな解像度にした携帯電話用の放送に割り当てることにした．一つのセグメントを用いる放送なので，通称「ワンセグ」とよぶ．

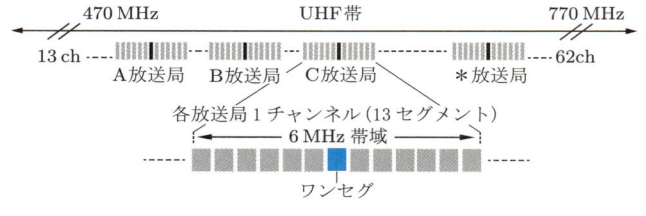

図 6.75 ワンセグ　地デジ放送の 1 チャンネル分の周波数帯域のうち，一つのセグメントを携帯端末用に利用するしくみ．

6.4 家電製品いろいろ
最終進化形は何か

ここまで触れられなかった，身のまわりにある電気製品のしくみを考えてみよう．

■ IHクッキングヒーター

電磁誘導（⟹ 216 ページ）により，金属板に磁石を近づけたり，磁石を動かしたりすると，金属板に電流が流れる．このとき発生する電流を**渦電流**という．この原理を利用して加熱するしくみが**誘導加熱**（IH）である．

IHクッキングヒーターは，渦状に巻いたコイルに交流を流し，鍋の底に渦電流を発生させる．電流が生じたとき，抵抗の大きい金属ならば，ジュール熱が発生するので温まることになる．したがって，銅やアルミなど電気抵抗の低い金属でできた鍋や底の薄い鍋だとIH調理器は使えない．IH調理器具対応という土鍋は鍋底の部分に金属コーティングや金属板プレートをいれている（最近は，交流の周波数を上げることによって使える鍋の種類を増やしている製品も登場してきた）．周辺の空気を加熱する無駄がないので，エネルギーは効率的だ．また，少しでも持ち上げると加熱されない．この理由は簡単であろう．

■ 電子レンジ

電子レンジは，2450 MHz の電磁波・マイクロ波（⟹ 220 ページ）を照射し，共振によって水分子の振動を激しくすることで加熱する．したがって，水分を含んでいるものだけ加熱され，焦げ目がつくことはない．アルミホイルなどの金属を入れるとマイクロ波の電圧が金属に電流を流し，金属が放電を起こすので危険である．金箔などの模様がある皿も模様が変色することがある．

扉に金網が貼ってあるのは，静電遮蔽（⟹ 195 ページ）によって電磁波の漏れを防ぐためである．

なお，凍っているものは結晶構造がしっかりしているため，電子レンジでは直接加熱することはできない．「解凍モード」があるレンジでは，電磁波の強さを弱め長い時間をかけて周囲の温かい空気から徐々に解凍させていく．

渦電流
(eddy current)
誘導加熱 IH
(induction heating)

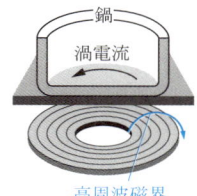

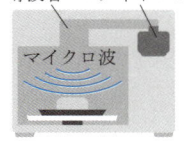

(a) 内部構造

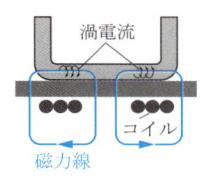

(b) 加熱の原理

図 6.76 IH 調理器のしくみ

電子レンジ
(microwave oven)

(a) 内部構造

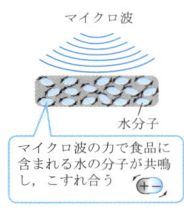

マイクロ波の力で食品に含まれる水の分子が共鳴し，これすり合う

(b) 加熱の原理

図 6.77 電子レンジのしくみ

■ レーザー光

特定の光（電磁波）を増幅し，位相や振幅を揃えたうえで放出する人工の光をレーザー光という．発信源となる原子に光を当てて増幅し，さらに2枚の鏡の間を往復させることで，共振を起こし，指向性がよく，強い光をつくり出すことができる．コンサートでの光の演出や，DVDやブルーレイ（⟹161ページ）の読み取りのほか，レーザー光を利用した切断器具などに広く応用されている．強く位相が揃った光であるため，目に入ると網膜を傷つけたり，皮膚に障害をもたらしたりするので，扱いには注意が必要だ．

> レーザー光 (laser)
> レーザーは Light Amplification by Stimulated Emission of Radiation（輻射の誘導放出による光増幅）の頭文字．

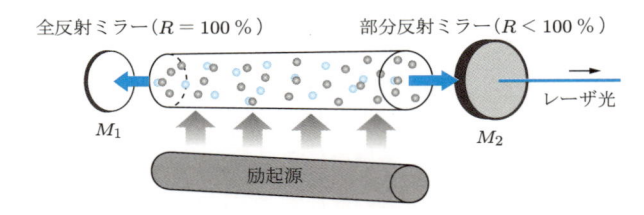

図 6.78　レーザー光放出のしくみ　2枚の鏡で閉じ込めた空間に，原子から発光された光を往復させて増幅し，位相の揃った強い光を出す．

■ インバータ式家電製品

コンセントからの交流電流を直流に変換する装置を整流器（⟹208ページ）というが，逆に，直流を交流に変換する装置をインバータ（逆変換, inverter）とよぶ．

交流モーターを動かすとき，モーターの回転速度は交流電源の周波数によって変わる．インバータと制御装置を組み合わせてモータをコントロールすることによって，モータの回転数を変え，エアコンや冷蔵庫による温度を無駄なく一定に保とうとする製品が「インバータ家電」と称されている．

蛍光灯でも，周波数を高めて明るさをアップし，ちらつきも抑制する性能があるとして，「インバータ式蛍光灯」がある．

■ 体組成計

体重だけでなく，体脂肪，筋肉，骨などの量を測定する器具がある．「乗るだけ」タイプと，部位ごとに詳しく測れる「グリップ」タイプがあるが，どちらも体内に微弱な電流を流し，その反応を膨大なサンプルデータから推測して表示する．直接体脂肪などを計測しているわけではない．

朝起きてすぐと，1日活動した後の夕方以降とでは，体内の水分分布が大きく異なり，測定結果も変わる．ちなみに，体組成を計測するタイミングとしては，1日活動して帰宅し，食事を取る前，かつ，お風呂に入る前が最も適しているという．

図 6.79 筋肉と体脂肪とでは電気抵抗が異なることを利用して体脂肪を測定することができる

■ リニア新幹線

東京・名古屋間を40分で結ぶリニア新幹線の建設が始まった．リニアとは回転する部分のない平板状のリニアモーターのことだ．レール部分と車体に電磁石を用意し，磁石の反発力を利用して車体を浮かせ，磁石の引力を利用して前方へと移動させる原理である．従来の鉄道と異なって，レールや架線との接触部分がないため，高速に移動することが可能になる．

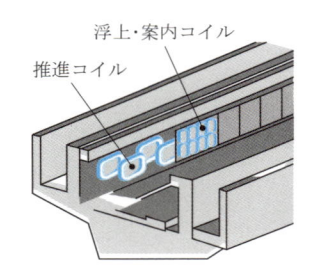

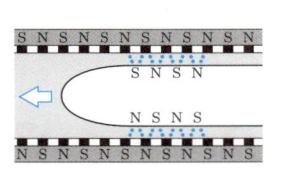

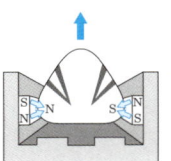

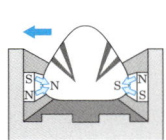

図 6.80 平板状の電磁石を使うリニア新幹線　磁界の中を進むことになるので，室内で使う電気も運転しながら発電する．

■ 3Dテレビ

メガネをかけると立体映像になるテレビが発売されている．左右の目にわずかに違う映像を届けることができれば，立体にみえるのが理屈だが，同じ画面をみながら左右で違う映像を受け取るためにはいくつか方法がある．

かつては左右で赤と青のセロハンなどを貼ったメガネを用意して，目に入る映像情報を分ける方法があったが，色の再現性に問題があった．

- 映画館などでは偏光シートを向きを変えて左右に貼ったメガネを提供している（⟹173 ページ）．安価で済むが解像度に限界がある．
- 現在，家庭用として販売されているものの主流は，高速で左右のシャッターが開閉するメガネ方式である．1 秒間に 120 回左右の目に入る映像がシャッターで切り替わる．みている人間はシャッターに気づかずに残像を合成して立体と感じることになる．
- 画面の画素ごとに細かく凸型のレンズをつけて，左右の目に違った情報を届ける方法もある．メガネなしで立体映像になるが，立体でみえる場所が限られたり，画面の大型化が難しいようだ．

■ 携帯電話

　携帯電話は，街の中に設置されている基地局と常に交信していて，自分がどこの基地局に一番近いかを把握している（ページング技術という）．この交信は断続的で，交信時間以外はバッテリーの節約のため機械は OFF になっている．しかし，病院や航空機など，電波を発すると障害や事故が起きる可能性がある場所では「携帯電話の電源を切ってください」というアナウンスがされることになる．

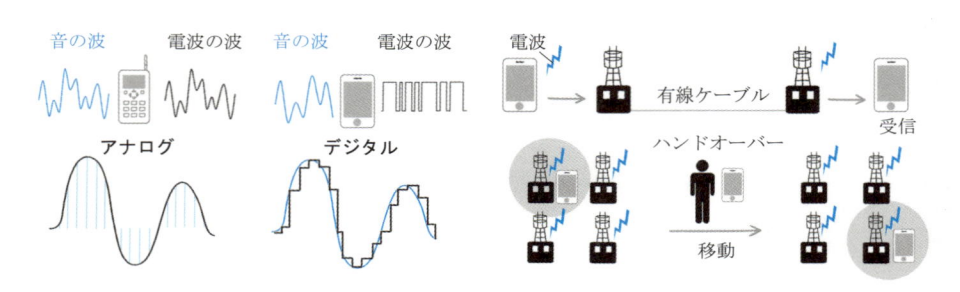

図 6.81　携帯電話のしくみ　(a) アナログ方式は，波形データを送信する．デジタル方式は波を矩形で表して，その大きさを 2 進数（0 か 1 か）に変換して送信する．(b) 移動しても携帯電話がつながるのは，最寄りの基地局を電話機が常に把握しているからだ．

エレベーターの中など静電遮蔽（⟹ 195 ページ）された空間では，携帯電話がページングに失敗するため，基地局探しに躍起になる．そのため電源の消耗が早くなってしまう．そのため，電波が届かないところで長時間使う予定のないときは，携帯電話の電源は切っておくとバッテリーの節約になる．

コラム 41　カーナビゲーション

車を運転するときに自分の現在地と行き先を知らせてくれるカーナビゲーション（カーナビ，automotive navigation system）は，自分の位置を正確に知ることができる**GPS**(Global Positioning System) のおかげである．GPS はアメリカ軍が自軍の位置を正確に知るために配備したシステムで，24 個以上の衛星（GPS 衛星）から発信する電波情報を受信機で解析するしくみだ．地球上のどこにいても 4 台の衛星が上空にいるので，そのうちの 3 台からの電波を受信できれば，三角測量の要領で，自分が地球上のどこにいるのかが，ほかに何も目印がなくてもわかってしまう．（戦闘地域では，アメリカ軍の都合で電波情報に暗号がかけられることが，かつてあった）．

図 6.82　GPS 衛星は 24 個以上の衛星のシステム

カーナビは，加速度センサーやジャイロセンサーを搭載して自分の動きを記録・計算し，GPS で得た情報を補正・修正しながら画面を表示する．その補正には，アインシュタインが相対性理論で明らかにした，高速移動物体の時間の遅れや，地球重力による時空の歪みによる信号への影響補正も含まれている．ビルの谷間やトンネル内では電波を受信できないので，そのときは計算値が表示されることになる．

日本は，より正確になるように，GPS に加えて日本の上空に常に 1 台の衛星がいるような**準天頂衛星システム** (QZSS; Quasi-Zenith Satellite System) を計画中である．2010 年に衛星「みちびき」が打ち上げられ，2018 年からは 4 機で運用中である．

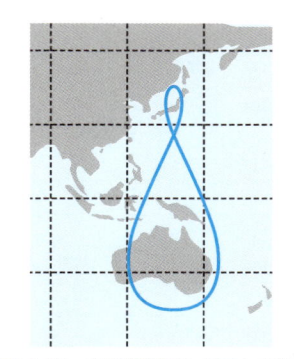

図 6.83　準天頂衛星システムの衛星軌道

2024 年度には 7 機体制となって当初予定が完成する．準天頂衛星システムでは，衛星は 8 の字を描くような軌道になる．

最近では，スマートフォンでも「位置情報サービス」機能がある．近くの基地局との関係から位置を割り出したり，GPS を利用しているが，バッテリーの寿命を短くする要因の一つでもある．

■物理学史年表 [6]　　([5] は 182 ページ.)

ミクロな現象を扱う「量子論」が 1925 年に完成すると，その原理的な理解に対する論争は続くものの，原子核・素粒子に対する理論研究や，実験技術の発展による新しい物質の研究が進展する．原子爆弾製造プロジェクトにみられるように，科学は巨大化する一方で細分化も進む．急速に進展する物性物理，宇宙物理，生物物理の向かう先はどこなのだろうか．

年代	人名	できごと	分野	ページ
1931	ローレンス（米）	素粒子加速器（サイクロトロン）製作	原子	
1931	アンダーソン（米）	陽電子発見	原子	
1932	チャドウィック（英）	中性子の発見	原子核	238
1934	ジョリオ，キュリー夫妻（仏）	人工放射性元素の発見	原子核	
1935	湯川秀樹（日）	中間子の存在を予言	原子核	
1938	ルスカ，ビニヒ（独）	電子顕微鏡を発明		
1939	ハーン，シュトラスマン（独）	ウラン核分裂反応の発見	原子核	
1938	マイトナー（墺）	ウラン核分裂現象を説明	原子核	
1938	ベーテ（米）ら	恒星のエネルギー源として熱核反応論	原子核	239
1939	オッペンハイマー（米）ら	ブラックホールの理論的予測	原子核	
1941	ランダウ（ソ連）	超流動の量子流体力学	物性	
1945	アメリカ	原子爆弾を開発	原子核	237
1946	ガモフ（米）ら	ビッグバン宇宙論を提唱	宇宙	
1947	シュウィンガー，ファインマン（米），朝永振一郎（日）	独立に量子電気力学の補正理論を提唱	素粒子	
1947	パウエル（英）ら	π中間子を発見	原子核	
1948	ショックレー（米）ら	トランジスタの発明		
1952	アメリカ	水素爆弾を開発	原子核	237
1957	ソビエト	人工衛星の打ち上げに成功		
1957	バーディーン（米）ら	超伝導理論	物性	
1958	江崎玲於奈（日）	半導体のトンネル効果の発見	物性	
1961	南部陽一郎（日）	自発的対称性破れの理論	素粒子	
1961	マイマン（米）	レーザーの発明	物性	
1962	ジョセフソン（米）	超伝導電子対のトンネル効果を予測	物性	
1964	ゲルマン，ツヴァイク（米）	独立にクォーク理論提唱	素粒子	
1965	ペンジアス（米）ら	宇宙背景放射の発見	宇宙	
1967	ヒューイッシュ（英）ら	中性子星（パルサー）発見	天文	
1967	グラショウ（米）ら	電磁力と弱い力の統一理論	素粒子	
1969	アメリカ	月面着陸に成功		
1973	小林誠，益川敏英（日）	CP 対称性破れを理論的に説明	素粒子	
1974	白川英樹（日）	導電性プラスチック発見	物性	
1987	小柴昌俊（日）	宇宙飛来のニュートリノの初観測	素粒子	54

米：アメリカ，英：イギリス，仏：フランス，独：ドイツ，墺：オーストリア

第7章
原子力　核エネルギー

　ある時期まで，原子力発電は「人類の夢の産物」ともいわれていた．放射線対策は必要になるが，莫大なエネルギーを手中にすることができるからである．

　放射線を発見したのは，レントゲンで1895年のことだった．透過力の優れた正体不明の粒子線を使うと，人間の内部の写真が撮れた．レントゲンはこの粒子線をX線と名付け，医学分野での応用を期待した．社会への還元を第一に考えた彼は，X線に関して特許等は取らず，個人的な経済的利益を得ようとはしなかった．

　人類が初めて原子核反応を利用することに成功したのは，1940年代の原子爆弾開発である．原子力を平和利用にも転用するきっかけは，1953年にアメリカの大統領アイゼンハワーが国連総会で行った提案「Atoms for Peace」（平和のための原子力）であるとされている．1954年にはソビエトで，1956年にはイギリスで，原子力発電所が稼働を開始する．日本では，1963年に原子力発電が実現した．

　2011年3月11日の東日本大震災で，福島第一原子力発電所が津波による被災で停電し，炉心の制御ができずに炉心溶融・放射線汚染を引き起こした．原子力発電は多くの恩恵をもたらしたが，あまりに安全神話に頼りすぎていたことは否めない．起きてしまった事故の処理は，今後，何世代にもわたって続けていかなければならない負の遺産である．少なくとも私たちは「正しい知識」を身につけ，対応策を考えていかなければならない．

図7.1　レントゲン　Wilhelm Conrad Röntgen (1845–1923)

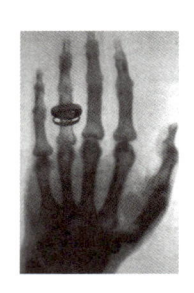

図7.2　1896年1月23日にレントゲンが撮影した妻の手のX線写真

7.1 原子核と放射線
放射性崩壊と半減期

原子には，周期表で一覧されるもののほかに多くの同位体がある．不安定な同位体が放射線発生のメカニズムになっている．

7.1.1 原子核の構造

■ 元素記号

電気の正体
⟹ 6.1.2 項
原子番号
(atomic number)
核子
(nucleon)
質量数
(mass number)

すべての物質は，100 種類ほどの元素から成り立っている．元素は原子の構造で区別されていて，原子は**原子核**と**電子**からできている．そして，原子核は**陽子**と**中性子**から構成されている．電子は負の，陽子は正の電荷をもっていて，中性子は電荷ゼロである．元素は陽子の数で区別されていて，陽子の数を**原子番号**という．

原子は電気的に中性になっているので，電子の数＝陽子の数である．電子の質量は，陽子・中性子（二つを合わせて**核子**という）と比べて格段に小さい．そのため，元素の質量は陽子と中性子の数の和として**質量数**で表す．

単位
核子は小さいので，質量は原子質量単位 [u] を用いて表すことも多い．1 u は，炭素 $^{12}_{6}$C 原子 1 個の質量の 1/12 で，
1 u = 1.66 × 10^{-24} kg である．

> **定義** 元素記号
>
> 元素記号 X は，左上側に質量数（＝陽子数＋中性子数），左下側に原子番号（＝陽子数）を記入して，次のように表す．
>
> $$^{A}_{Z}\mathrm{X} = {}^{質量数}_{原子番号}元素記号 \quad (7.1)$$

水素は $^{1}_{1}$H，ヘリウムは $^{4}_{2}$He，中性子は $^{1}_{0}$n となる．水素の原子核は陽子そのものである．ヘリウムの原子核は α 粒子ともよばれる．

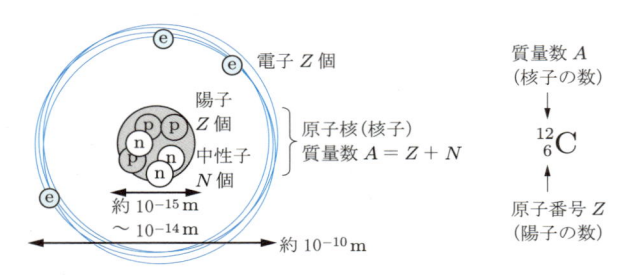

図 7.3　原子の構成と元素記号の表し方

7.1 原子核と放射線—放射性崩壊と半減期 **231**

表 7.1 電子，陽子，中性子のデータ

	記号		電気量	質量 [kg]	質量 [u]	質量比
電子	e	electron	$-e$	$9.10938188 \times 10^{-31}$ kg	$1/1823$ u	1
陽子	p	proton	$+e$	$1.67262158 \times 10^{-27}$ kg	1.00728 u	1836.15
中性子	n	neutron	0	$1.67492735 \times 10^{-27}$ kg	1.00866 u	1838.68

■ 同位体

原子番号の順に，性質が似ている元素を縦になるように並べたものが**周期表**である．現在は原子番号 118 番まで知られている．

原子番号が同じでも，中性子数が違う原子が存在する．それらを**同位体**という．同位体には，安定なものと不安定でほかのものに崩壊していくものがある．たとえば，炭素のほとんどが中性子が 6 個の炭素 12 ($^{12}_{6}$C) であるが，微量ながら中性子が 7 個の炭素 13 ($^{13}_{6}$C) や中性子が 8 個の炭素 14 ($^{14}_{6}$C) が存在する．

周期表
(periodic table)
$\Longrightarrow$ vi ページ参照

同位体
(isotope)

表 7.2 同位体の例

	名称	記号	陽子の数	中性子の数	質量 [u]	存在比	半減期
水素	水素 1 (軽水素)	$^{1}_{1}$H	1	0	1.0078	0.999885	
	水素 2 (重水素)	$^{2}_{1}$H, D		1	2.0141	0.000115	
	水素 3 (三重水素)	$^{3}_{1}$H, T		2	3.0160	微量	12.32 年でヘリウム 3 に
炭素	炭素 12	$^{12}_{6}$C	6	6	12	0.9893	
	炭素 13	$^{13}_{6}$C		7	13.0034	0.0107	
	炭素 14	$^{14}_{6}$C		8	14.0032	微量	5730 年で窒素 14 に
ウラン	ウラン 234	$^{234}_{92}$U	92	142	234.0409	0.000054	25 万 5 千年でトリウム 230 へ
	ウラン 235	$^{235}_{92}$U		143	235.0439	0.007204	7 億 380 万年でトリウム 231 へ
	ウラン 238	$^{238}_{92}$U		146	238.0508	0.992742	44 億 6800 万年でトリウム 234 へ

同位体を含めると，安定な核と不安定な核をあわせて，現在では，約 3000 種類の原子核が確認されている．次のページの図 7.4 は，それらを示した「核図表」である．縦軸に陽子数，横軸に中性子数をとって原子核を並べたものだ．

核図表
(table of nuclides)

魔法数 (magic number)
原子核が特に安定となる中性子と陽子の個数で，2, 8, 20, 28, 50, 82, 126 の七つが知られている．

放射線
(radiation)
放射性崩壊
(radioactive decay)
放射性同位体
(radioisotope)

α線 (α-rays)
β線 (β-rays)
γ線 (γ-rays)

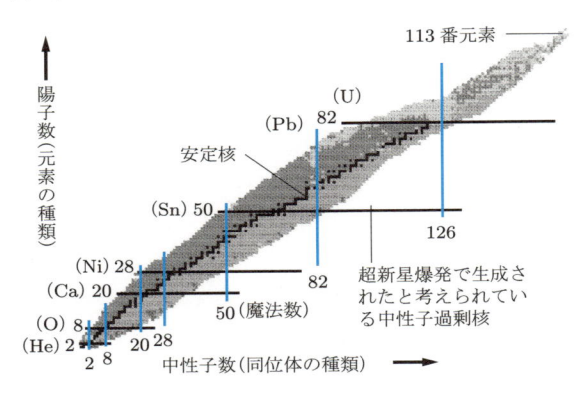

α崩壊 (α-decay)
β崩壊 (β-decay)

図 7.4 核図表　縦軸が陽子数，横軸が中性子数．下の段から，H, He, Li, Be, … と周期表の順に元素が対応する．安定な原子核が中央付近の黒い箇所で示されている．不安定な原子核が多数存在することがわかる．

7.1.2 放射性崩壊

■ 放射線・放射能

自然界には，ウラン $_{92}$U やラジウム $_{88}$Ra のように，不安定な原子核があり，放置しておくと粒子や電磁波などの**放射線**を出して，別の原子核に変化する．この現象を**放射性崩壊**という．

> **定義　放射線・放射能**
>
> 放射線は物質を透過する力をもった粒子の光線である．放射線は発見順に，α線（正体は He 原子核），β線（電子），γ線（波長の短い電磁波，光），X線（波長の短い不可視な電磁波）などとよばれ，それぞれ透過力や磁場中での進み方が異なる．
>
> 放射線を出す性質のことを**放射能**といい，この能力をもった物質のことを**放射性物質**という．放射能をもつ同位体を**放射性同位体**という．

原子核から $_2^4$He 原子核を分離して α 線として放出する現象を **α崩壊** という．原子核の中の一つの中性子が陽子に変化し，電子が飛び出す現象が β 線の正体である．この過程を **β崩壊** という．

7.1 原子核と放射線―放射性崩壊と半減期

表 7.3 放射線の種類

	正体	電気量	質量 [kg]	透過力	電離作用
α線	^4_2He 原子核	$+2e$	6.65×10^{-27}	弱	強
β線	電子	$-e$	9.11×10^{-31}	中	中
γ線	電磁波	0	0	強	弱

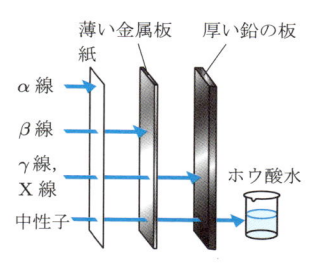

図 7.5 放射線の透過力の違い

図 7.6 ウランから始まる崩壊系列　ウラン 238 ($^{238}_{92}\text{U}$) は，α 崩壊してトリウム 234 ($^{234}_{90}\text{Th}$) に変化する．その後，β 崩壊してプロトアクチニウム 234 ($^{234}_{91}\text{Pa}$) に変化する．その後も放射性崩壊を続け，長い年月の後，安定な鉛 206 ($^{206}_{82}\text{Pb}$) に至る．

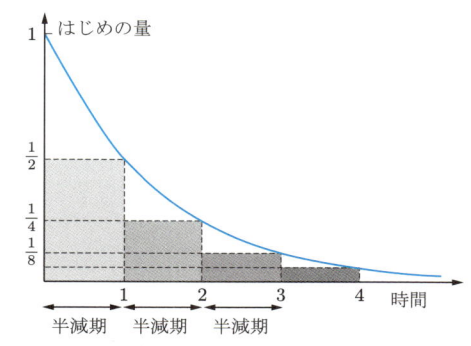

図 7.7 同じ時間ごとに半分の量になる様子　半減期が二回終わるとゼロになるわけではなく，もとの量の半分になりながら，しだいにゼロに近づいていくことに注意．

表 7.4 おもな放射性物質の半減期　中性子は原子核内にあるものは安定だが，単独に取り出すと不安定で β 崩壊して陽子に変化する．

原子核	崩壊の型	半減期
n	単体の中性子	β	10.4 分
$^{14}_{6}\text{C}$	自然	β	5.73×10^3 年
$^{32}_{15}\text{P}$	人工	β	14.26 日
$^{60}_{27}\text{Co}$	人工	β	5.271 年
$^{90}_{38}\text{Sr}$	人工	β	28.78 年
$^{131}_{53}\text{I}$	人工	β	8.1 日
$^{137}_{55}\text{Cs}$	人工	β	30.07 年
$^{235}_{92}\text{U}$	自然	α	7.04×10^8 年
$^{238}_{92}\text{U}$	自然	α	4.47×10^9 年

■ 半減期

半減期
(half-decay time)

　原子核の崩壊は確率的に起きる．もとの原子核のうち，半数が崩壊して別の原子核になるまでの時間は原子核ごとに決まっている（表7.4）．この時間を**半減期**という．図7.7に示したように，半減期の倍でゼロになるわけではなく，もとの量の半分になりながら，次第にゼロに近づいていく．たとえば，ヨウ素 $^{131}_{53}\text{I}$ の半減期は 8.1 日である．1 日後に最初の量の 90 % になり，8 日後に 50 %，30 日後で 1/13，60 日後で 1/170 になる．

Topic　　放射性炭素年代測定法

　炭素 ^{12}C には，安定な同位体 ^{13}C と不安定な同位体 ^{14}C が存在する．これらは空気中に一定の割合で含まれていて，生物，たとえば，樹木が呼吸していれば樹木中にもその割合で取り込まれる．樹木が切られ木材となると，木材は新たに内部に炭素を取り入れなくなる．

　^{14}C は 5730 年の半減期で放射線を放出しながら ^{14}N に壊変するので，後年，木材からどれだけの量の放射線が放出されているかを計測することにより，内部に含まれる $^{14}\text{C}/^{12}\text{C}$ の存在比がわかり，樹木が切り倒された年代が測定できることになる．この方法により，生物遺骸があれば，数万年前までの年代測定が可能になるという．

　しかし，炭素を含まない石器ではこの年代測定法は使えない．日本で 2000 年にスクープされた旧石器発掘に関する捏造事件は，出土した石器に対して第三者の検証ができなかったことが，事件を大きくさせた．

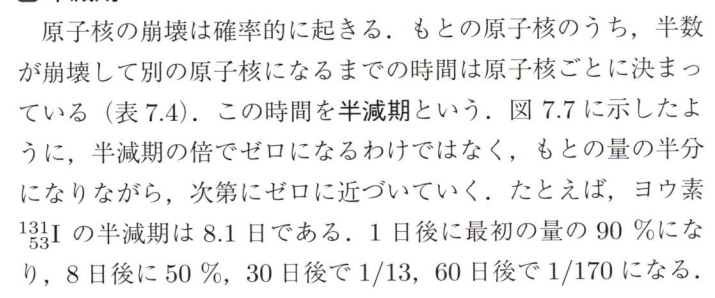

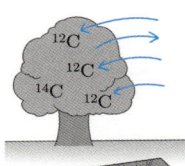

図 7.8　放射性炭素年代測定法　呼吸していた樹木が材木になると，^{14}C が閉じ込められ，放射性壊変で徐々に減っていく．^{14}C の含有量で材木の年代がわかる．

　半減期 T 年の放射性物質は，t 年後には，もとの量の $(1/2)^{t/T}$ 倍になる．

問 7.1* 半減期が 30 年の放射性元素があったとする．60 年後にはどのくらいの量が残っているか．

問 7.2* ある放射性元素は，崩壊して 1 年後には 1 % ほかの元素に変わっていた．この元素の半減期はどれくらいか．$\log_{10} 99 = 1.9956$，$\log_{10} 2 = 0.3010$ とする．〈やや難〉

調 7.1 放射線治療とは何か．調べてみよう．

調 7.2 放射線の農業分野での利用には，どのようなものがあるか調べてみよう．

7.2 核反応 — 核分裂と核融合

原子核反応は，日常の生活範囲でみられるような化学反応（分子どうしが組み替えを起こす反応）と違い，元素がほかの元素に変化する高エネルギー反応である．

■ 質量とエネルギーの等価性

1905年，アインシュタインは，光の速度に近いときの物理法則を考えることによって，特殊相対性理論を構築した．この理論で得られた結論は，**質量そのものがエネルギーである**，という事実だった．おそらく，世界で最も有名な数式は，次のものである．

> **法則　質量とエネルギーの等価性**
>
> 質量はエネルギーと同義であり，転化できる．
>
> $$E = mc^2 \tag{7.2}$$
>
> 質量エネルギー [J] = 質量 [kg] × (光速 [m/s])^2

図7.9　アインシュタイン　Albert Einstein (1879–1955)

特殊相対性理論
(special theory of relativity)
質量とエネルギーの等価性
(equivalence of energy and mass)

これは，世の中から質量が m 減るならば，それに相当する mc^2 のエネルギーが運動あるいは熱エネルギーに転化することを意味する．化学反応では，反応の前後の質量差は無視できるほど小さい（全質量の 10^{-8}% 程度）が，原子核反応ではその効果が顕著に現れる（全質量の 0.1～1% 程度）．

$2H_2 + O_2 \rightarrow 2H_2O + 電気（+熱）$

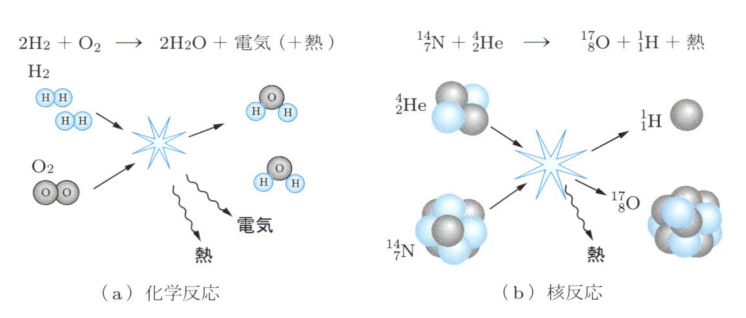

$^{14}_{7}N + ^{4}_{2}He \rightarrow ^{17}_{8}O + ^{1}_{1}H + 熱$

（a）化学反応　　　　　　　　（b）核反応

図7.10　化学反応と核反応　化学反応は分子の組み替えで，実験室レベルであるのに対し，核反応は，原子核の組み替えで，原子爆弾や水素爆弾，原子力発電や星の燃焼などが例になる．両者はエネルギーレベルがまったく異なる．

日常生活では，質量保存の法則が成立していると考えて差し支えないが，原子爆弾，水素爆弾，原子力発電などの原子核反応では，わずかな量の物質がエネルギーに転化することで莫大なエネルギーが発生する．

■ 原子核反応

原子核反応には，次の2種類がある．

> **定義　核融合・核分裂**
> - 核融合：軽い原子核どうしが合体して重い原子核になる核反応（太陽の輝く原理，水素爆弾）
> - 核分裂：重い原子核が軽い原子核に分裂する核反応（原子爆弾，原子力発電）

核反応
(nuclear reaction)

結合エネルギー
(binding energy)
質量欠損
(mass defect)

このような核反応が生じる原因は，原子核の**結合エネルギー**の差にある．

山の上から川が流れていくように，自然界は，なるべくエネルギーを放出し，合計が小さいエネルギー状態にあるほうを好む．原子核は，陽子と中性子が結合することによって，それぞれがばらばらに存在するよりも，質量エネルギー（$E=mc^2$）の和が小さくて済む．これを**質量欠損**とよぶ．エネルギー的に得するわけだ．

例　$^4_2\mathrm{He}$ は，中性子が2個，陽子が2個から成り立っているが，それぞれ個々の粒子の質量の和は，

$$(2 \times 1.67262158 + 2 \times 1.67492735) \times 10^{-27}$$
$$= 6.6950 \times 10^{-27} \mathrm{kg}$$

である．しかし，$^4_2\mathrm{He}$ の質量は，6.6447×10^{-27} kg であり，質量欠損の大きさは，$\Delta m = 5.03 \times 10^{-29}$ kg である．核反応が生じるのも，反応の前後で，全体のエネルギーが小さくなるからである．

核反応では物質がなくなるわけではないので，反応の前後で質量数や原子番号の和は等しい．式 (7.3) で確かめてみよう．

例　核反応

$$^7_3\mathrm{Li} + {}^1_1\mathrm{H} \longrightarrow {}^4_2\mathrm{He} + {}^4_2\mathrm{He} \tag{7.3}$$

が発生するのは，$^7_3\mathrm{Li} + {}^1_1\mathrm{H}$ でいるよりも，$^4_2\mathrm{He} + {}^4_2\mathrm{He}$ と

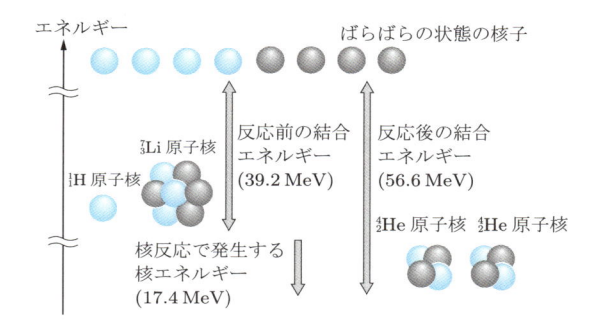

図 7.11 核反応で発生する核エネルギーと結合エネルギーの関係

なるほうが全体のエネルギーが低くなるからである（図 7.11）．

■ 核分裂

核分裂が人工的に初めて実現したのは，不幸なことに原子爆弾であった．第二次世界大戦中，枢軸国側の原子爆弾開発計画に焦りを感じたアメリカは，**マンハッタン計画**の名のもとに，科学者・技術者を密かに総動員して原子爆弾の製造を行った．1945 年 7 月 16 日に実験を成功させ，広島と長崎に投下した．

原子爆弾で起こされる核分裂は，ウラン 235 がバリウムとクリプトンに分裂する反応で，反応式は

$${}^{235}_{92}U + {}^{1}_{0}n \rightarrow {}^{236}_{92}U \rightarrow {}^{144}_{56}Ba + {}^{89}_{36}Kr + 3{}^{1}_{0}n \tag{7.4}$$

である．各状態で質量数は保存していても，それぞれの原子核をつくる結合エネルギーの総和の差が，アインシュタインの質量公式 (7.2) に従って放出されることになる．

反応式からは，中性子を介して**連鎖反応**が起きることがわかる．一度反応が起きて中性子が発生すれば，その中性子が次のウランと結合して核分裂を引き起こす．つまり，反応を途中で止めることは難しい．

広島に投下された原子爆弾で核分裂を起こしたのは，爆弾に詰められていたウラン 235（10〜35 kg）のうち，わずか 1 kg 弱だったそうだ．それだけでも，広島市を壊滅させ，当時の人口 35 万人の半数が被爆から 4 ヶ月以内に亡くなった．

原子核や素粒子のエネルギーの単位は，**電子ボルト [eV]** を使う．1 eV = 1.6 ×10^{-19} J である．図 7.11 中の MeV は，メガ・電子ボルトである．

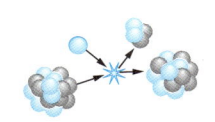

$^{235}U + n \rightarrow {}^{236}U$
$\rightarrow {}^{144}Ba + {}^{89}Kr + 3n$

図 7.12 **核分裂**
(nuclear fission)

マンハッタン計画
(Manhattan Project)

連鎖反応
(radical reaction)

現代の原子力発電では、上記の反応を利用して、発生する熱エネルギーで蒸気をつくり、タービンを回して発電する。人工的に核反応を制御するために、ウラン 235 を 3% から 5%（残りはウラン 238）に濃縮したものを用いている。

■ 核融合

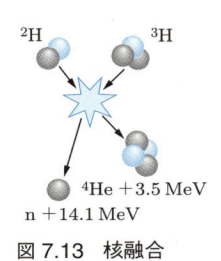

核融合は、太陽など、恒星の光るエネルギー源である。星は、星間ガスが収縮してできた水素分子の分子雲が種となって誕生すると考えられている。分子雲が重力の作用によってさらに高密度に収縮し、温度上昇により核融合反応に点火する。星の内部で起こされる水素の燃焼過程には主経路がいくつかあるが、結果的に

$$4p \rightarrow {}^4\text{He} + 2e^+ + 2\nu_e + 2\gamma \tag{7.5}$$

という形にまとめられる。e^+, ν_e, γ は、それぞれ陽電子、電子ニュートリノ、光子である。陽子 p は、反応の途中でも生成されるので、これも連鎖反応になる。

核融合反応は、水素爆弾の原理でもある。平和利用として、核融合炉による発電も研究されているが、反応を開始させるのに必要なエネルギー（しきい値）が高く、制御技術も難しいため、実用化されるまでにはまだ遠いようだ。

図 7.13 核融合 (nuclear fusion)

問 7.3* 周期表を用いて、次の核反応の式を完成させよ。

- 1919 年、ラザフォード (Rutherford, E. 1871–1937) が原子核を人工的に変換できることを示した実験。

$$ {}^{14}_{7}\text{N} + {}^{4}_{2}\text{He} \longrightarrow {}^{1}_{1}\text{H} + \boxed{\text{(a)}} $$

- 1932 年、チャドウィック (Chadwick, J. 1891–1974) が中性子を発見した実験。

$$ {}^{4}_{2}\text{He} + {}^{9}_{4}\text{Be} \longrightarrow {}^{1}_{0}\text{n} + \boxed{\text{(b)}} $$

- 原子爆弾内部で起こる核分裂反応の一つ。

$$ {}^{235}_{92}\text{U} + {}^{1}_{0}\text{n} \rightarrow {}^{130}_{50}\text{Sn} + \boxed{\text{(c)}} + 4\,{}^{1}_{0}\text{n} $$

7.2 核反応—核分裂と核融合

■核分裂と核融合はどこまで進むか

核分裂・核融合のどちらでも原子核反応が進行する理由は，鉄 ^{56}Fe が，最も安定な原子核だからだ．

図 7.14 は，横軸に質量数（おおよそ原子番号順），縦軸に結合エネルギーをとって，おもな元素の結合の強さを表したものだ．縦軸の上のほうほど結合力が強い．つまり，H, He, Li, … と進む核融合は，鉄まで合成されるとそれ以上核融合は進まずに終了する．核分裂も鉄まで分裂すると終了することになる．

⇒ コラム 43
「鉄より原子番号の大きな元素はどこでできた？」

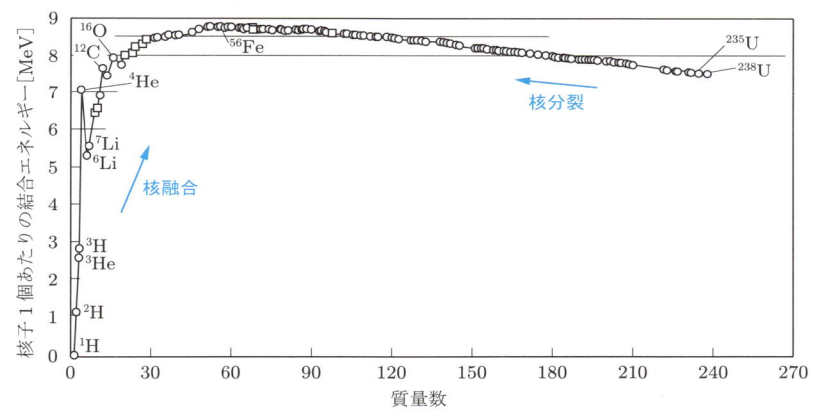

図 7.14 核子 1 個あたりの結合エネルギーと質量数

コラム 42　酸素がない宇宙で太陽が燃えているのはなぜ？

太陽系の起源は約 50 億年前と考えられている．物理学が揃い始めた 19 世紀末，太陽のエネルギー源は何かという大問題が解けずにいた．当時，太陽の年齢は 3 億年以上ということしかわかっていなかったが，単純に化学反応で説明するには寿命が長すぎていたのだ．ケルビンとヘルムホルツ (von Helmholtz, 1821–94) は，「太陽は大きな重力で収縮しているため，周囲に熱を放出する」という説を考えたが，それでも太陽年齢は 2000 万年以上にはならなかった．

決定的となったのは，アインシュタインが 1905 年に提出した相対性理論による，$E = mc^2$ の式である．この式から，1920 年，天文学者エディントン (Eddington, 1882–1944) は，太陽内部での水素からヘリウムへの核融合の可能性を指摘している．太陽が水素でみたされていることが 1925 年にわかり，1930 年代に物理学者チャンドラセカール (Chandrasekhar, 1910–95) とベーテ (Bethe, 1906–2005) によって核融合の理論が進むと，太陽のエネルギー源が核融合反応であることがようやく明らかになった．

このコラムのタイトルにした疑問は，よく科学館に寄せられる質問だそうだ．核融合反応は物理的な結合エネルギーの組み替えで発生している反応であり，化学的燃焼とは違うので，酸素は不要なのである．

7.3 人体に対する放射線の影響
未知な要素の多い現実

自然界には，放射線がある程度存在しており，皆無ではない．どれだけ人体が被曝すると危険なのか，という明確な数字がわかっているわけでもない．

■ 放射能と放射線の測定単位

7.1.2 項で述べたように，**放射線**を出す能力のことを**放射能**という．この能力をもった物質のことを**放射性物質**という．これらの違いは，よく電球で例えられる．「電球（放射性物質）は，光を出す能力（放射能）をもっており，実際に光（放射線）を出す」（図 7.15）．

放射能と放射線量の測定には次の単位が使われる．

- **ベクレル [Bq]**：放射能の強さの単位．1 秒間に 1 個の原子核が崩壊するとき，1 Bq である．
- **グレイ [Gy]**：放射線が物質に与えるエネルギー（吸収線量）の単位．物質 1 kg あたり，1 J のエネルギーを吸収するとき，1 Gy である．

図 7.15 放射能と放射線

単位
放射能の強さ [Bq]（ベクレル）．
放射線のエネルギー [Gy]（グレイ）
被曝した放射線のエネルギー [Sv]（シーベルト）

ベクレル
Antoine Becquerel
(1852–1908)
グレイ
Louis H. Gray
(1905–65)
シーベルト
Rolf M. Sievert
(1896–1966)
等価線量を計算する際の係数
α 線：$1\,\mathrm{Sv} = \dfrac{1}{20}\,\mathrm{Gy}$
β 線：$1\,\mathrm{Sv} = 1\,\mathrm{Gy}$
γ 線：$1\,\mathrm{Sv} = 1\,\mathrm{Gy}$

■ 被曝量の測定単位

人体が放射線を受けることを**被曝**という．人体への影響は，被曝した吸収線量が同じでも放射線の種類やエネルギーによって，また被曝する器官や臓器によっても異なる．そこで，表 7.5 の係数で補正した

$$\text{等価線量 [Sv]} = \text{吸収線量} \times \text{放射線の種類やエネルギーに応じた係数} \tag{7.6}$$

および

$$\text{実行線量 [Sv]} = \sum_{\text{全身}} (\text{等価線量} \times \text{臓器ごとの係数}) \tag{7.7}$$

を用いる．**シーベルト (Sv)** は，これらの線量の単位である．

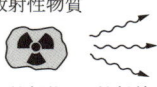

7.3 人体に対する放射線の影響—未知な要素の多い現実　241

Bq(ベクレル)：放射能の強さ
Gy(グレイ)：放射線が物質に与えるエネルギー
Sv(シーベルト)：人体に対する放射線の影響量
物質　放射線源　人体

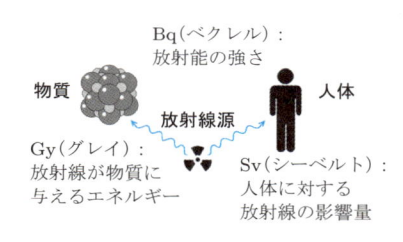

図 7.16　放射能と放射線量の単位

表 7.5　測定された Bq から μSv に変換する係数　たとえば，成人が ^{134}Cs 由来の放射能 1000 Bq を含む食品を食べた場合，$1000 \times 0.019 = 19$ μSv の放射線量を受け取ったことになる．

物質	幼児	少年	青年	成人
ヨウ素 ^{131}I	0.075	0.038	0.025	0.016
ヨウ素 ^{133}I	0.017	0.0072	0.0049	0.0031
セシウム ^{134}Cs	0.013	0.014	0.019	0.019
セシウム ^{137}Cs	0.0097	0.01	0.013	0.013

■ 人体に対する影響

皮膚に近いところや細胞分裂のさかんなところほど（骨髄・リンパ節などの造血器官や生殖腺など）放射線の影響が大きいとされている．しかし，被曝の危険性について，明確な数字がわかっているわけでもない．

$mSv = 10^{-3}$ Sv（ミリ）
$μSv = 10^{-6}$ Sv（マイクロ）

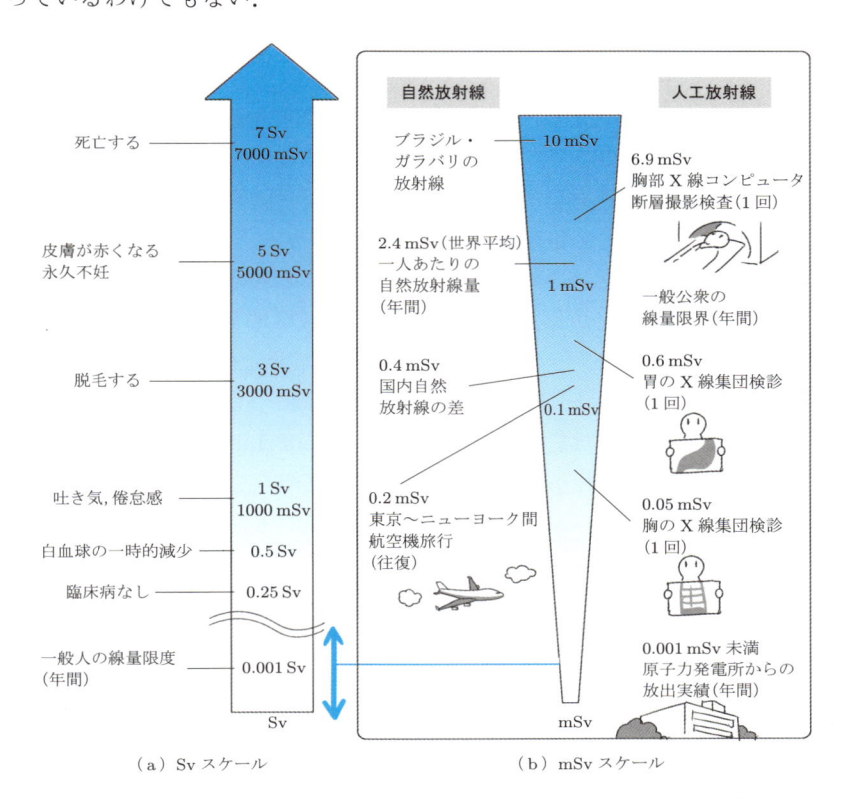

(a) Sv スケール

- 死亡する　7 Sv / 7000 mSv
- 皮膚が赤くなる，永久不妊　5 Sv / 5000 mSv
- 脱毛する　3 Sv / 3000 mSv
- 吐き気，倦怠感　1 Sv / 1000 mSv
- 白血球の一時的減少　0.5 Sv
- 臨床病なし　0.25 Sv
- 一般人の線量限度（年間）　0.001 Sv

(b) mSv スケール

自然放射線：
- ブラジル・ガラパリの放射線　10 mSv
- 2.4 mSv（世界平均）一人あたりの自然放射線量（年間）
- 0.4 mSv 国内自然放射線の差
- 0.2 mSv 東京〜ニューヨーク間航空機旅行（往復）

人工放射線：
- 6.9 mSv 胸部 X 線コンピュータ断層撮影検査 (1 回)
- 1 mSv 一般公衆の線量限界（年間）
- 0.6 mSv 胃の X 線集団検診 (1 回)
- 0.05 mSv 胸の X 線集団検診 (1 回)
- 0.001 mSv 未満 原子力発電所からの放出実績（年間）

図 7.17　放射線の人体に対する影響　(a) は致死量に至るスケール，(b) は日常生活で存在するスケールを拡大したもの．自然界に存在する放射線と人工的な放射線がある．

■食品中の放射性物質

放射性物質が体内に入ると一定期間体内に残るので，**内部被曝**になる．2012年4月から厚生労働省は，「長期的な観点から，より一層，食品の安全と安心を確保するために」食品に対する安全基準を変更した（表7.6）．上限を下げて厳しくしたもので，内部被曝が，年間を通じて1 mSvを超えない値になるように設定されている．この基準値を上回ったものは出荷できない．

表7.6　食品に対する厚生労働省の新基準（2012年4月から，(a)から(b)になった）

(a) 放射性セシウムの暫定規制値 （単位：ベクレル/kg）

食品群	野菜類	穀類	肉・卵・魚・その他	牛乳・乳製品	飲料水
規制値	500	500	500	200	200

※放射性ストロンチウムを含めて規制値を設定

(b) 放射性セシウムの新基準値 （単位：ベクレル/kg）

食品群	一般食品	乳児用食品	牛乳	飲料水
基準値	100	50	50	10

※放射性ストロンチウム，プルトニウムなどを含めて基準値を設定

■福島第一原子力発電所からの放射線

2011年3月11日，東日本大震災の津波で被災した福島第一原子力発電所から，大量の放射性物質が大気中に放出された．その量はヨウ素 ^{131}I とセシウム ^{137}Cs に換算した合計値として，63京Bq[†] とも90京Bq[‡] ともいわれている（京 = 10^{16}）．原発から半径20 km以内は**警戒区域**とされ，立ち入りが制限された．その後，事故発生後1年の推定積算放射線量 20 mSv（3.2 μSv/h）を目安に，**特定避難勧奨**がされている．事故後1年間の積算放射線量の推計は最高で 508.1 mSv（大熊町小入野）だった．原子炉建屋の間にある排気筒では，10 Sv（1時間浴び続けると，高い確率で死亡する線量）も記録されている．

[†] 原子力安全・保安院，(2011年4月12日)
[‡] 東京電力福島原子力発電所事故調査委員会，(2012年7月5日)

■原子力エネルギーの長所と短所

原子力を利用した発電には良い面も悪い面もある．簡単にまとめると，次のようになる．

長所　1. 火力発電よりもコストの安い電力が得られる．
　　　2. 硫化物などの大気汚染の原因となる物質を出さない．
　　　3. 原料の調達できる場所が世界に広く分布している．

短所　1. 原子炉から出る灰や廃棄物は放射能を帯びていて，処理が難しい．
　　　2. 兵器に転用される危険性がある．
　　　3. プロトニウムは化学的にも毒性がある．
　　　4. 事故が起きたときの被害が地球規模で甚大である．

> **Topic　放射性廃棄物の問題**
>
> 原子力発電所や核燃料製造施設などからは，利用後の放射性同位体が廃棄物として発生する．また，病院の検査部門からはガンマ線源の廃棄物が発生する．このような放射性物質を含む廃棄物を**放射性廃棄物**という．
>
> 多量の放射線被曝は人体にとって害になる．原子力発電では，燃焼されずに残るウラン 238/235 のほか，ストロンチウムやセシウムなどが発生する．これらは表 7.4 に示したように，いずれも半減期が長く，中には半減期数万年の原子核も存在する．後世の人類の負担にならないように処理する必要があるが，結局は隔離・保管するしか方法がない．
>
> 日本の方針では，放射性廃棄物を再処理してウラン 238/235 とプルトニウムを取り出した後，残った高レベル放射性廃棄物をガラス固化して地上管理施設で冷却・保管し (30 年～50 年)，その後は地層処分して数万年以上に渡り隔離・保管することにしている．

コラム 43　　鉄より原子番号の大きな元素はどこでできた？

核融合も核分裂も，エネルギー的に一番安定な鉄 ^{56}Fe まで反応が進むことを説明した．宇宙の歴史は，ビッグバンとよばれる大爆発で一つの点から始まったことがわかっている．137 億年前の誕生直後の宇宙は，高温の素粒子が飛び回る空間で満たされていたが，宇宙の膨張とともに温度が下がり，素粒子が徐々に結合して元素になっていった．

宇宙を満たしている元素の大部分は，水素とヘリウムである．これらのガスが重力によって集まると核融合で点火して燃える星となる．このような原理で太陽は 50 億年間，輝いている．だが，水素がヘリウムに，ヘリウムがリチウムに，といった核融合サイクルは，鉄までいくと終了する．星は鉄のコアを中心に残して冷却していくはずだ．それでは，鉄以上の原子番号をもつ元素は，宇宙のどこでつくられたのだろうか．

この答えは，**超新星爆発**とよばれる星の一生の最後の大爆発であると考えられている．ここでは，星（恒星，つまり燃えて輝く星）の行く末について説明しよう．

恒星はガスの塊である．星の大きさを決めるのは，星の質量による重力（引力）と，核融合燃焼によるガスの膨張する力（斥力）のつりあいである（正確には，ガスの圧力勾配である）．核融合でエネルギーを放出していく星は，質量をエネルギーに転換していくので，しだいに軽くなる．したがって，重力が弱くなり，星は徐々に大きく膨らむことになる．

燃料がなくなった星は冷却を始める．そうすると，外向きの力がなくなるので星は縮み始めることになる（**重力崩壊**）．どこまで収縮するのかは，初めの星の大きさによって違う運命になる．

- 星の質量が太陽程度であれば，星はゆっくりと冷却し，自身の重力を電子の縮退圧（電子の取り得る最小エネルギー）で支えられる高密度な星，**白色矮星** (white dwarf) になる．およそ地球の大きさに太陽質量の 1/4 程度が凝縮する星である．
- 星の質量が太陽の 1.4 倍以上あると，電子では支えられない．星は重力崩壊を起こし，急激につぶれていき，中心部の鉄の原子は押しつぶされて電子と陽子が合体して電気的に中性になる．中性子だけの塊になり，**中性子星** (neutron star) になる．半径 10 km ほどに太陽程度の質量が詰め込まれた非常に高密度な星である．
- もっとたくさんの物質が中心部の中性子コアに重力崩壊してきたらどうなるだろうか．ものすごい速度で落下してきた物質は，突然硬い中性子のコアにぶつかるとはねかえされることになる．これが超新星爆発だ．多量の物質が高密度の小さな領域に集まって一度に大きなエネルギーが解放されることになり，この瞬間に鉄以上の原子が形成されることになる．
- 超新星爆発の後は，中心部には中性子星が残されるか，あるいは中性子も潰されて**ブラックホール** (black-hole) とよばれる光さえも脱出できない強い重力の塊になると考えられている．ブラックホールになり得るのは，星の質量が太陽の 25 倍以上のときだと計算されている．

すなわち，われわれの地球や体内で，鉄よりも重い元素が存在しているのは，かつて宇宙のどこかで超新星爆発で合成された物質が，拡散された後で再び重力で集まって地球を形成したからなのだ．

なお，最近の研究では，超新星爆発のほかにも，中性子星連星の合体現象でも重元素合成が可能であることが，シミュレーションによって示されている．2017 年 8 月に中性子星連星の合体現象が重力波を用いて初観測され，引き続いて行われた電磁波での観測によって，この説も正しいことが示された．

問題の答え

*印がついた問題は，計算問題またはやや難しい問題．

問 1.1 占星術には論理的な説明がないだけでなく，第三者の検証手段や再現性がない．

問 1.2* 両手では $2^{10} = 1024$ まで，両足まで含めると，$2^{20} = (2^{10})^2 = 1048576$ となる．

問 1.3* 原子核は 10^{-15} m 程度，電子軌道半径は 10^{-10} m 程度で，10^5 倍の開きがある．10 cm の 10^5 倍は，10^6 cm $= 10^4$ m $=$ 10 km．電子は 10 km 先を回っている．

問 1.4* 地球は直径 12742 km，月の軌道半径は 384400 km で，約 30 倍．10 cm の 30 倍は 3 m．

問 1.5* 解表 1 のとおり．

解表 1

	高さ [m]	地平線 [km]
人の目線	1.5	4.4
10 階建てビル	30	19.6
あべのハルカス	300	61.9
スカイツリー展望台	450	75.8
生駒山山頂	631	89.7
スカイツリー電波塔	634	90.0
富士山山頂	3776	219.5
エベレスト山頂	8848	336.1

問 1.6 富士山が，前問で求めた 220 km より遠くから観測される理由が，富士山をみつける場所も，山の上だからである．もう一つ富士山があれば，互いに 440 km 離れていても頂上がみえることになる．

問 1.7* 視力 1.0 が 60 秒角相当であり，すばる望遠鏡は 60/0.2=300 倍の分解能だから，視力 300．

問 1.8 緯度が 66.6 度（90 度 − 23.4 度）以上の高緯度地帯．

問 1.9 正午発の飛行機で約 10 時間かけてアメリカに着くと，そこは時差が +8 時間．自分にとっては 22 時の夜中なのに現地は朝の 6 時である．逆に，正午発の飛行機で約 10 時間かけてヨーロッパに着くと，そこは時差が −8 時間．自分にとっては 22 時だが現地は昼の 2 時．どちらが苦しいかは個人によるが，著者としてはその後起きて活動しなければならないことを考えると東が苦しい．

問 2.1* ISS の軌道半径 $R = 6380 + 370 = 6750$ km なので，1 周の長さはおよそ $2\pi R = 42400$ km．1.5 時間で 1 周するから，速さは時速 28300 km．秒速にすると，7.85 km/s になる．[参考：第 1 宇宙速度 $\Longrightarrow$ 76 ページ]

問 2.2* 半径 $R = 6380$ km なので，1 周の長さはおよそ $2\pi R = 40100$ km．24 時間で 1 周するから，速さは時速 1670 km．秒速にすると，464 m/s．[参考：地球の遠心力 $\Longrightarrow$ 80 ページ]

問 2.3* 地球の公転軌道 1 周の長さはおよそ $2\pi R =$ 9 億 4200 万 km．$24 \times 365 = 8760$ 時間で 1 周するから，速さは時速 10 万 8000 km．秒速にすると，29.9 km/s．

問 2.4* 川下りのときは合成速度 7 m/s なので，所要時間は，1000 m/(7 m/s) = 143 s．流れに逆らうときは合成速度 3 m/s なので，所要時間は，1000 m/(3 m/s) = 333 s．合計して 476 s になる．（上り下りで川の流れは相殺するから，2000 m/(5 m/s) = 400 s というわけではない．）

問 2.5 鉛直下向きに落下している雨が，速度をもって走っている電車に落下すると，相対的に斜め後ろ向きの速度をもつから（解図 1）．

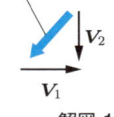

解図 1

問 2.6* t 秒間加速度 g が加わると，速度は $v = gt$ であるから，$v = (9.8 \text{m/s}^2) \times (60^2 \times 24 \times 365 \text{ s})$ より秒速 30 万 9000 km（光速を超えてしまうので実際は実現できない）．

問 2.7* 静止していた物体が加速度 g で t 秒間運動すると，$H = \frac{1}{2}gt^2$ の距離進む．また，このときの速さは，$v = gt$．第 1 式より，経過時間 t は，$t = \sqrt{2H/g} = \sqrt{2 \times 10/9.8} = 1.42$ s．第 2 式より，$v = 9.8 \times 1.42 = 14$ m/s．

問 2.8* 上向きを正とすると，初速度 v_0 に対して，加速度が負の向きで $-g$．t 秒間運動すると，速度は $v = v_0 - gt$，位置は $x = v_0 t - \frac{1}{2}gt^2$

になる．したがって，再び落下するときは，位置 $x = 0$ より，$0 = t\left(v_0 - \dfrac{1}{2}gt\right)$ より，$t = 2v_0/g = 2 \times 20/9.8 = 4.1$ s．

問 2.9* 問 2.7 と同様．地面に達するまでの時間 t は，$t = \sqrt{2H/g} = \sqrt{2 \times 2000/9.8} = 20$ s より，このときの速さは，$v = gt = 9.8 \times 20 = 198$ m/s $= 712$ km/h（空気抵抗がないと，飛行機並みの速さで雨滴が落下してくることになる．⟹62 ページ）．

問 2.10* 〈やや難〉井戸の深さを x とする．石が落下するまでの時間 t_1 は，$x = \dfrac{1}{2}gt_1^2$ より，$t_1 = \sqrt{2x/g}$．音速を V とすると，音が伝わる時間 t_2 は，$t_2 = x/V$．合計を T 秒とすると，$\sqrt{2x/g} + x/V = T$．$z = \sqrt{x}$ とおくと，

$$\sqrt{g}z^2 + \sqrt{2}Vz - \sqrt{g}VT = 0$$

の 2 次方程式になり，これより

$$z = \dfrac{-V + \sqrt{V^2 + 2gVT}}{\sqrt{2g}}$$

となる．したがって，$x = z^2$ で井戸の深さが求められる．$g = 9.8$，$V = 340$ を代入すると，次の解表 2 が得られる．

解表 2

音を聞くまで T [秒]	井戸の深さ x [m]
0.5	1.21
1	4.76
2	18.50
3	40.65

問 2.11 足がペダルを押す力 F は同じであっても，ギアの回転半径を a から b に大きくしたとすれば，トルクは，Fa から Fb に大きくなる．したがって，相対的に大きな力を出せることになる．その代わり，ギアを回す長さは長くなるので自転車は遅くなる（解図 2）．

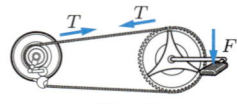

解図 2

問 2.12 おきあがりこぼしは，底の部分が球面になっていて，一番下におもりが入っている．少し倒れかかったとしても，おもりがもとの位置に戻ろうとする力がはたらくので，立ち直る．

問 2.13 お腹が重い妊婦は，バランスをとって歩くために，背中を後ろにそらすことになる．重いリュックを背負う人は，前かがみになってバランスを保とうとする．どちらも重心が足元の真上になるように体が前後の傾きを調整している結果である．

問 2.14 エレベータが降り始めると，慣性により人は一瞬その場に留まるように感じるため，ふわっと浮く感じを受ける．上りエレベータが止まるとき，慣性により人はそのままの速度で動こうとするため，ふわっと浮く感じを受ける．

問 2.15 雨傘の動きが先端が地面について急に止まるため，傘についていた水滴はそのままのスピードで動こうとして地面に落ちていく．

問 2.16 車が急ブレーキをかけると車内の空気が前方へ動くので，風船は後ろ向きになびく（ひっかけ問題でした）．

問 2.17 これも前問と同じ．

問 2.18 レースでは，いかに強力なエンジンでタイヤを回転させるのかが勝負になる．タイヤに溝があると道路との接地面積が少ないため摩擦が少なくなり，道路からの反作用が減る．接地面積を大きくして道路を押す力が求められる．

問 2.19* 体重計の示す値は重力加速度 $g = GM/R^2$ の値に比例する．月は M が地球の 0.0123 倍，R が 0.273 倍なので，重力加速度は，地球の $0.0123/0.273^2 = 0.165$ 倍（約 1/6）．同様に，金星では 0.903 倍，火星では 0.378 倍，木星では 2.63 倍になる．体重 100 kg の人ならば，順に 16.5 kg，90.3 kg，37.8 kg，263 kg になる．

問 2.20 重心の位置が最も低ければ，それだけエネルギーを節約できる．体を丸め，棒高跳びのバーの上をぎりぎり通過できる体勢がよい．

問 2.21 解図 3 は真上からボールが入るときと，45 度の角度のときの図．限られた直径の円の中をボールが通過するためには，なるべく真上からボールが入るほうが，通過できる可能性が高い．

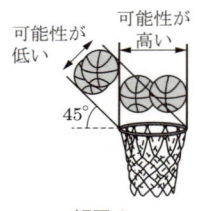

解図 3

問 2.22 打ち上げられた花火は中心の火薬の破裂によって充填されていた小さな火薬が四方八方

に飛び出す．つまり，花火は 1 点から球状に広がっていき，そしてすべての火薬が放物運動を行って落ちていく．小さな火薬を球状に充填していれば，球状の花火になる．模様を描くのであれば，同じ重さで燃えないものを充填すればよい．

問 2.23 初めの高さを 100，ゴムひもの長さを 50，ばね定数を 50，質量を 50 としたときのバンジージャンプの軌跡をグラフにした．高さ 50 以上では放物運動，高さ 50 以下では，解図 4 のようなゴムひもによる単振動を繰り返すことになる（空気抵抗がないと仮定した）．

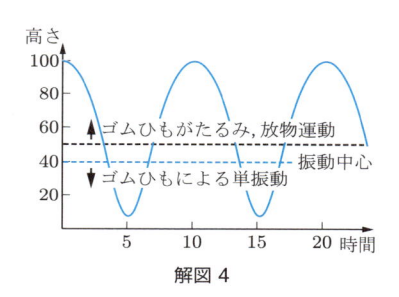

解図 4

問 2.24 一人だけがひっぱたくときと同様に，作用・反作用の法則により，二人とも逆向きに回転を始める．

問 2.25 少しでも時間をかけてボールを止めることにすれば，ボールのもつ運動量が力積に変化する時間がかかることになり，手が及ぼす力を少し小さくすることができる．

問 2.26 足を曲げてからジャンプすれば，足を伸ばして飛び出すまでの時間がかかり，その時間内ずっと飛込み台を押す力積が増えるので，得られる運動量も大きくなる．

問 2.27 絨毯だと着地するまでに抵抗力があり落下の際に得た運動量が力積に変わる時間がかかる．着地したときにコップが床から受ける反作用力が小さくなり割れる可能性が減る．

問 2.28 反発係数が 1 だと，エネルギーを失うことはないので，ボールは初めの高さまではね返る．階段が下になると最高点になるまでの時間がかかり，前方向に進む距離も長くなる．階段には幅があるはずだから，いつかはボールは階段を踏み外すことになる（解図 5）．

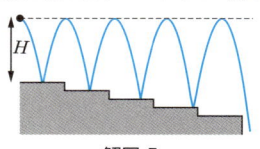

解図 5

問 2.29＊〈やや難〉万有引力で円運動を行っていることから，ISS の軌道半径を r，速さを v，質量を m とすると，

$$G\frac{Mm}{r^2} = m\frac{v^2}{r} \quad \text{ゆえに} \quad v^2 = G\frac{M}{r}$$

となる．したがって，

$$v = \sqrt{\frac{GM}{r}}$$
$$= \sqrt{\frac{6.7 \cdot 10^{-11} \times 6.0 \cdot 10^{24}}{6.8 \cdot 10^6}}$$
$$= \sqrt{59.1 \cdot 10^6} = 7.7 \times 10^3 \text{ m/s}$$

を得る．周期 T は，

$$T = \frac{2\pi r}{v} = \frac{2\pi \cdot 6.8 \cdot 10^6}{7.7 \cdot 10^3}$$
$$= 5549 \text{ s} = 1.54 \text{ h}$$

である．秒速 7.7 km，周期は 94 分（実際の ISS の高度は，上空 460 km から 280 km の間．空気抵抗でしだいに高度が下がるので，ときどきエンジンを点けて高度を上げる）．

問 2.30＊ 前問と同様に，以下がわかる．

$$v = \sqrt{\frac{GM}{r}}$$
$$= \sqrt{\frac{6.7 \cdot 10^{-11} \times 6.0 \cdot 10^{24}}{42.8 \cdot 10^6}}$$
$$= \sqrt{0.94 \cdot 10^7} = 3.1 \times 10^3 \text{ m/s}$$

問 2.31＊ 北極点では万有引力 $F_1 = GMm/R^2$ だけが重力になるが，赤道面では万有引力 F_1 とは逆向きにはたらく遠心力 F_2 との合力が重力になる．遠心力の大きさは，赤道上の自転速度を v として，$F_2 = mv^2/R$ である．v は問 2.2 で得たように 464 m/s である．

$$\frac{F_2}{F_1} = \frac{mv^2/R}{GMm/R^2} = \frac{v^2 R}{GM} = 0.343\%$$

したがって，赤道上での体重計の値は 0.343% 小さくなる．

問 2.32 地球と月は共通重心を中心として互いに回転運動をしている．共通重心は地球の内部にある（解図 6）．月の反対側も満ちるのは，地球の回転運動によって海水が遠心力を受けるからである．

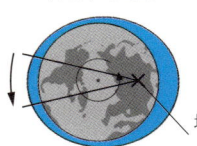

解図 6

問 3.1* ゾウが地面を押す圧力 P_1 は，足裏の面積 S_1 が $\pi(25\,\text{cm})^2 \times 4 = 2500\pi\,\text{cm}^2$ より，
$$P_1 = \frac{Mg}{S_1} = \frac{5000 \times 9.8}{2500\pi} = 6.23\,\text{kg/cm}^2$$
一方，1 cm 角のハイヒールで踏まれるときの圧力 P_2 は，面積が足 2 本で $S_2 = 2\,\text{cm}^2$ なので，
$$P_2 = \frac{mg}{S_2} = \frac{50 \times 9.8}{2} = 245\,\text{kg/cm}^2$$
2 cm 角のハイヒールでもこの 1/4 で 61.25 kg/cm^2．ハイヒールで踏まれたほうが，ゾウよりも 10 倍近くの圧力になる．

問 3.2 体重がかかる雪への面積を広くすることで，雪の中に足が埋まることを防いでいる．

問 3.3 山の上では周囲の気圧が下がり，ポテトチップスの袋に閉じ込めらた気体の圧力が袋を広げるから．

問 3.4* 気圧差 $2000\,\text{Pa} \times 2\,\text{m}^2 = 4000\,\text{N}$ の力が必要．約 400 kg 重で，一人ではとても開けられない．

問 3.5 台風からの風が反時計回りに発生していることを考えれば，南西側になる．

問 3.6 パスカルの原理より，どこを押しても同じ．

問 3.7 少年の指にかかる圧力は，海面から穴までの深さのみに依存するので，海全体の大きさにはよらない．

問 3.8 太っている人は水中に沈む体積が大きいので浮力も大きい．また，脂肪の比重は 0.9 なので，脂肪質が多ければそれだけ相対的に受ける浮力も大きい．だから物理的に正しい．

問 4.1 ドライアイスやナフタレン（防虫剤）は液体を経ずに気体へ変化する．

問 4.2 北極圏は陸地ではないので，北極の氷が解けてももとの水に戻るだけで海水面は上昇しない．しかし，南極の氷は大陸の上にあり，この氷が解ければ海水面は上昇する．

問 4.3 打ち水でまかれた水が蒸発するときに蒸発熱として周囲の熱を奪うから．

問 4.4 濡れたシャツが乾く過程で蒸発熱を体から奪うから．

問 4.5 氷枕のほうが融解熱の分だけ熱を奪う．

問 4.6* 100 L のお湯を 5°C 下げることが必要．新たに加える 15°C の水は，25°C 上昇することになる．両者の熱容量が等しければよいので，加える水を x [L] とすれば，$5 \times 100 = 25x$．したがって，$x = 20$ L．

問 4.7 地球に当たった太陽光のエネルギーは常に宇宙空間に逃げ出しているが，晴れて乾燥している冬の夜は，熱が地表から逃げやすい．雲のない，晴れて乾燥した冬の朝ほど，低温になる．

問 4.8 冷凍室が上側にあれば，冷凍室で使われた寒気が下の冷蔵室に流れても庫内を冷やすという意味で効果的である．冷凍室が下側で引き出し式であれば，開けても寒気が外に流れ出すのを防ぐことができる．

問 4.9 熱いお吸い物の表面の空気は膨張して蒸気があがるようになる．椀の蓋を閉めると膨張した空気が閉じ込められるが，やがてお吸い物が冷めると空気の体積も減るので，蓋の外側より内側の気圧が下がり，蓋は密閉されるようになる．また，冷めたことで蓋内部には水滴が付き，表面張力によってさらに密閉されるようにもなる（冷蔵庫に保存した瓶詰めが開きにくいのも同じ理由．開けるときには中の気圧を上げればよい．お椀のふちを少しつかんで変形させ，蓋の端から空気を入れると簡単）．

問 4.10 お椀の底と食卓の間に閉じ込められた空気が熱で膨張するが，底が濡れていると外側へ抜け出せず，お椀を若干浮き上がらせる．底が濡れていると摩擦が少なくすべりやすいため，お椀が動き出すことがある．

問 4.11 熱せられた空気は上昇して煙突から抜けようとするが，煙突内の冷たい空気は下へ降りようとする．そのため，上昇する空気と下降する空気の争いになり，温められた空気が断続的にしか外へ出られないためにポッポッポッと出ることになる．（ちなみに，蒸気機関車が煙突からポッポッポッっと出す蒸気の理由は異なる．こちらは，蒸気機関（$\Longrightarrow$ 128 ページ）でピストンを動かしているために周期的に蒸気を排出してことによる．）

問 4.12 湿度 100%とは，空気中の水分が飽和水蒸気圧に達していること．決して水中にいるわけではない．

問 4.13 温度が下がり，空気中に溶け込んでいられなくなった水分が付着するからである（夜まで洗濯物を干していると，湿気てしまうのと同じ理由）．

問 4.14* 1 kg の水が 100 m の高さから落下すると，位置エネルギー
$$E = mgh = 1 \times 9.8 \times 100 = 980\,\text{J}$$
を失う．これがすべて熱に変わったとすれば，980 J＝233 cal．1000 g の水に，233 cal の熱を加えたとすれば，0.233°C 上昇する．

問 4.15* 2000 kcal ＝ 2×10^6 cal．氷の融解熱が 80 cal/g なので，$2 \times 10^6 / 80 = 0.25 \times 10^5$ g すなわち 25 kg の氷を水にする量に相当する．

問 4.16* 水 1 kg ＝ 1000 g を 10°C 上昇させるのに，10^4 cal 必要である．2000 kcal ＝ 2×10^6 cal では，$2 \times 10^6 / 10^4 = 2 \times 10^2$ kg．すなわち，200 kg．

問 4.17* 水の蒸発熱が 540 cal/g なので，$2 \times 10^6/540 = 0.37 \times 10^4$ g. すなわち 3.7 kg の水を水蒸気にする量に相当する．

問 4.18* 2000 kcal $= 2 \times 10^6$ cal $= 8.4 \times 10^6$ J である．$m = 10$ kg の物体が h [m] 分の高さに持ち上げられるときに得る位置エネルギーは，$mgh = 98h$ [J] であるから，$8.4 \times 10^6 = 98h$. したがって，$h = 8.57 \times 10^4$ m.

問 4.19 図 4.38 の装置は，回転軸で生じる摩擦によって，いずれ回転は止まってしまう．

問 4.20 冷蔵庫の裏面では，庫内を冷やす以上の熱を放出しているので，部屋全体としては温度が上がる．

問 5.1* (a) 4.0×10^{14} Hz (b) 7.9×10^{14} Hz (c) 12.236 cm (d) 3.74 m (e) 450 m (f) 77.2 cm (g) 38.6 cm

問 5.2 縦波：地震波（P 波），管を伝わる波
横波：電磁波（電波，光），地震波（S 波），弦を伝わる波，膜を伝わる波
（地震波の P 波と S 波 $\Longrightarrow$ コラム 27）

問 5.3 音の波が干渉を起こすと，音が増幅される場所と音が打ち消しあって聞こえない場所が生じる．

問 5.4 光の波が干渉を起こすと，光が重なって明るいところと，光が打ち消しあって暗いところが生じる．

問 5.5 位置 A は波源から等距離にあるので，二つの波源から到着する波は，同じ時刻に山と谷に変わるため，ずっと打ち消しあうことになって振動しない（節点になる）．

問 5.6* 波の速さ v，振動数 f，波長 λ の間には，$v = f\lambda$ の関係が成り立つ．口から発声する音の波長を λ とすれば，空気中では，$330 = 440\lambda$，ヘリウム中では，$970 = f\lambda$ となる．λ は共通だから，$f = 970/\lambda = 970/(330/440) = 1293$ Hz.

問 5.7* $v = f\lambda$ より，解表 3 を得る．

解表 3

	平均律		純正律	
	f [Hz]	λ [m]	f [Hz]	λ [m]
C	261.6	1.300	264	1.288
D	293.7	1.158	297	1.145
E	329.6	1.032	330	1.030
F	349.2	0.974	352	0.966
G	392.0	0.867	396	0.859
A	440.0	0.773	440	0.773
B	493.9	0.688	495	0.687
C	523.3	0.650	528	0.644

問 5.8 スピーカーユニット本体は，膜を前後に振動させて空気に粗密波（縦波）を引き起こすが，スピーカーの前も後ろも振動することになって，前後には位相（波の山と谷）が逆転した波が生じている．両者が耳に入ると音が相殺してしまい，弱い音になる（この現象は低音ほど顕著になる）．スピーカーを箱に入れると，後ろに発生した波が伝わるのが避けられるので，音が大きく響く．箱を密閉する方式と，箱に少し空気の出口を設けて音が同位相で抜け出すように設計した 2 方式がある．後者のほうがスピーカーが小さくできる．

問 5.9 美術館・博物館などでのラジオ放送型の音声案内は，非常に狭いところだけ案内メッセージが聞こえるようになっている．多くは，隣りあう展示物の所では送信される電波の周波数を変えることで実現されているが，電波の不要な場所では，逆位相（波の山と谷）の波も同時に送って，波がキャンセルするような工夫もされている．最近は，このようなノイズキャンセル機能を応用して音波そのものも限定した場所だけ聞こえる製品が開発されている．

問 5.10* 90 km/h $= 25$ m/s である．救急車が近づくときの周波数は，

$$f_1 = \frac{V}{V - V_S} f_0 = \frac{340}{340 - 25} f_0$$

で計算される．$f_0 = 960$ Hz のとき $f_1 = 1036$ Hz, $f_0 = 770$ Hz のとき $f_1 = 831$ Hz となる．救急車が遠ざかるときの周波数は，

$$f_2 = \frac{V}{V + V_S} f_0 = \frac{340}{340 + 25} f_0$$

で計算され，$f_0 = 960$ Hz のとき $f_2 = 894$ Hz, $f_0 = 770$ Hz のとき $f_2 = 717$ Hz となる．

問 5.11 光が青色にドップラー偏移を起こすのは，光源が観測者に向かって移動しているから．アンドロメダ銀河はわれわれの銀河に向かって近づいてきており，40 億年後には合体する，と考えられている．（ちなみに，二つの銀河が合体しても，星どうしが衝突を起こす確率は低い．星と星の距離はとても離れていて遭遇することは稀であるし，接近しても双曲線軌道を描いて遠ざかる．二つの銀河が合体すると，数十億年かけて大きな銀河になる．）

問 5.12 ビールジョッキが厚いほど光が屈折するので，解図 7 のように実際の量よりも多く入っているようにみえる．

解図 7

問 5.13* $\tan 48° = 1.12\,\text{m}$ になる.
問 6.1 こすり合わせて帯電した静電気どうしが近づいたり反発しあったりすることから,電気には 2 種類のものがあることがわかる.
問 6.2 タイヤのゴムは負に帯電しやすく,走行を続けると車体はタイヤの帯電に反発して正に帯電する.帯電が進めば地面近くで放電する可能性があり,ガソリンの蒸気に点火する危険がある.そのため,車体から鎖で電気を接地して逃げるようにしている.
　ただし,最近は,カーボンが含まれているゴム製のタイヤならば,タイヤを通じて静電気が地面に逃げるので,チェーンをつけて設置する必要もなくなった.
問 6.3 50 サイクルの変動で 1 秒間を測る時計ならば,60 Hz の電流が流れれば,1 秒の刻みが 5/6 秒になる.60 分でタイマーをセットしても 50 分で鳴る.
問 6.4 電流が流れるためには,電圧の差が必要である.1 本の電線に鳥が両足で止まっていても,ほとんど電位差がないので,鳥は感電しない.しかし,鳥が 2 本の電線に同時に触れると感電する.
　ちなみに,発電所から変電所間の送電は,送電損失を少なくするために,50 万 V という高い電圧がかかっている.変電所から家庭間の送電(正確には配電という)は,6600 V (最大 6900 V) の電圧である.家庭には柱状変圧器(トランス)で 100 V または 200 V に変圧された電気になる.
問 6.5 一瞬電気が切れて,またつく.
問 6.6 100 V よりも 220 V の電源のほうが,電気製品を動かす駆動力が優れており,また,電力損失も少ないからである.
　[補足:日本の家庭ではエアコンなどの電力消費量の多いものには 200 V のコンセントを敷設できるようになっている.もともと日本が 100 V の規格になったのは,漏電したときの火災の危険性を少なくするためだそうだ.100 V で感電しても生き延びられるが,200 V だと危険だとされる.]
問 6.7* 〈やや難〉消費電力 P は,抵抗値 R と電流 I を用いて $P = RI^2$ である.
　100 V の電源だと,1000 W/100 V=10 A の電流が流れるので,電力損失 $P = 1 \times 10^2 = 100\,\text{W}$.
　200 V だと,1000 W/200 V=5 A の電流が流れて,電力損失は $P = 1 \times 5^2 = 25\,\text{W}$.
問 6.8* 〈やや難〉乾電池 1 個のとき,電球に流れる電流を I とする.乾電池には,I が流れるので,内部抵抗を r とすると,rI^2 だけ内部抵抗で電力を消費する.2 個の乾電池を使えば,この 2 倍で $2rI^2$.
　乾電池 2 個を並列につなぐとき,やはり電球に流れる電流を I とすれば,乾電池一つあたりには $I/2$ の電流が流れ,内部抵抗の消費電力は,$r(I/2)^2$.乾電池 2 個分だとすれば,この 2 倍で,$rI^2/2$.すなわち,上記とくらべて内部抵抗の消費電力は少なくて済む.
問 6.9* 〈やや難〉500 cc の水を 60°C (つまり,60 K 上昇) 上昇させるために必要な熱量は $500 \times 1 \times 60 = 30000\,\text{cal}$.すなわち,$3 \times 10^4 \times 4.2 = 12.6 \times 10^4\,\text{J}$.1000 W (= 1 kW) の電気式ポットで熱するのに必要な時間(秒)は,$12.6 \times 10^4/10^3 = 126\,\text{s} = 126/3600\,\text{h}$.したがって,必要な電気代は,$1\,\text{kW} \times (126/3600)\,\text{h} \times 22\,\text{円/kWh} = 0.77\,\text{円}$.
問 6.10* a から b へは常に決まった向きに電圧が生じる.電源電圧と,a から b への電圧の図を並べて描くと解図 8 のようになる.

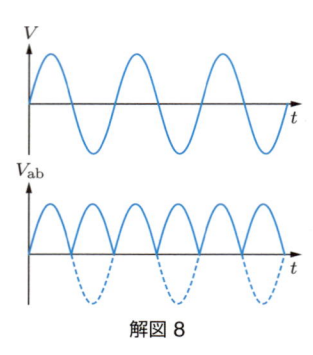

解図 8

問 6.11 導線 A が導線 B の場所でつくる磁場の向きを解図 9 に示す.解図の右側は上からみた図である.
　B の導線の電流の向き,解図の磁場の向きに対して,フレミングの左手則を用いると,B は A の導線の方向へローレンツ力を受ける.逆に B の導線が A につくる磁場が A の導線を動かす力は B の向きになる.したがって,どちらも引力を及ぼされて引きあう.

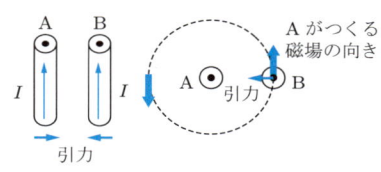

解図 9

問 6.12 導線 A が導線 B の場所でつくる磁場の向きを解図 10 に示す．解図の右側は上からみた図である．

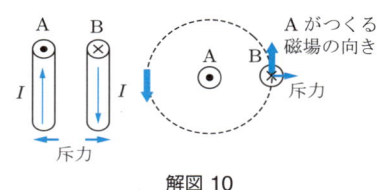

解図 10

B の導線の電流の向き，解図の磁場の向きに対して，フレミングの左手則を用いると，B は A の導線から離れる方向へローレンツ力を受ける．逆に，B の導線が A につくる磁場が A の導線を動かす力も斥力になる．

問 7.1* 半減期 2 回分だから，$(1/2)^2 = 1/4$ 倍になる．

問 7.2* 〈やや難〉半減期を T 年とすると，

$$\left(\frac{1}{2}\right)^{1/T} = \frac{99}{100}$$

が成り立つ．両辺を T 乗して整理すると

$$\frac{1}{2} = \left(\frac{99}{100}\right)^T$$

両辺の対数をとって

$$-\log_{10} 2 = T(\log_{10} 99 - \log_{10} 100)$$
$$T = \frac{\log_{10} 2}{\log_{10} 100 - \log_{10} 99}$$
$$= \frac{0.3010}{2 - 1.9956} = 68.4 \text{ 年}$$

(このような方法で，半減期が 100 年を超えるようなものも正確に測定することができている．)

問 7.3* (a) $^{17}_{8}\text{O}$ (b) $^{12}_{6}\text{C}$ (c) $^{102}_{42}\text{Mo}$

読書ガイド

　本書執筆の参考にしたものと，発展的な内容を含んだ書籍を，読書ガイドとしてここに紹介したい．

　数式を多用せずに「生活の中の物理」を紹介するというコンセプトの書籍としては，
- [1] W. T. Griffith & J. Brosing, Physics of Everyday Phenomena, 8th ed. (McGraw-Hill Science, 2014)
- [2] L. A. Bloomfield, How Things Work, 5th ed. (John Wiley & Sons, 2013)
- [3] 藤城敏幸『生活の中の物理』（東京教学社，1988）
- [4] 近角聡信『日常の物理事典』『続日常の物理事典』（東京堂出版，1994，2000）
- [5] 原康夫，右近修治『日常の疑問を物理で解き明かす』（ソフトバンク・クリエイティブ，2011）
- [6] ジョアン・ベイカー著，和田純夫監訳『人生に必要な物理』（近代科学社，2010）

などがある．[1][2] は 500 ページを超える全編カラーの良書である．本書でも参考としたところが多い．[3] も良書だが，古くなってしまった内容も多い．[4] は教科書スタイルにとらわれない構成で広い話題をカバーしている．[5] は新書である．[6] は若干最先端の内容が紹介されている．

　物理学者が身のまわりの現象をエッセイとして記したものもおすすめである．**寺田寅彦**『随筆集』（全5巻，岩波書店），**戸田盛和**『エッセイ集』（全5巻，岩波書店）『おもちゃの科学セレクション（全3巻）』（全3巻，岩波書店）などは手に取りたい．**朝永振一郎，伏見康治**も多数文章を残している．

　少し物理を学んだ後に楽しめそうな本としては，
- [7] ロゲルギスト『物理の散歩道』（全5集）岩波書店または筑摩書房より新装版が 2009 年に出版．
- [8] J. Walker, The Flying Circus of Physics, 2nd ed. (John Wiley & Sons, 2006)
邦訳は，J. ウォーカー著，戸田盛和・田中裕共訳『ハテ・なぜだろうの物理学 I, II, III』（培風館，1979）だが，入手困難．抄訳が，ジャール・ウォーカー著，下村裕訳『犬も歩けば物理にあたる』（慶應義塾大学出版会，2014）として出版されている．
- [9] 松田卓也『間違いだらけの物理学』（学研教育出版，2014）
- [10] マーク・レヴィ著，森田由子訳『ひらめきの物理学』（ソフトバンク・クリエイティブ，2013）

がある．いわゆる物理の教科書・副読本的なものとして
- [11] 視覚でとらえる フォトサイエンス 物理図録（数研出版，2013）

[12] 原康夫『物理学入門 増補版』(学術図書出版社, 2008)
[13] 朝永振一郎編『物理学読本 第2版』(みすず書房, 1969)
を挙げておく．ちょっとした実験集として
[14] 東京物理サークル編『たのしくわかる物理100時間（上/下）』(日本評論社, 2009)
[15] 渡辺儀輝『おもしろ実験と科学史で知る物理のキホン』(ソフトバンク・クリエイティブ, 2009)
[16] 左巻健男『頭がよくなる1分実験 物理の基本』(PHP研究所, 2013)
は楽しいと思う．

　本書で物理学に開眼され，相対性理論と量子論を中心に発展している現代物理学に興味をもたれたならば，
[17] 真貝寿明『図解雑学 タイムマシンと時空の科学』(ナツメ社, 2011)
[18] ジョージ・ガモフ著, 前田秀基訳『ガモフ博士の物理講義 I 原子の世界』(白揚社, 2008)
[19] 高エネルギー加速器研究機構監修, うるの拓也原作, 高橋まさえ&佐々木真知作画『連載科学マンガ カソクキッズ』(http://www2.kek.jp/kids/comic/)
を挙げておきたい．

人名索引

○ 人名（欧文）○

Ampére, A-M. (1775–1836)　191
Archimedes (287BC-212BC)　97
Becquerel, A.H. (1852–1908)　240
Bell, A.G. (1847–1922)　149
Berliner, E. (1851–1929)　159
Bernoulli, D. (1700–82)　102
Bernoulli, J. (1654–1705)　89
Bernoulli, J. (1667–1748)　89
Bethe, H. (1906–2005)　239
Boltzmann, L.E. (1844–1906)　115
Boyle, R. (1627–91)　59, 120, 140
Brahe, T. (1546–1601)　65
Brown, R. (1773–1853)　111
Carnot, N.L.S. (1796–1832)　133
Cavendish, H. (1731–1810)　192
Chadwick, J. (1891–1974)　238
Chandrasekhar, S. (1910–95)　239
Charles, J.A.C. († 1746–1823)　120
Columbus, C. (1451–1506)　173
Coriolis, G-G. (1792–1843)　86
de Coulomb, C-A. (1736–1806)　192, 210
da Vinci, L. (1452–1519)　105
Doppler, J.C. (1803–53)　162
Eddington, A.S. (1882–1944)　239
Edison, T.A. (1847–1931)　159
Einstein, A. (1879–1955)　22, 111, 163, 227, 235, 239
Faraday, M. (1791–1867)　217
de Fermat, Pierre (1607–65)　181
Fizeau, A.H.L. (1819–96)　23
Fleming, J.A. (1849–1945)　214
Foucault, J.B.L. (1819–68)　23, 88
Fourier, J.B.J. (1768–1830)　150
Galilei, G. (1564–1642)　23, 48, 57, 99
Gauss, C.F. (1777–1855)　211
Goddard, R.H. (1882–1945)　53
Gray, L.H. (1905–65)　240
von Guericke, O. (1602–86)　92
Hamilton, W. R. (1805–65)　181
von Helmholtz, H.L.F. (1821–94)　239
Hertz, H.R. (1857–94)　220
Hooke, R. (1635–1703)　56

Hubble, E.P. (1889–1953)　163
Huygens, C. (1629–95)　146
Joule, J.P. (1818–89)　124
von Kármán, T. (1881–1963)　106
Kelvin, W.T. (1824–1907)　110, 239
Kepler, J. (1571–1630)　64, 65
Lagrange, J.-L. (1736–1813)　181
de Lavoisier, A-L. (1743–94)　21
Leibniz, G.W. (1646–1716)　89
Lemaitre, G-H. (1894–1966)　163
Lenz, H.F.E. (1804–65)　217
de l'Hopital, G. (1661–1704)　89
Lorentz, H.A. (1853–1923)　214
Lorenz, E.N. (1917–2008)　107
Maxwell, J.C. (1831–79)　220
Newcomen, T. (1664–1729)　128
Newton, I. (1642–1727)　50, 89, 165
Ohm, G.S. (1789–1854)　201
Pascal, B. (1623–62)　94
Planck, M.K.E.L. (1858–1947)　115
Rutherford, E. (1871–1937)　238
Röntgen, W.C. (1845–1923)　229
Rømer, O.C. (1644–1710)　23
von Siemens, E.W. (1816–92)　201
Sievert, R.M. (1896–1966)　240
Stefan, J. (1835–1893)　115
Tesla, N. (1856–1943)　211
Torricelli, E. (1608–47)　92
Volta, A.G.A.A. (1745–1827)　191
Watt, J. (1736–1819)　128
Weber, W.E. (1804–1891)　210
Wien, W.C.W.O.F.F. (1864–1928)　115

○ 人名（和文）○

アインシュタイン (Einstein, A.)　22, 111, 163, 227, 235, 239
赤﨑勇　166, 207
天野浩　166, 207
アルキメデス (Archimedes)　97
アンペール (Ampére, A-M.)　191
ヴィーン (Wien, W.C.W.O.F.F.)　115
ウェーバー (Weber, W.E.)　210
エジソン (Edison, T.A.)　159

人名索引

エディントン (Eddington, A.S.)　239
オーム (Ohm, G.S.)　202
ガウス (Gauss, C.F.)　211
ガリレイ (Galilei, G.)　23, 48, 57
カルノー (Carnot, N.L.S.)　133
キャヴェンディッシュ (Cavendish, H.)　192
クーロン (de Coulomb, C-A.)　192
グレイ (Gray, L.H.)　240
ゲーリケ (von Guericke, O.)　92
ケプラー (Kepler, J.)　64, 65
ケルビン卿 (Kelvin, W.T.)　110, 239
小柴昌俊 (1926–)　54
ゴダード (Goddard, R.H.)　53
コリオリ (Coriolis)　86
コロンブス (Columbus, C.)　173
シーベルト (Sievert, R.M.)　240
シャルル (Charles, J.A.C.)　120
ジュール (Joule, J.P.)　124
シュテファン (Stefan, J.)　115
曽呂利新左衛門 (生没年不詳)　1
ダビンチ (da Vinci, L.)　105
チャドウィック (Chadwick, J.)　238
チャンドラセカール (Chandrasekhar, S.)　239
テスラ (Tesla, N.)　211
寺田寅彦 (1878–1935)　88
ドップラー (Doppler, J.C.)　162
豊臣秀吉 (1537–1598)　1
トリチェリ (Torricelli, E.)　92
中村修二　166, 207
夏目漱石 (1867–1916)　88
ニューコメン (Newcomen, T.)　128
ニュートン (Newton, I.)　50, 89, 165
橋本宗吉　185
パスカル (Pascal, B.)　94
ハッブル (Hubble, E.P.)　163

平賀源内　185
ファラデー (Faraday, M.)　217
フィゾー (Fizeau, A.H.L.)　23
フーコー (Foucault, J.B.L.)　23, 88
フーリエ (Fourier, J.B.J.)　150
フェルマー (de Fermat, P.)　181
フック (Hooke, R.)　56
ブラーエ (Brahe, T.)　65
プランク (Planck, M.K.E.L.)　115
フレミング (Fleming, J.A.)　214
ベーテ (Bethe, H.)　239
ベクレル (Becquerel, A.H.)　240
ベル (Bell, A.G.)　149
ヘルツ (Hertz, H.R.)　220
ベルヌーイ (Bernoulli, D.)　102
ベルヌーイ (Bernoulli, J.)　89
ヘルムホルツ (von Helmholtz, H.L.F.)　239
ベルリナー (Berliner, E.)　159
ホイヘンス (Huygens, C.)　146
ボイル (Boyle, R.)　120
ボルタ (Volta, A.G.A.A.)　191
ボルツマン (Boltzmann, L.E.)　115
マクスウェル (Maxwell, J.C.)　220
ライプニッツ (Leibniz, G.W.)　89
ラザフォード (Rutherford, E.)　238
ラボアジェ (de Lavoisier, A-L.)　21
ルメートル (Lemaitre, G-H.)　163
レーマー (Rømer, O.C.)　23
レンツ (Lenz, H.F.E.)　217
レントゲン (Röntgen, W.C.)　229
ローレンツ (Lorentz, H.A.)　214
ローレンツ (Lorenz, E.N.)　107
ロピタル (de l'Hopital, G.)　89
ワット (Watt, J.)　128

索引

○運動○
いろいろな運動　33
運動1　等速直線運動　34
運動2　等加速度直線運動　35
運動3　鉛直方向の自由落下　38
運動4　放物運動（水平投射）　39
運動5　単振動　57
運動6　放物運動（斜め投射）　60
運動7　放物運動（空気抵抗）　62
運動8　減衰振動　63
運動9　円運動　75

○しくみ○
IHクッキングヒーターのしくみ　223
ICカードのしくみ　218
インバータ式のしくみ　224
液晶のしくみ　174
カーナビゲーションのしくみ　227
カメラのしくみ　177
ガリレオ式温度計　99
携帯電話のしくみ　226
血圧計　94
スピーカーのしくみ　158
スピード測定器のしくみ　162
3Dテレビのしくみ　225
体組成計のしくみ　225
電子レンジのしくみ　223
虹のしくみ　170
熱気球のしくみ　98
飛行船のしくみ　99
望遠鏡のしくみ　178
ホログラフィのしくみ　176
マイクロフォンのしくみ　158
魔法瓶のしくみ　118
虫眼鏡のしくみ　178
眼鏡のしくみ　179
立体映像メガネのしくみ　173
冷蔵庫のしくみ　131
レーザー光のしくみ　224

○単位○
アンペア（電流）　191
ウェーバー（磁気量）　210
オーム（抵抗）　201, 202
ガウス（磁束密度）　211
カロリー（熱量）　111, 125
カンデラ（光度）　208
気圧（圧力）　93
キログラム（質量）　20, 50
キログラム重（力）　20, 41, 50
クーロン（電気量）　184, 192
グレイ（放射線）　240
ケルビン（温度）　110, 120
原子質量単位　230
光年（長さ）　11
シーベルト（被曝）　240
ジーメンス（電流の流れやすさ）　201
ジュール（仕事・エネルギー・熱量）　67, 111, 125, 203
水銀柱ミリメートル（圧力）　93
摂氏温度（温度）　110
デジベル（音の強さ）　149
テスラ（磁束密度）　211
天文単位（長さ）　12
ニュートン（力）　20, 41, 50
パーセク　12
パスカル（圧力）　93, 120
ベクレル（放射能）　240
ヘルツ（振動数・周波数）　138, 139
ボルト（電圧・電位差）　191, 196
メートル（長さ）　11
メートル毎秒（速度）　26
メートル毎秒毎秒（加速度）　31
モル数（分子の量）　120
ヤード法（長さ）　9
ルーメン（光束）　208
ルクス（照度）　208

ワット（仕事率・電力）　67, 202, 208

○力○
いろいろな力　40
力1　重力　41
力2　張力　41
力3　抗力　53
力4　摩擦力　53
力5　弾性力　56
力6　万有引力　58
力7　遠心力・慣性力　78
力8　コリオリの力　86
力9　圧力　93
力10　表面張力　96
力11　浮力　97
力12　揚力　102

○定義○
圧力　93
運動エネルギー　69
運動量　72
音の3要素　149
角運動量　83
核融合・核分裂　236
加速度　31
加速度（微分で定義）　37
元素記号　230
仕事・仕事率　67
周期　139
周波数　139
振動数　139
振幅　138
絶対温度　110
速度　28
速度（微分で定義）　37
電圧　191
電流　191
電力　203
電力量　203
トルク　83
波の速さ　139
熱効率　130

索　引　**257**

熱容量　116
波長　138
速さ　26, 28
比熱　116
放射線・放射能　232
力積　72

○法則○
アルキメデスの原理　97
運動方程式　50
運動量保存法則　73
遠心力　78
オームの法則　202
回転させようとする力（モーメント）　44
角運動量保存法則　83
重ね合わせの原理　142
干渉　142
慣性の法則　48
慣性力　80
気体の法則　120
クーロンの法則（電気力）
　192, 210
屈折の法則　146, 168
ケプラーの惑星の運動の法則
　64
コリオリの力　86
作用・反作用の法則　52
質量とエネルギーの等価性
　22, 235
シャルルの法則　120
状態方程式　121
地球表面での重力の大きさ
　41
ドップラー効果　162
ニュートンの運動第 1 法則
　48
ニュートンの運動第 2 法則
　50
ニュートンの運動第 3 法則
　52
熱の仕事当量　125
熱力学の第 0 法則　116
熱力学の第 1 法則　126
熱力学の第 2 法則　133
熱量の保存法則　116
パスカルの原理　94
反射の法則　146, 168
万有引力の法則　58

ファラデーの電磁誘導の法則
　216
フックの法則　56
ベルヌーイの定理　102
ホイヘンスの原理　146
ボイルの法則　120
右ねじの法則　212
力学的エネルギー保存法則
　69
レンツの法則（電磁誘導の向き）
　217

○あ行○
RGB 表色　167
IH クッキングヒーター　223
IC カード　218
圧縮
　断熱 ――　129
　等温 ――　129
圧力　93
圧力鍋　113
アメリカの度量衡　19
アルキメデスの原理　97
アンペア（電流の単位）　191
$E=mc^2$　21, 235, 238
位置エネルギー　68
色の正体　165
インバータ式　224
うなり　154
運動エネルギー　69
運動方程式　50
運動量　72
　角 ――　83
　―― 保存則　73
永久機関　133
泳法よりも水着が決め手　101
エコロジカルに暮らす　135
エジプト人が砂に水　55
エネルギー
　運動 ――　69
　質量 ――　237
　重力による位置 ――　68
　内部 ――　111
　力学的 ―― 保存則　69
MKS 単位系　22
LED（発光ダイオード）　166,
　207
エレキテル　185
円運動と向心力　75

遠心力　78
　地球の ――　80
エントロピー・乱雑さ　134
オーム（抵抗の単位）　201
オームの法則　202
音の 3 要素　149
音階　151
温室効果ガス　119
温暖前線・寒冷前線　108
温度
　絶対 ――　110

○か行○
カーナビゲーション　227
カーブするボール　103
回生ブレーキ　132
回折　148
　―― 格子　175
階段のスイッチ　205
カオス　107
角運動量　83
　―― 保存則　83
核分裂　236, 237
核融合　236–238
重ね合わせの原理　142
可視光線　164
加速度　31
　向心 ――　75
　微分で定義する ――　37
雷の正体　186
ガリレイ式温度計　99
カルマンの渦　106
カロリー（熱量の単位）　111,
　125
干渉　142
　干渉条件の計算式　144
　薄膜の ――　176
　光の ――　174
慣性の法則　48
慣性力　78, 80
カンデラ [cd]（光度の単位）
　208
気化熱（蒸発熱）　114
気体
　―― の法則　120
基本振動数　153
基本単位　22
逆問題　157
凝固　112

258　索　引

凝縮　112
共振（共鳴）　156
　　――によるつり橋の落下　157
強制振動　156
魚眼レンズ　169
緊急地震速報　141
クーロン（電気量の単位）　184, 192
クーロンの法則　192, 210
屈折の法則　146, 168
クラドニ図形　155
グレイ（放射線の単位）　240
携帯電話　226
血圧計　94
ケプラーの惑星運動の法則　64
ケルビン（温度の単位）　110, 120
原子核反応　237, 238
原子爆弾　237
原子力発電　237
顕微鏡　178
向心加速度　75
向心力　75
光速　11
光年（星の距離の単位）　11
抗力　53
コジェネレーション　132
固定端反射　145
固有振動　152
コリオリの力　86

○さ行○
最速降下線　89
作用・反作用の法則　52
3原色　166
三重点　112
三態　112
シーベルト（被曝の単位）　240
ジェットコースター　70, 71
紫外線　164
死海の塩分　98
色彩の客観的な表示　166
仕事・仕事率　67
時差ボケ　18
持続可能な未来社会　135
質量と重さの違い　20
質量エネルギー　237, 238

質量とエネルギーの等価性　22, 235
シャボン玉　176
シャルルの法則　120
周期　139
自由端反射　145
充電池とつきあう方法　200
周波数・振動数　139
重力　41
　　――による位置エネルギー　68
　　――崩壊　244
　　地球表面での――　41
ジュール（仕事・エネルギー・熱量の単位）　67, 111, 125, 203
純正律　151
昇華　112
状態図（相図）　112
状態方程式　121
蒸発　112
視力　16
蜃気楼と逃げ水　168
振動
　　基本――数　153
　　強制――　156
　　減衰――　63
　　固有――　152
　　――数・周波数　139
　　単――　57
振幅　138
水素爆弾　238
スピーカー　158
スペクトル　165
スペクトログラム　150
3Dテレビ　225
正弦波　141
静止衛星　76
静電気
　　――とつきあう方法　189
赤外線　164
絶対温度　110
接地（アース）　188
全反射　169
層流　105
速度　28
　　光――の測定　23
　　第1宇宙――（周回最低――）　76

　　第2宇宙――（脱出――）　76
　　光の――　11
　　微分で定義する――　37
疎密波　140

○た行○
ダイアモンドのカット方法　180
第1宇宙速度（周回最低速度）　76
太陰暦・太陽暦　15
ダイオード　206
　　発光――（LED）　207
体組成計　225
帯電列　188
第2宇宙速度（脱出速度）　76
太陽の温度　115
太陽のエネルギー源　239
対流　117
楕円
　　惑星の――軌道　64
縦波　140
弾性力　56
チーターの加速　32
蓄音機　159
中性子星　244
チューニング　155
超新星爆発　238, 244
張力　41
月の呼び名　16
抵抗　197, 201
定常波・定在波　144
てこ　44
デジベル[dB]（音の強さの単位）　149
転向力　86
電磁波　164, 220
　　――の分類　164
電磁誘導　216
電子レンジ　223
伝導　117
天文単位　12
電流の正体　216
電力　203
　　――量　203
等加速度運動
　　――する物体の位置　35
等速運動

索引 **259**

―― する物体の位置　34
ドップラー効果　162
トルク　83

○な行○

内部エネルギー　111
鍋
　圧力 ――　113
　―― に適した金属　118
　はかせ ――　118
波　138
　―― の速さ　139
虹　2, 170
虹の色は何色？　171
2重スリット実験　174
ニュートン
　―― の光の分光実験　165
　―― の運動法則 (1) 慣性の法則　48
　―― の運動法則 (2) 運動方程式　50
　―― の運動法則 (3) 作用・反作用の法則　52
ニュートン（力の単位）　20, 41, 50
濡れた髪　96
猫
　―― の落下問題　85
　『吾輩は ―― である』　88
熱　111
　―― 機関　128
　―― 気球　98
　―― 効率　130
　―― サイクル　129
　―― の仕事当量　125
　―― 容量・比熱　116
　―― 量の保存　116
　融解 ―― ・気化 ――　114
熱効率　130
熱力学の法則
　第0法則　116
　第1法則　126
　第2法則　133
粘性　100

○は行○

パーセク（星の距離の単位）　12
媒質　138

はかせ鍋　118
白色矮星　244
薄膜の干渉　176
波源　138
パスカル（圧力の単位）　93, 120
パスカルの原理　94
バタフライ効果　107
波長　138
発光ダイオード (LED)　166, 207
速さ　26
反射の法則　146, 168
半導体　206
万有引力の法則　58
光ファイバー　169
飛行機の翼　104
飛行船　99
ピッチドロップ実験　101
比熱　116
被曝　240
　―― の強さ [Sv]（シーベルト）　240
微分・積分　36
ピ・ポ・パの電子音 DTMF　154
百人おどし　185
白夜　18
氷山の一角　98
表面張力　96
フェルマーの原理　181
不快指数　123
不可逆な作用　134
フックの法則　56
ブラウン運動　111
ブラックホール　244
振り子の等時性　57
浮力　97
フレミングの左手則　214
分光シート　175
平均律　151
ベクレル（放射能の単位）　240
ヘルツ（振動数・周波数の単位）　139
ベルヌーイの定理　102
偏光　173
ホイヘンスの原理　146
ボイルの法則　120
望遠鏡　178

放射　117
放射線　232
　―― の強さ [Gy]（グレイ）　240
放射能　232
　―― の強さ [Bq]（ベクレル）　240
膨張
　断熱 ――　129
　等温 ――　129
放物運動
　―― （空気抵抗）　62
　―― （水平投射）　39
　―― （斜め投射）　60
飽和水蒸気量　122
星の等級　13
保存則
　運動量 ――　73
　角運動量 ――　83
　熱量の ――　116
　力学的エネルギー ――　69
ボルト（電圧・電位差の単位）　191, 196
ホログラフィ　176

○ま行○

マイクロフォン　158
摩擦力　53
魔法瓶　118
マンハッタン計画　237
水飲み鳥　134
無重量状態　82
眼鏡　179
面積速度　64
モスキート音　150
モーメント　44

○や行○

やじろべえ　46
融解　112
融解熱　114
揚力　102
横波　140
ヨットは風上へ進めるか　104

○ら行○

乱雑さ・エントロピー　134
乱流　105

力学的エネルギー保存則　69
力積　72
理想気体　121
ルーメン [lm]（光束の単位）
　208
ルクス [lx]（照度の単位）　208

冷蔵庫のしくみ　131
冷蔵庫の中　122
レイリー散乱　172
レーザー光　224
レンズ　177
ローレンツ力　214

○わ行○
和音　153
ワット（仕事率・電力の単位）
　67, 202, 208

著者略歴

真貝　寿明（しんかい・ひさあき）
- 1966 年　東京生まれ
- 1990 年　早稲田大学理工学部物理学科卒業
- 1995 年　早稲田大学大学院修了　博士（理学）
  早稲田大学理工学部助手，
  ワシントン大学（アメリカセントルイス）博士研究員，
  ペンシルバニア州立大学客員研究員
  （日本学術振興会海外特別研究員），
  理化学研究所基礎科学特別研究員などを経て，
- 現在　大阪工業大学情報科学部教授

〈主な研究分野〉
一般相対性理論，宇宙論とその周辺

〈著書〉
「徹底攻略 微分積分」，共立出版，2009
「徹底攻略 常微分方程式」，共立出版，2010
「図解雑学 タイムマシンと時空の科学」，ナツメ社，2011
「徹底攻略 確率統計」，共立出版，2012
「徹底攻略 微分積分　改訂版」，共立出版，2013
「ブラックホール・膨張宇宙・重力波」光文社，2015

編集担当	太田陽喬(森北出版)
編集責任	石田昇司(森北出版)
組　　版	ウルス
印　　刷	丸井工文社
製　　本	同

日常の「なぜ」に答える物理学　　　　　© 真貝寿明　2015

2015 年 10 月 1 日　第 1 版第 1 刷発行　　【本書の無断転載を禁ず】
2021 年 3 月 22 日　第 1 版第 4 刷発行

著　者	真貝寿明
発行者	森北博巳
発行所	森北出版株式会社

東京都千代田区富士見 1-4-11（〒102-0071）
電話 03-3265-8341／FAX 03-3264-8709
https://www.morikita.co.jp/
日本書籍出版協会・自然科学書協会　会員
JCOPY ＜(一社)出版者著作権管理機構　委託出版物＞

落丁・乱丁本はお取替えいたします．
Printed in Japan／ISBN978-4-627-15611-1

基本単位と組立単位

基本単位

物理量	(記号)	おもな単位		備考	本書で説明している箇所
長さ	l	[m]	メートル		1.4.2 項
質量	m	[kg]	キログラム		1.6.1 項
時間	t	[s]	秒		1.5.2 項
温度	T	[K]	絶対温度	1)	4.1.1 項
電流	I	[A]	アンペア		6.1.3 項
物質量	n	[mol]	モル		4.2.1 項
光度	I	[cd]	カンデラ		コラム 39

組立単位の例

物理量	(記号)	おもな単位		備考	本書で説明している箇所
角度	θ	[rad]	ラジアン	2)	
速度	v	[m/s]	メートル毎秒	3)	2.1.1 項
加速度	a	[m/s^2]	メートル毎秒毎秒		2.1.2 項
力	F	[N]=[kg·m/s^2]	ニュートン		2.2.4 項
		[kgw]	キログラム重	4)	2.2.4 項
圧力	p	[Pa]=[N/m^2]	パスカル		3.1.1 項
		[atm]	気圧	5)	3.1.1 項
密度	ρ	[kg/m^3]	キログラム毎立方メートル		
比熱	c	[J/(g·K)]	ジュール毎グラム毎ケルビン		4.1.2 項
熱容量	C	[J/K]	ジュール毎ケルビン		4.1.2 項
エネルギー	E	[J]=[N·m]	ジュール		2.5.1 項
仕事・熱量	W, Q	[J]=[N·m]	ジュール		4.2.2 項
		[cal]	カロリー	6)	4.2.2 項
仕事率・電力	P	[W]=[J/s]=[V·A]	ワット		6.2.2 項
電力量	W	[Wh]	ワット時	7)	6.2.2 項
電気量	Q	[C]=[As]	クーロン		6.1.1 項
電圧	V	[V]=[J/C]	ボルト		6.1.3 項
電気抵抗	R	[Ω]=[V/A]	オーム		6.2.2 項
振動数・周波数	f	[Hz]=[1/s]	ヘルツ		5.1.1 項
周期	T	[s]	秒		5.1.1 項

1) $0\,\mathrm{K} = -273\,°\mathrm{C}$
2) $1\,\mathrm{rad} = 57.3$ 度 ($\pi\,\mathrm{rad} = 180$ 度)
3) $1\,\mathrm{m/s} = 3.6\,\mathrm{km/h}$
4) $1\,\mathrm{kgw} = 9.8\,\mathrm{N}$
5) $1\,\mathrm{atm} = 1.013 \times 10^5\,\mathrm{Pa}$
6) $1\,\mathrm{cal} = 4.2\,\mathrm{J}$ (正確には $1\,\mathrm{cal} = 4.1855\,\mathrm{J}$)
7) $1\,\mathrm{Wh} = 3.6 \times 10^3\,\mathrm{J}$